特种作业操作证 上岗培训考核教材

低压电工作业

DIYA DIANGONG ZUOYE

周云水　编著

中国电力出版社
CHINA ELECTRIC POWER PRESS

内容提要

本书是低压电工作业取证（特种作业操作证）培训教材，以国家安全生产监督管理总局的考试标准为依据，针对低压电工作业从业人员的实际情况进行编写。主要内容包括电工基础知识、常用仪表及使用方法、常用电工工具、低压电工作业、触电事故及现场急救、电气防火与防爆技术、防雷防静电安全技术、电工安全生产知识等。为了提高考试取证的合格率，本书紧贴国家题库，选编了近600道理论试题和相对应的模拟试卷，对实际操作考试的考试标准与考试内容作了详细介绍，供读者考前复习参考。

本书内容图文并茂、通俗易懂、针对性强，可作为低压电工作业初次取证和复审培训用书，也可作为广大电工爱好者、工矿企业的电工入门参考用书。

图书在版编目（CIP）数据

低压电工作业/周云水编著.—北京：中国电力出版社，2019.3（2025.7重印）

特种作业操作证上岗培训考核教材

ISBN 978-7-5198-2734-2

Ⅰ.①低… Ⅱ.①周… Ⅲ.①低电压－电工－岗位培训－教材 Ⅳ.①TM08

中国版本图书馆CIP数据核字（2018）第285121号

出版发行：中国电力出版社
地　　址：北京市东城区北京站西街19号（邮政编码100005）
网　　址：http://www.cepp.sgcc.com.cn
责任编辑：莫冰莹（010-63412526）
责任校对：王小鹏
装帧设计：赵姗姗
责任印制：杨晓东

印　　刷：北京天泽润科贸有限公司
版　　次：2019年3月第一版
印　　次：2025年7月北京第八次印刷
开　　本：850毫米×1168毫米　32开本
印　　张：9.625
字　　数：254千字
印　　数：12001—12600册
定　　价：50.00元

前言

《中华人民共和国安全生产法》规定：特种作业人员必须经专门的安全作业培训并取得相应资格才能上岗作业。电工作业在十一个特种作业类别中排在第一位，具体分为高压电工作业、低压电工作业、防爆电气作业。其中，低压电工作业因为适用范围广泛、从业人员众多而尤为引人关注。学习电工作业相关知识与技能，通过规范培训和考试取得相应的电工作业操作证，是许多有志者的就业必经之路。如何在较短的时间里掌握电工基础知识与操作技能，顺利通过理论和操作考试，是培训单位、专业教师与广大学员的共同愿望。由此，编写一本针对性强、专门面向电工作业操作证取证培训的教材十分必要。

本教材理论知识以国家安全监管总局培训中心指定的理论考试标准为依据，操作技能以国家安全监管总局低压电工作业安全技术实际操作考试标准为依据。为提高学习效率和考试的通过率，在内容编写上做了特殊安排，围绕考试要求进行有重点的讲解。全书共分十章，第一章至第四章主要介绍电工作业的基本知识与技能；第五章主要介绍触电事故及现场急救；第六章至第八章主要介绍电气防火、防爆、防雷、防静电等安全生产知识与技能；第九章和第十章主要介绍理论和实际操作的考试要求与考试题库，还编制了三份理论模拟试卷，供学员课后复习和进行模拟测试。

在编写本教材的过程中，得到了薛建林、宗山佳、孟建民、胡建定、朱烈江、罗小标等安全管理与培训专家的支持与帮助，在此深表谢意。书中也参考了多位作者的资料，在此表示感谢。

由于编者水平有限，书中不妥之处恳请读者和专家批评指正，以便及时完善和补充。

编　者

2019 年 1 月

目录

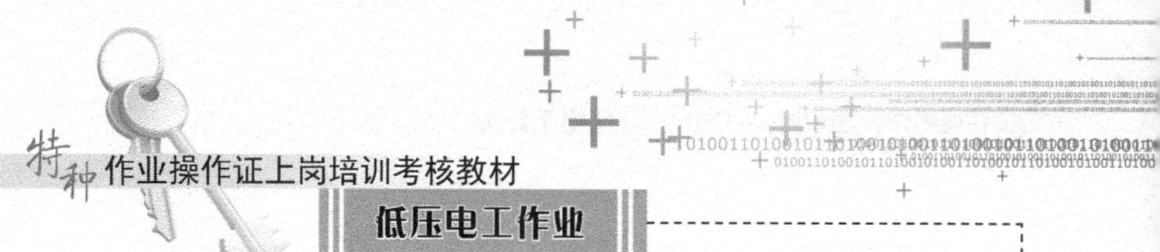

第一章

电 工 基 础 知 识

电阻、电压、电流、功率与电能的测量在电工操作中经常要用到。为了使电工初学者了解上述常用量的基本概念，在用常用仪表进行相应测量时能正确处理各种电量之间的相互关系，同时能灵活运用各种测量手段，达到最佳测量效果，本章简要介绍电路、电阻、电压、电流、功率与电能的基本概念与测量方法。

第一节　电路的基本概念

一、电路

1. 电路的组成

电路是由一些元器件组成的电流流通通路。图 1-1 所示是一个最简单的电路。一般来说，一个简单的电路由电源、负载、导线及开关等 4 个部分构成闭合回路。图 1-1 中，符号“E”代表电源，“EL”代表负载，“S”代表开关，“FU”代表熔断器。

（1）电源：电源是供给电路电能的设备。它是将其他形式的能（如化学能、机械能、光能等）转换成电能的装置，其作用是向负载提供电能。常见的电源有电池、整流电源和发电机等。

（2）负载：负载又称用电器。它是消耗电能的装置。常见的负载有电灯、电暖器、电动机等。

（3）导线：导线在电路中承担电能输送与分配的任务，把电源和负载连接成一个闭合回路。常用的导线有铜线、铝线等。

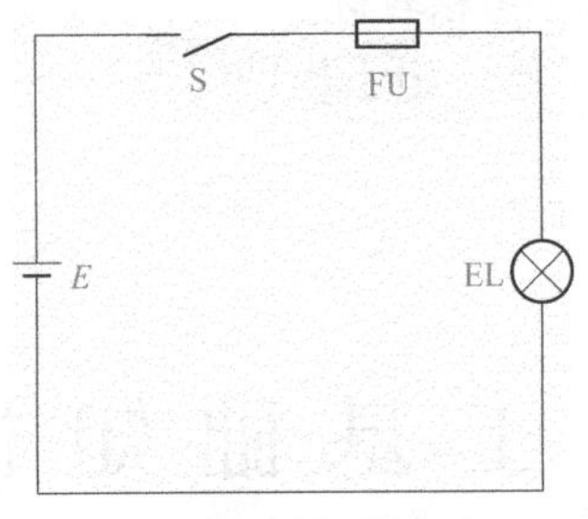

图 1-1　简单的电路

（4）控制保护装置：用来控制电路的通断并保护电源和负载不受损坏，如开关、熔断器、继电器等。

2. 电路的作用和分类

电路最基本的作用：一是产生、输送、分配和转换电能，如用电力网把发电厂所产生的电能输送到各用户中；二是进行信息的传递、处理及测量等，如网络、通信等。

从电路的范围来分，一般把电源以外的电路称为外电路，而把电源内部的电路称为内电路。

3. 电路的工作状态

电路的状态有三种，即通路、断路和短路。其中，通路是指电路各组成部分连接成一个闭合回路，有电流通过；断路是指电路中有断开点，没有电流通过，通常断路也叫开路；短路是指电源两端直接用导线相连，这种情况下电源中的能量将被快速耗尽，而且会造成大电流及由此带来的一系列事故。短路是一种故障状态，应绝对避免。

二、电路中的主要物理量

1. 电流

电流分直流电流和交流电流两大类。如图 1-2 所示。凡是方向、大小均不变的电流称为直流电流。凡是电流大小、方向均随时间做周期性变化的电流称为交流电流。交流电在工业生产和日常生活中应用极为广泛，如平时的照明用电、动力用电都是交流电流。

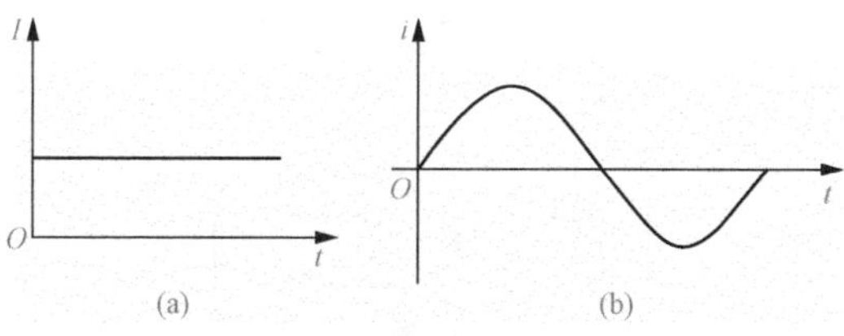

图 1-2 直流电与交流电

（a）直流电；（b）交流电

电流强度的符号是 I，单位是安培（A）。除安培外，常用的电流强度的单位还有千安（kA）、毫安（mA）、微安（μA），它们之间的换算关系是

1 千安（kA）$=10^3$ 安（A）

1 毫安（mA）$=10^{-3}$ 安（A）

1 微安（μA）$=10^{-3}$ 毫安（mA）$=10^{-6}$ 安（A）

2. 电压与电位

电路中某点相对于参考点的电压称为该点的电位，用 V 表示。参考点的电位规定为零电位。一般选用大地作为参考点，用符号“⏚”表示；在电子仪器中常用金属机壳或电路的公共节点作为参考点，用符号“⊥”表示。

电压是电路中两点的电位差，用 U 表示。电压分直流电压和交流电压。电压的单位是伏特（V）。除伏特外，常用的电压单位还有千伏（kV）、毫伏（mV）。它们之间的换算关系是

1 千伏（kV）$=10^3$ 伏（V）

1 毫伏（mV）$=10^{-3}$ 伏（V）

3. 电动势

电源电动势是衡量电源转换电能的能力大小的量，用 E 表示，单位也是伏特（V）。它只存在于电源的内部，方向由低电位指向高电位，与电压的方向相反，这点要引起注意。

电源两端的电位差称为电源的端电压，对于一个电源来说，在外部不接负载的情况下，电源的端电压大小就等于电源的电动势，但两者的方向刚好相反，如图 1-3 所示。

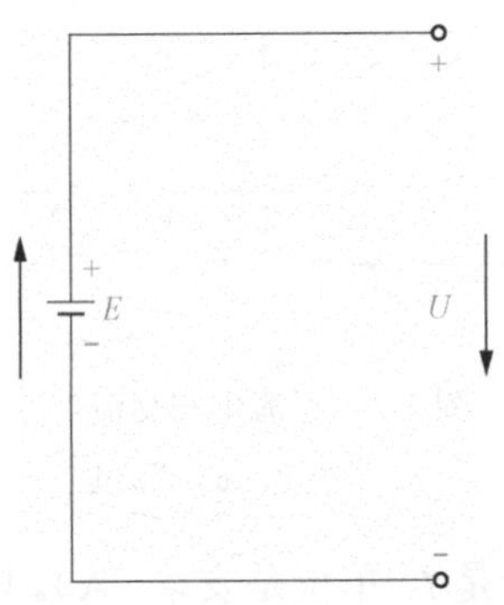

图 1-3 电动势和电压的方向

4. 电阻

电流在导体内流动所受到的阻力叫电阻，用 R 表示，其图形符号表示为—▭—，它的单位是欧姆（Ω）。除欧姆外，常用的电阻单位还有兆欧（MΩ）、千欧（kΩ）。它们之间的换算关系是

1 兆欧（MΩ）=10^6 欧（Ω）

1 千欧（kΩ）=10^3 欧（Ω）

电阻的阻值不仅与导体自身的材料有关，而且与导体的长度成正比，与导体的横截面积成反比。这个结论称为电阻定律，用公式表示为

$$R=\rho\frac{l}{S}$$

式中：ρ 为导体的电阻率；R 为导体的电阻；S 为导体的横截面积；l 为导体的长度。

同样大小的导体，导体的电阻率越小，导体的电阻就小，导体的导电性能就好。在金属导体中，银的电阻率最小，导电性能最好，但价格较贵，铜和铝的电阻率也较小，但铝的机械强度低于铜，所以，作为导电材料，用得最多的是铜。

从上述电阻公式中不难看到，如果将一根导线均匀拉长为原来的 2 倍，则它的阻值为原阻值的 4 倍。理由是它的长度变成了原来的 2 倍，而与此同时，横截面积变小了，是原来的 1/2，把这

两个因素代入到公式中，不难得出结论。

5. 电功（电能）

电功（电能）：电流所做的功叫电功。在日常生活和工业生产中，电灯通电后能够发光，电动机通电后能够旋转，电炉通电后能够发热，这些都是电流做功的结果。电功用符号 W 表示，单位是焦耳（J）。通常，电功也称为电能。电能表测得的值就是电能。通常说的 1 度电相当于 1 千瓦的用电器工作 1 小时所消耗的电能。电功的计算公式是

$$W = IUt$$

式中：I 为电路中的电流；U 为电路两端的电压；t 为通电时间。

6. 电功率

电功率：单位时间内电流所做的功称为电功率，简称功率，用 P 表示，单位是瓦（W）。电功率的公式可以表示为

$$P = \frac{W}{t} = IU$$

三、欧姆定律

1. 部分电路欧姆定律

部分电路欧姆定律：导体中的电流与它两端的电压成正比，与它的电阻成反比。公式为

$$U = IR \text{ 或 } I = \frac{U}{R}$$

式中：I 为流经负载的电流；U 为负载两端的电压；R 为电路中的电阻。

2. 全电路欧姆定律

全电路欧姆定律：在一个闭合电路中，电流强度与电源的电动势成正比，与整个电路中内电阻和外电阻之和成反比。公式为

$$I = \frac{E}{R + r}$$

简单的全电路如图 1-4 所示。图 1-4 中，r 代表电源的内电阻，

E 代表电源的电动势，R 为外电路的电阻。当外电阻 R 变为无穷大时，电流 I 为零，此时 $U=E$，即端电压等于电源的电动势，这时的电路称为开路。当外电阻 R 为零时，端电压 U 也为零，这时电路中的电流接近为 $I=\dfrac{E}{r}$，因为 r 的值很小，电流达到最大值，此时的电路称为短路。

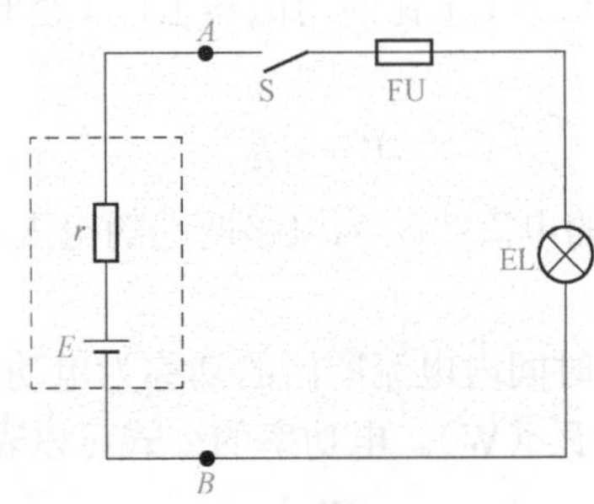

图 1-4　简单的全电路

四、电阻的串联

电阻的串联：把两个或两个以上的电阻首尾相接，使电流只有一条通路，这种连接方式叫串联，如图 1-5 所示。

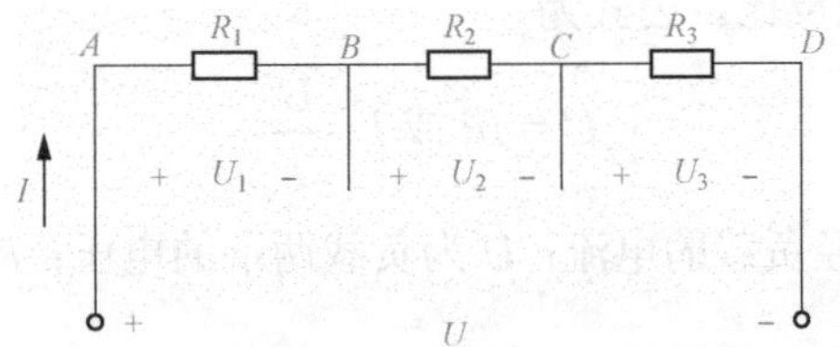

图 1-5　电阻的串联电路

串联电路有如下特点：

（1）串联电路中流过每个电阻的电流都相等。即 $I=I_1=I_2=I_3$。

（2）电路两端的总电压等于各电阻两端的电压之和。即 $U=U_1+U_2+U_3$。

（3）电路总电阻（等效电阻）等于各串联电阻之和。即 $R=$

$R_1+R_2+R_3$。

（4）各电阻上分配的电压与其电阻值成正比。

电阻的串联在实际工作中应用很广泛。例如：利用电阻的串联可以获得较大阻值的电阻；利用串联电阻构成分压器，可使一个电源提供几种不同的电压；在电工测量中，还可以利用串联电阻的方法来扩大电压表的量程，等等。

五、电阻的并联

电阻的并联：把两个或两个以上的电阻的一端连在一起，另一端也连在一起，使每一个电阻都承受相同的电压，这种连接方式叫并联，如图 1-6 所示。

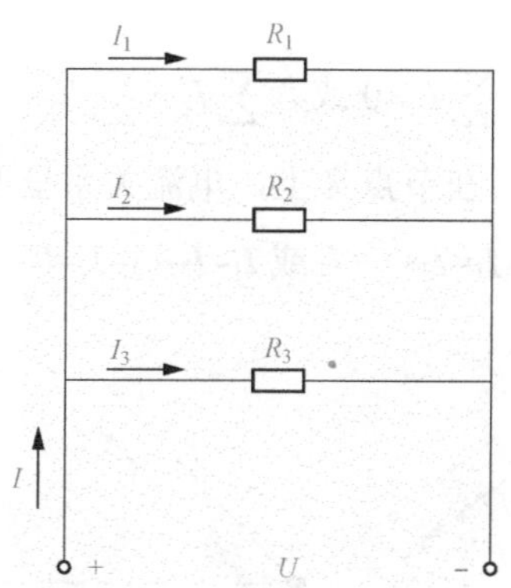

图 1-6　电阻的并联电路

并联电路有如下特点：

（1）并联电路中，各电阻两端的电压都相等，且等于电路两端的总电压。即 $U=U_1=U_2=U_3$。

（2）总电流等于各电阻中的电流之和。即 $I=I_1+I_2+I_3$。

（3）电路总电阻（等效电阻）的倒数等于各电阻的倒数之和。即 $\frac{1}{R}=\frac{1}{R_1}+\frac{1}{R_2}+\frac{1}{R_3}$。

（4）通过电阻的电流与其电阻值成反比。

电阻并联电路的应用也很广泛。例如：利用电阻的并联可以获得较小的阻值；将工作电压相同的负载并联使用，可使任何一个负载的工作情况都不会影响其他的负载，家庭里的各种照明灯具、电热器等用电器就是以并联方式连接的；在电工测量中，也可以用并联电阻的方法来扩大电流表的量程。

六、复杂电路的计算

计算复杂电路的主要依据有两组基本定律，即欧姆定律和基尔霍夫定律。基尔霍夫定律又分为基尔霍夫电流定律（也叫基尔霍夫第一定律）和基尔霍夫电压定律（也叫基尔霍夫第二定律）。具体来讲，基尔霍夫第一定律解释了节点电流的关系，即电路中任意一个节点上，流入节点的电流之和等于流出节点的电流之和。用公式表示为

$$\sum I = 0 \text{ 或者 } \sum I_{\mathrm{I}} = \sum I_{\mathrm{O}}$$

如图 1-7 所示，在节点 A 上，电流关系呈现为

$$I_1=I_2+I_3+I_4 \text{ 或 } I_1-I_2-I_3-I_4=0$$

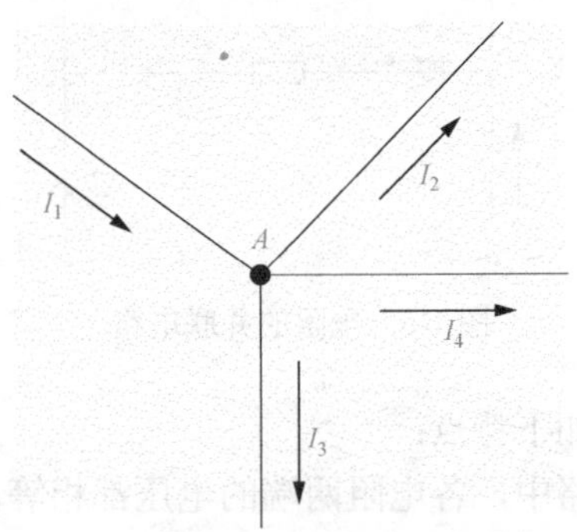

图 1-7　节点电流关系

基尔霍夫第二定律解释了回路上电压的关系。即在任意一个闭合回路中，各段电阻上的电压降的代数和等于各电源电动势的代数和。用公式表示为

$$\sum U = 0 \text{ 或 } \sum IR = \sum E$$

如图 1-8 所示，有

$$E_1-I_1R_1-E_2+I_2R_2+I_3R_3-I_4R_4=0$$

或

$$-I_1R_1+I_2R_2+I_3R_3-I_4R_4=-E_1+E_2$$

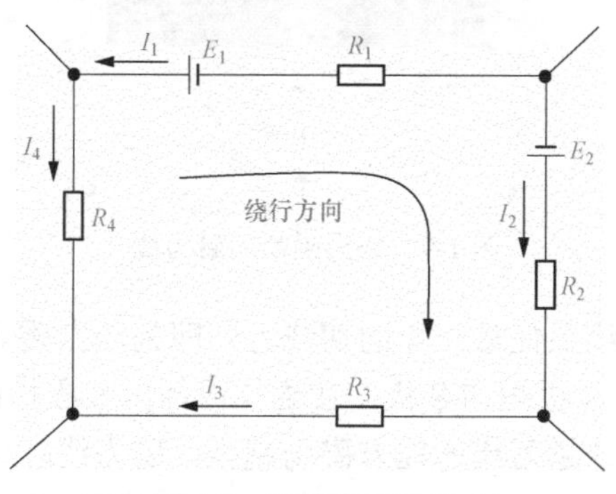

图 1-8 回路电压关系

第二节 电 与 磁

一、磁的基本知识

具有吸引铁、镍及锢等物质的性质称为磁性。具有磁性的物质称为磁体。磁体有天然和人造的两种。天然磁体是一种磁铁矿石，磁性并不很强。实际中应用的大多数是人造磁铁。

磁体上磁性最强的地方称为磁极。磁极分为南极和北极。当小磁针静止时，其指向北的一端称为北极，标为 N 极。另一端就称为南极，标为 S 极。磁体具有同性磁极互相排斥，异性磁极互相吸引的特性。

磁体的周围有一个磁力相互作用的空间，称为磁场。磁场是一种看不见的特殊物质，在磁场中，小磁针 N 极所指的方向，就是磁场的方向。为了直观地把磁场描绘出来，通常引用一些曲线，这些表示磁场状态的曲线称为磁力线或者磁感应线，如图 1-9 所示。

磁力线具有以下特点：

（1）磁力线是互不相交的闭合曲线。

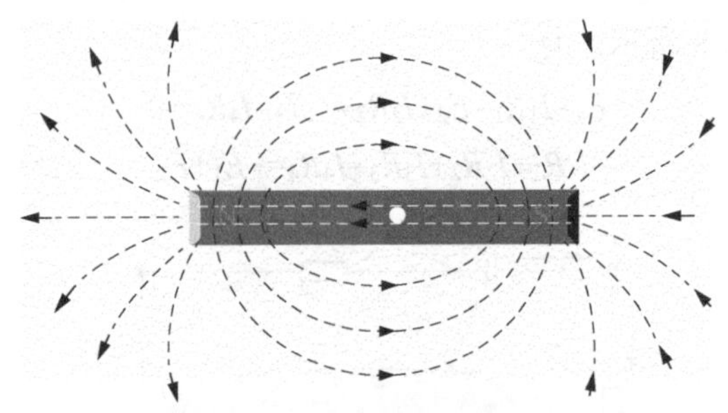

图 1-9 条形磁铁的磁力线

（2）磁力线上任意一点的切线方向即为该点磁场的方向。在磁体的外部由 N 极指向 S 极，在磁体内部由 S 极指向 N 极。

（3）磁力线越密集的地方磁场越强，磁力线越疏的地方磁场越弱。磁力线疏密均匀且平行的地方，各点磁场的强弱相同。

二、电流与磁场

电流和磁场密不可分，磁场总是伴随着电流而存在，而电流永远被磁场所包围。电流产生磁场的现象称为电流的磁效应。具体可以用安培定则来判定，安培定则也称为右手螺旋定则。

1. 通电直导线产生的磁场

通电导线中的电流方向决定了该导线周围的磁场方向。电流的大小决定了所产生的磁场的强弱。如图 1-10 所示。因为可以用握右手的方法来判定磁场的方向，所以也叫右手螺旋定则，具体是：用右手握住导线，让伸直的大拇指所指的方向与电流方向一致，那么弯曲的四指所指的方向就是磁力线的环绕方向。

2. 通电线圈产生的磁场

变压器、电动机内部都存在着通电流的线圈，所以判定通电线圈产生的磁场方向很有意义。如图 1-11 所示。通电线圈产生的磁场方向判定也用安培定则，即右手螺旋定则。具体是：让右手弯曲的四指与环形电流的方向一致，伸直的大拇指所指的方向就是环形线圈中心磁场的方向。

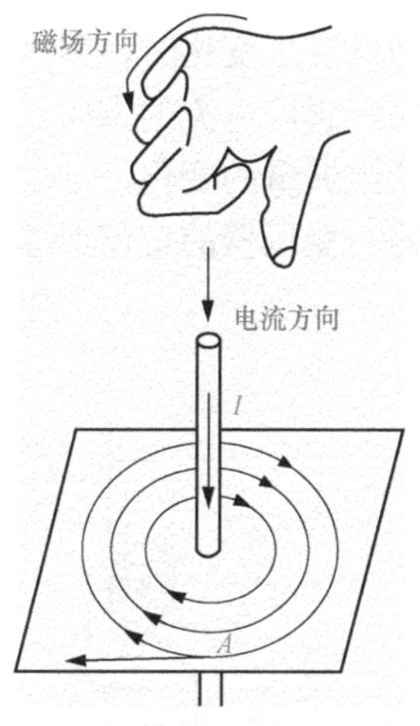

图 1-10 直线电流的磁场

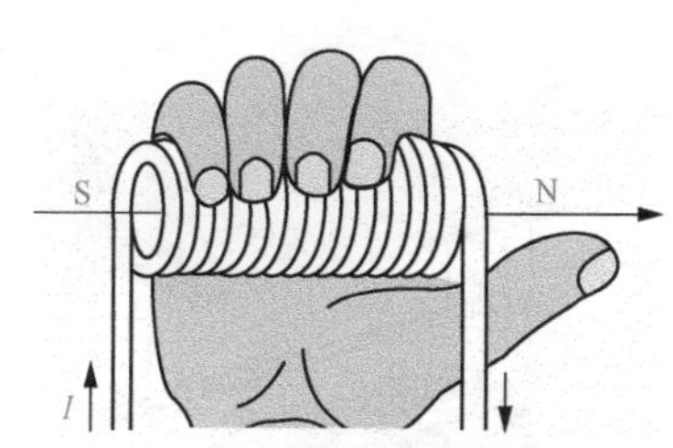

图 1-11 通电线圈产生的磁场

3. 磁场对通电直导线的作用

通电导体在磁场中会受到力的作用。这个力是电磁力。它的方向可以用左手定则来判定。具体是：伸开左手，使大拇指与其余四指垂直，且与手掌在同一平面内，然后把手放入磁场中，让磁力线垂直穿入手心，使四指指向电流的方向，那么，大拇指所指的方向就是通电导体在磁场中的受力方向。如图 1-12 所示。该电磁力的计算公式为

$$F=BIl\sin\alpha$$

式中：B 为磁感应强度；I 为通电导体上流过的电流；l 为导体长度；α 为电流方向与磁场的夹角。

从公式的分析中可以知道，如果电流方向与磁场方向一致，那么，受到的电磁力就为 0，而当电流方向与磁场方向垂直时，受到的电磁力为最大。

4. 磁场对线圈的作用

如图 1-13 所示的实验中，将一根条形磁铁的 N 极向下插入线圈时，检流计的指针向右偏转。当条形磁铁静止时，检流计不偏转。当把条形磁铁从线圈中拔出时，检流计的指针向左偏转。

这个实验表明，当穿过闭合线圈的磁通量发生变化时，回路中就有感应电流产生。通过进一步实验证明，感应电流的方向，总是使感应电流的磁场阻碍引起感应电流的磁通量的变化，这个定律称为楞次定律。楞次定律在分析互感器与变压器的工作原理时会非常有用。

图 1-12　左手定则

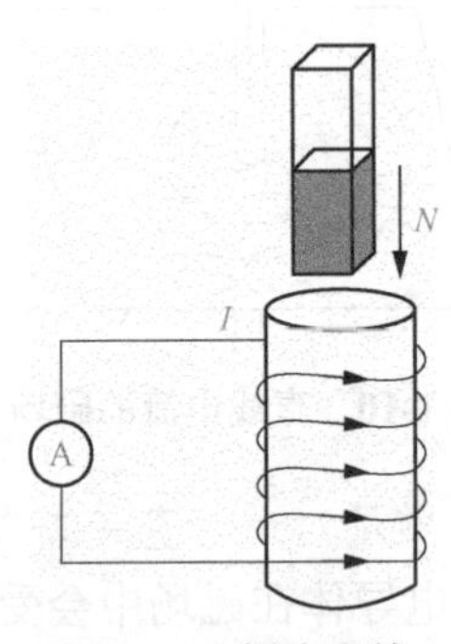

图 1-13　楞次定律

5. 电磁感应定律

在实际应用中，常用楞次定律来判断感应电流或感应电动势的方向，用电磁感应定律来计算感应电动势的大小。线圈中感应电动势的大小与线圈中磁通的变化速度（变化率）成正比，这一定律就是电磁感应定律。

三、自感和互感

1. 自感

通过线圈本身的电流发生变化而引起的电磁感应现象称为自感现象。在自感现象中产生的感应电动势称为自感电动势。

自感现象在各种电气设备和无线电技术中均有广泛的应用。例如，日光灯镇流器的工作原理就是利用线圈的自感现象。日光灯的镇流器内部就是一个线圈，它串联在日光灯的电路中，当电流变化的瞬间，镇流器就会产生很高的自感电动势，与电源电压叠加后作用于灯管的两端，点亮日光灯。日光灯正常发光后，由于通过镇流器的电流是大小变化的交流电，所以线圈里依然会产生自感电动势，这个自感电动势根据楞次定律判定，是阻碍线圈中电流的变化，从而使流过灯管的电流达到稳定，所以称它为镇流器。

但自感也有其不利的一面，如在大型电动机的定子绕组等设备中，自感系数很大而工作电流又很大，在切断电路的瞬间，由于电流在较短时间内发生很大的变化，会产生较高的自感电动势，使开关的闸刀和固定夹片之间的空气电离而导电形成电弧，将开关烧坏，严重时能击毁绝缘保护使电路短路，甚至危及工作人员的安全。因此，这些电路中的开关都装有灭弧装置，一般是放在绝缘性能良好的油中。

2. 互感

当一个线圈中的电流发生变化时，引起邻近的另一个线圈中产生感应电动势和感应电流的现象，称为互感现象。由此产生的电动势称为互感电动势。产生互感电动势的方向仍然遵循楞次定律。

互感现象在电工技术中应用很广泛。它产生的效果有好也有坏。许多电气设备如变压器、钳形电流表等，都是利用互感这一原理制成的。而在电子线路中，若线圈的位置不当，线圈之间产生互感会造成相互干扰，甚至使电路无法正常工作。

第三节 交 流 电 路

一、正弦交流电

在直流电路中，电压、电流的大小和方向是恒定的，与时间无关。但在平时我们的生活与生产中，用得最多的是交流电。凡大小和方向随时间做周期性变化的电流、电压和电动势统称为交流电。随时间按照正弦规律变化的交流电称为正弦交流电，如图 1-14 所示。具有交流电源的电路称为交流电路。

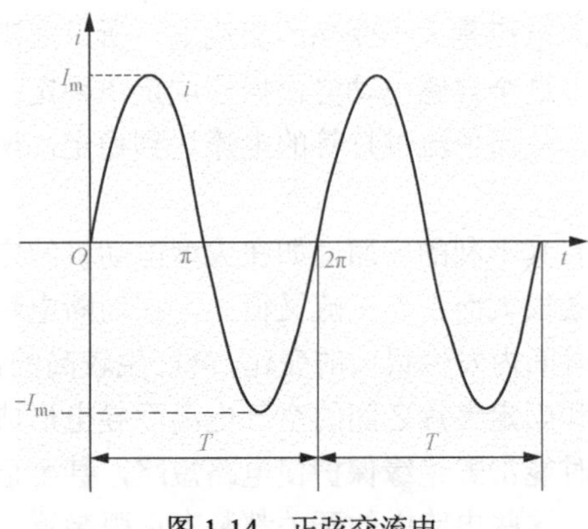

图 1-14 正弦交流电

表征正弦交流电的物理量主要有以下几种：

（1）周期、频率和角频率：我国工频交流电的周期为 0.02s，频率为 50Hz。周期通常用 T 表示。交流电的周期是指交流电完成一次周期性变化所需的时间，单位为秒（s）。而交流电在 1s 内完成的周期性变化次数叫作频率，频率通常用 f 表示，单位为赫兹（Hz）。周期与频率的关系为

$$T=\frac{1}{f}$$

交流电每秒所变化的角度（电角度），称为交流电的角频率。用 ω 表示。单位是弧度/秒（rad/s）。角频率与频率的关系为

$$\omega=2\pi f$$

（2）瞬时值、最大值和有效值：正弦交流电在某一瞬间的大小称为瞬时值。最大值是交流电在一个周期内所能达到的最大数值。而平时我们说的 220V、380V 交流电压指的是有效值。仪表测量所得的值一般都是有效值。大多数电器产品铭牌上标注的额定电压、额定电流都是指有效值。有效值比最大值小，是最大值的 $1/\sqrt{2}$ 倍。例如：220V 的交流电压其最大值是 311V（$220\text{V}\times\sqrt{2}$）。

（3）初相位、相位和相位差：交流电在某一时刻的电角度称为相位。$t=0$ 时的相位称为初相位。两个同频率正弦量的相位之

差称为相位差。如图 1-15 所示，u_1 与 u_2 相位差为 θ，即 u_1 超前 u_2 θ 角度，或者说是 u_2 落后 u_1 θ 角度。

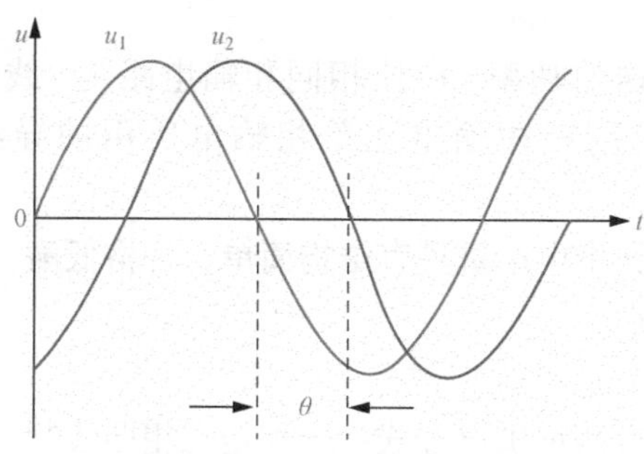

图 1-15　相位差示意图

交流电的三要素是指频率、初相位、最大值。最大值通常也叫作幅值。若已知某正弦交流电的三要素，即可很方便地画出其波形图。

二、三相交流电

在工农业生产和日常生活中，所使用的电源几乎全部采用三相交流电源。日常照明用的单相交流电也是三相交流电中的一相。所谓三相电源，就是由 3 个频率相同、最大值相等、相位互差 120° 的正弦交流电组成的供电电源，如图 1-16 所示。用导线把三相电源和负载正确连接起来，就构成了三相交流电路，简称三相电路。把组成三相交流电路中的每一相电路称为一相。

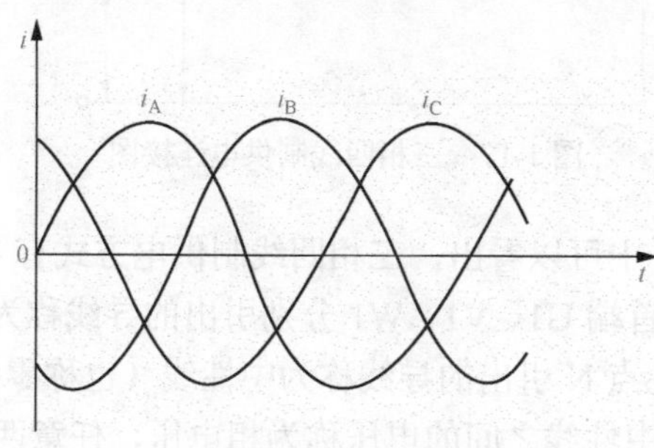

图 1-16　三相交流电

三相交流电与单相交流电相比，具有以下特点：

（1）三相交流发电机比同样体积的单相交流发电机输出功率大。

（2）在输送的功率、电压相同和输电距离、线路损耗相等的情况下，采用三相输电比单相输电所用的导线的量节省25%。

（3）三相异步电动机具有结构简单、价格低廉、性能良好、工作可靠等优点。

三、三相电源的供电方式

三相电源有两种供电方式：一种是三相四线制，另一种是三相三线制。

1．三相四线制供电连接

三相四线制供电连接方式是把三相绕组的末端U2、V2、W2连接在一起，形成一个公共点N，此点称为中性点。由中性点及绕组的首端U1、V1、W1分别向外引出连接线，如图1-17所示。

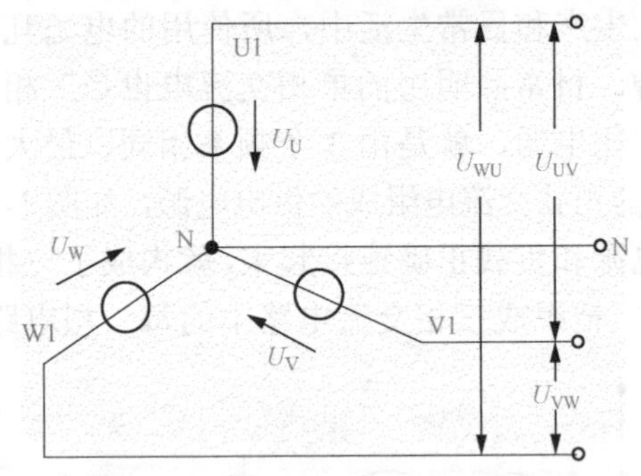

图1-17　三相四线制供电连接图

从图1-17中可以看出，三相四线制供电方式有4根输电线，从绕组的3个首端U1、V1、W1分别引出的导线称为相线（俗称火线），从中性点N引出的导线称为中性线（也称零线）。

各相线与中性线之间的电压称为相电压，任意两根相线之间的电压称为线电压。在电工技术中，通常用U_P表示相电压的有效

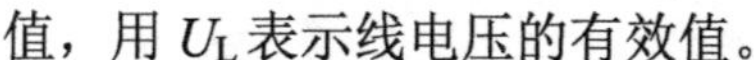

值，用 U_L 表示线电压的有效值。

三相四线制供电系统具有以下特点：

（1）有两组供电电压，即相电压和线电压。

（2）3 个相电压和 3 个线电压均为对称电压。

（3）线电压的大小等于相电压的 $\sqrt{3}$ 倍，记为 $U_L = \sqrt{3}U_P$。

（4）各线电压在相位上比对应的相电压超前 30°。

在日常使用的三相四线制低压供电系统中，相电压为 220V，线电压为 380V。

2. 三相三线制供电连接

三相三线制供电连接方式是把 3 个绕组的首端和末端依次相接，使其构成闭合回路，再从这 3 个连接点引出 3 根相线，如图 1-18 所示。

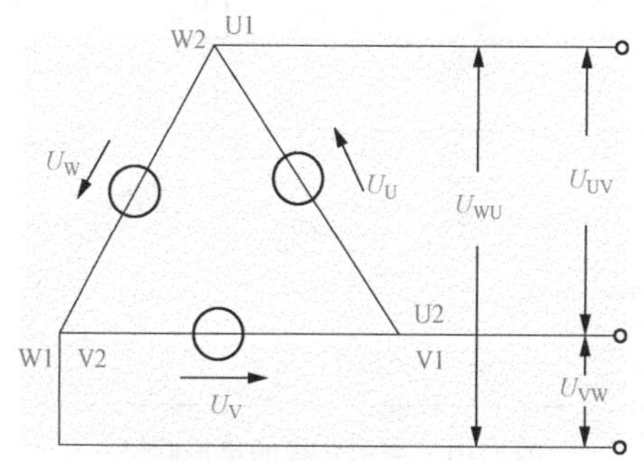

图 1-18 三相三线制供电连接图

三相三线制供电方式的最大特点是，线电压等于相电压。$U_L=U_P$。

四、三相负载的连接

三相电路中的负载，可以分为对称负载和不对称负载两种。如果每相负载的电阻和电抗大小相等、性质相同，这种三相负载就称为对称三相负载，如三相电动机、三相变压器，它们的三相绕组都是相等的。而日常生活中的照明电路，虽然也是工作在三相电路状态下，但由于每一相照明电路的工作状态都随时在变，所以，是不对称负载。

三相负载也有两种连接方式，即星形和三角形联结。

1. 三相负载的星形联结及中性线的作用

如图 1-19 所示。把三相负载分别接在三相电源的一根相线和中性线之间的接法，称为三相负载的星形联结。通过每相负载的电流称为相电流，其有效值用 I_P 表示。通过相线的电流称为线电流，其有效值用 I_L 表示。从图中不难看出，$I_P=I_L$。中性线电流用 I_N 表示。如果三相负载为对称负载，那么流过每一相负载的相电流也是对称的，则中性线上的电流为它们的相量和，$I_N=0$。

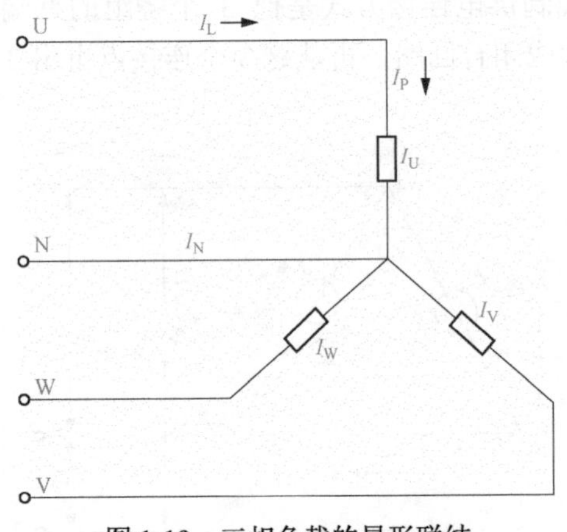

图 1-19　三相负载的星形联结

在实际应用中，绝大部分与电源连接的为不对称负载，如照明电路。这种情况下，中性线上的电流不为零，中性线就不能取消，否则，每一相的电压就会不等，造成某一相负载的电压超过额定工作电压，而另一相负载的电压低于额定工作电压，这种情况会使负载工作不正常，甚至烧坏负载。所以，在三相四线制供电系统中，规定中性线上不允许安装开关和熔断器。在连接三相负载时，应尽量使其平衡，以减小中性线的电流。

2. 三相负载的三角形联结

如图 1-20 所示。把每相负载分别接在三相电源的每两根相线之间的接法称为三相负载的三角形联结。在三角形联结中，不论负载是否对称，各相负载所承受的相电压均为电源的线电压。当三相负载对称时，3 个相电流是对称的，3 个线电流也是对称的，线电流在相位上比相电流滞后 30°。并且在数值上线电流是相电流的 $\sqrt{3}$ 倍，记为 $I_L=\sqrt{3}I_P$。

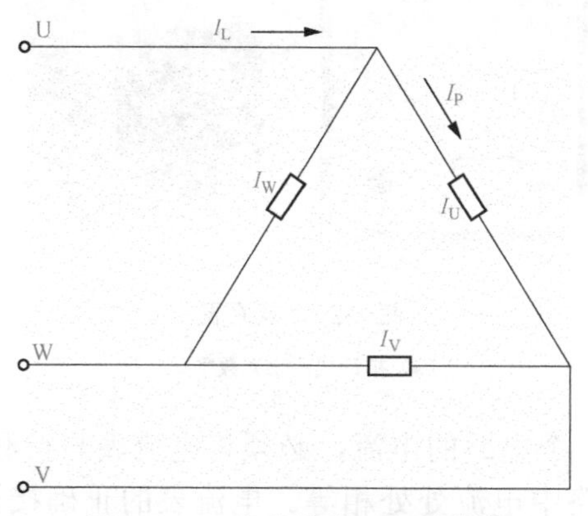

图 1-20　三相负载的三角形联结

在实际应用中，三相负载究竟采用何种联结方式，由每相负载的额定电压与电源电压而定，务必使每相负载承受的电压为额定电压。若负载的额定电压等于电源的相电压，负载应接成星形；若负载的额定电压等于电源的线电压，则负载应接成三角形。例如，当电源电压为 380/220V 时，若负载的额定电压为 200V，则应该将负载做星形联结；负载的额定电压为 380V 时，应该将负载做成三角形联结。对于三相异步电动机而言，一般 4kW 以上的电动机采用三角形联结方式运行，因为此方式使相电压与线电压相等，都等于 380V，每相电压高，电流就大，出力就大。而小功率电动机（4kW 以下）则通常采用星形联结方式。

第四节　电流与电压的测量

电流与电压的测量是最常用的电工测量，使用的仪表主要是电流表、电压表和万用表。

一、电流的测量

测量电流用的仪表称为电流表。电流表包括指针式电流表和数字式电流表，其实物照片如图 1-21 所示。

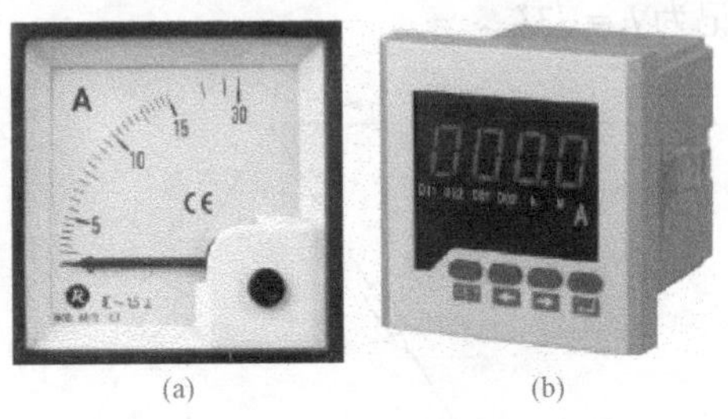

(a)　　(b)

图 1-21　电流表

（a）指针式；（b）数字式

要测量一个电路的电流，必须将电流表与待测电路串联，因为串联电路中电流处处相等。电流表的正确接法如图 1-22 所示。

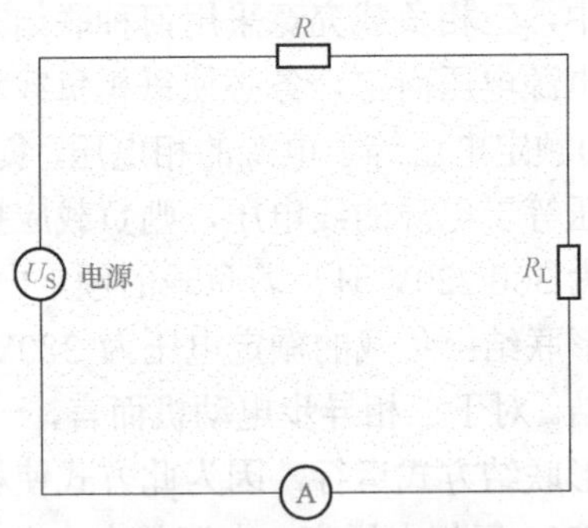

图 1-22　电流表的正确接法

由于电流表本身总有一定的内阻，串联接入被测电路后，电路总的有效电阻将会增加，这就改变了电路原来的工作状态，从而产生测量误差。为了减少测量误差，要求电流表本身的内阻要尽量小，小到与负载电阻相比可以忽略不计。

用电流表测量电路中的电流时，需要将被测电路断开，把电流表串接在电路中进行测量。有时，希望在不断开电路的情况下也能够测量电流，这时，可以采用两种办法来实施：一种是用钳形电流表测量，另一种方法是采用间接测量法，也就是用电压表来测量电流。具体做法是在被测电路中选择一只电阻值已知的电阻，通过测量该电阻两端的电压值，然后由关系式 $I=U/R$ 计算出电路中的电流。

二、电压的测量

测量电压用的仪表称为电压表。电压表包括指针式电压表和数字式电压表，其实物照片如图 1-23 所示。

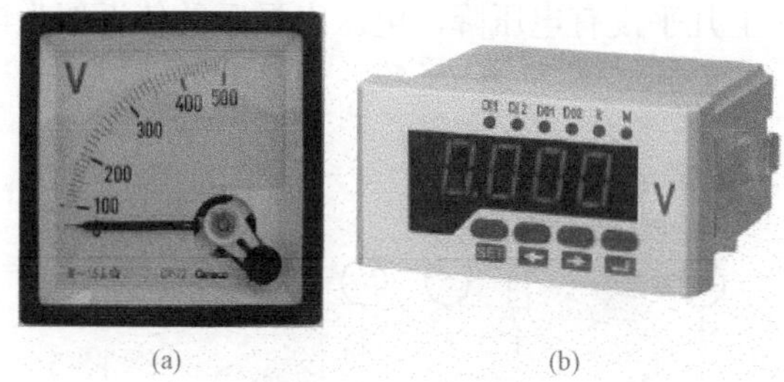

(a) (b)

图 1-23 电压表

（a）指针式；（b）数字式

要测量一个电路两端的电压值，必须将电压表与待测电路并联，因为并联电路的电压相等。电压表的正确接法如图 1-24 所示。

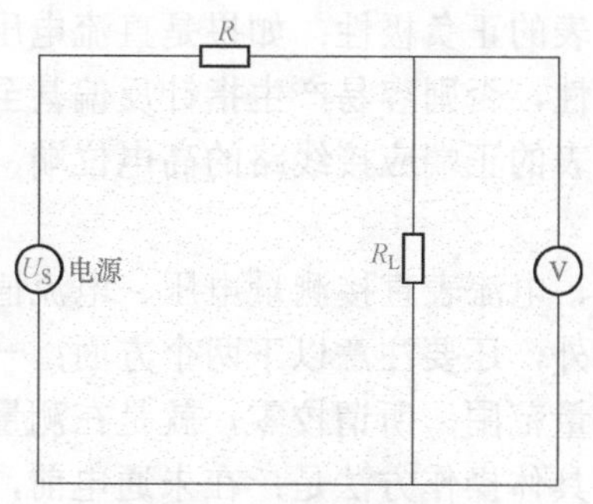

图 1-24 电压表的接法

同电流表一样，电压表也有一定的内阻，为了避免因电压表的接入使被测电路发生变化而增加误差，电压表的内阻要尽量大，或者说与负载电阻相比要大得多。

三、测量电压与电流时的注意点

如果在测量电流、电压时，电流表、电压表接法错误，如图 1-25 所示。则在图 1-25（a）中，由于电流表的内阻很小，电阻 R_L 相当于被短路，R_L 上的电流几乎为 0，而电流表显示的值 $I=U_S/R$，如果此时电阻 R 的值很小，电流的值就会变得很大，导致电流表因过载而烧毁。在图 1-25（b）中，由于电压表的内阻很大，电压表串联在电路上，使电路的总电阻值很大，电流很小，电阻 R、R_L 上几乎没有电压降，电压表显示的值近似为电源电压值 U_S。

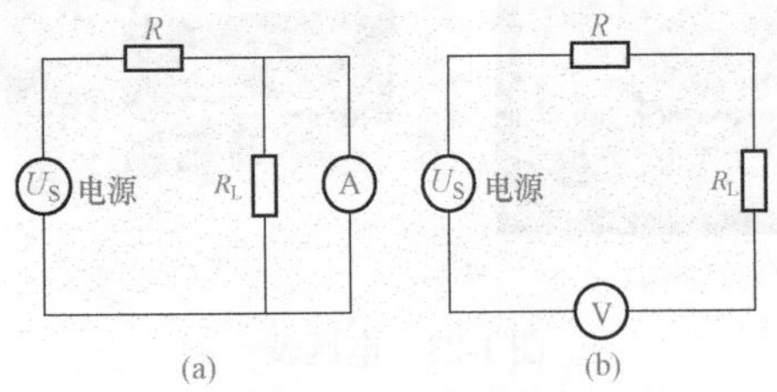

图 1-25　电流表、电压表的错误接法

（a）电流表的错误接法；（b）电压表的错误接法

在进行电流表、电压表的接线时，如果待测对象是交流电，可以不必区分仪表的正负极性；如果是直流电压或直流电流，则须区分正负极性，否则容易产生指针反偏甚至损坏的后果。正确的接法是仪表的正端应接线路的高电位端，负端应接低电位端。

在用电压表、电流表直接测量电压、电流值时，除了要认真检查接线无误外，还要注意以下两个方面：一个是校零，另一个是仪表的测量范围。所谓校零，就是在测量之前调整好仪表的机械零位。具体操作方法是：在未通电前，用合适的螺丝刀轻轻旋转机械零点调整器，使仪表的指针准确地指在零位刻度线上。

所谓仪表的测量范围，也就是标尺上的最大刻度值，通常称为仪表的量程。仪表一经制成，它的量程就是一定的。在测量值不超过量程的情况下，仪表可以正常工作；反之，若测量值超过仪表的量程，就可能造成仪表的损坏。在被测电流或电压值大小未知的情况下，应先选择较大量程的仪表进行测试，试测时间不能长。一旦发现仪表“打表”，即指针猛然偏过极限位置，要立即停止测量。通过改变量程挡位或置换量程更大的仪表来解决。如果测量值较小，即仪表指针偏转位置很小，不利于读数，则要通过改变量程挡位或置换量程更小的仪表来解决。

如果需要用同一只仪表测量超过量程的电流或电压，那就必须采取相应的措施。常用的措施一般有两个：一个是扩大量程，另一个是采用仪用互感器。

先讲扩大量程的方法。常用的电流表与电压表都是用微安表或毫安表改装而成的。为了测量大电流，采用的办法是并联分流电阻，分掉一部分电流，这样在测量大电流时通过电流表的电流始终不会超过满偏电流。常见的分流方法如图 1-26 所示。

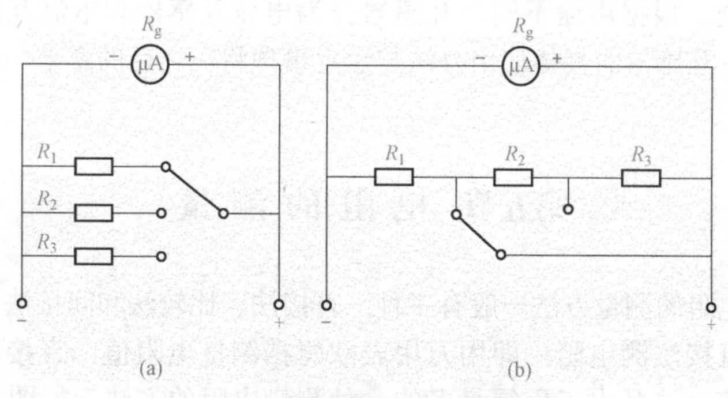

图 1-26 分流法扩大电流量程

（a）采用开路式分流器分流；（b）采用闭路式分流器分流

为了用微安表或毫安表改装而成的电压表测量高电压，采用的方法是给电流表串联分压电阻，分担一部分电压，这样在测量高电压时电流表两端承受的电压始终不会超过额定值。常见的分压方法如图 1-27 所示。

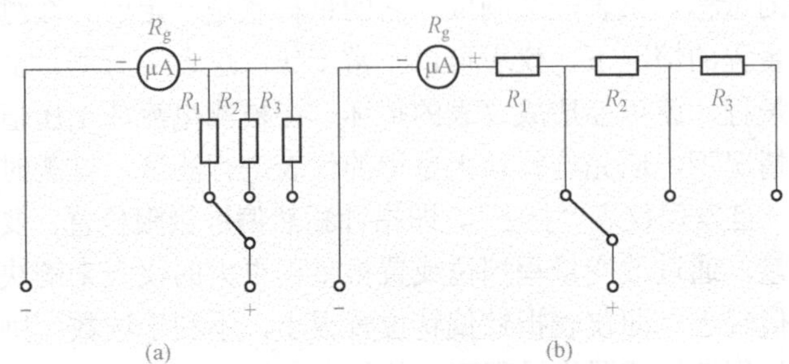

图 1-27 分压法扩大电压量程

（a）单独式附加电阻分压；（b）共用式附加电阻分压

仪用互感器是一种专供测量仪表用的变压器。在高电压和大电流的电气设备和输电线路中，考虑到安全和仪表成本等问题，一般是不能直接用仪表去测量电压、电流的。为此，必须用互感器将高电压、大电流变为低电压、小电流再进行测量。这样，一方面可以使仪表做得精密小巧，另一方面能保证测量人员和仪表的安全。根据用途不同，互感器分为电压互感器和电流互感器两种。互感器的具体使用办法与注意事项将在之后的章节中详细讲述。

第五节 电阻的测量

电阻的测量方法一般有三种：直接法、比较法和间接法。

直接法测电阻，即用万用表欧姆挡测量电阻值，直接读出电阻值。这是电工用得最多的一种测量电阻的方法。如图 1-28 所示。

比较法测电阻，是采用一个或多个已知电阻值的精密电阻，与待测电阻进行比较，而得出待测电阻的阻值。通常用到的电桥法测电阻就是一种用比较法测量电阻的方法，比较法测电阻

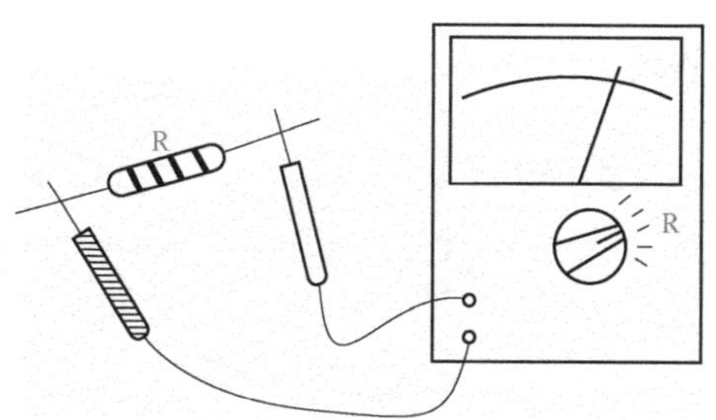

图 1-28 直接法测量电阻

一般用在对测量值要求比较高，需要比较精确地测量电阻值的场合，如变压器线圈电阻、电动机线圈电阻的测量，如图 1-29 所示。

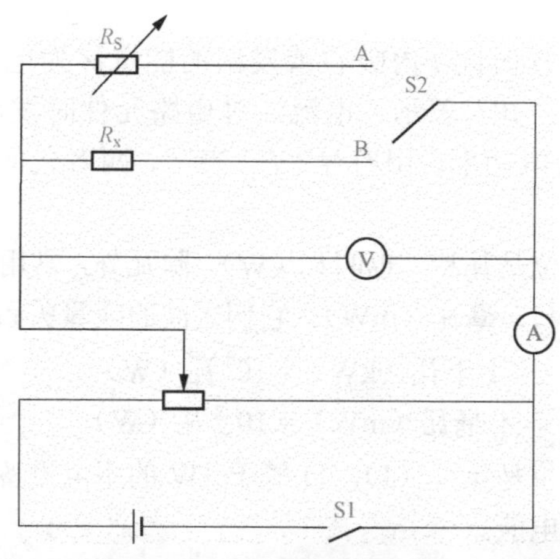

图 1-29 比较法测量电阻

间接法测电阻，是利用欧姆定律，测出电阻两端的电压值和流过电阻的电流值，利用欧姆定律计算公式 $R=U/I$，算出电阻的值。如图 1-30 所示，图（a）为内接法，图（b）为外接法。内接法适宜电阻值较大的电阻测量，外接法适宜电阻值较小的电阻测量。

除以上测量电阻的方法外，对绝缘电阻、接地电阻这些具有特殊意义的电阻值，有专门的测量方法与测量仪表，在后续的章节中会有详细讲述。

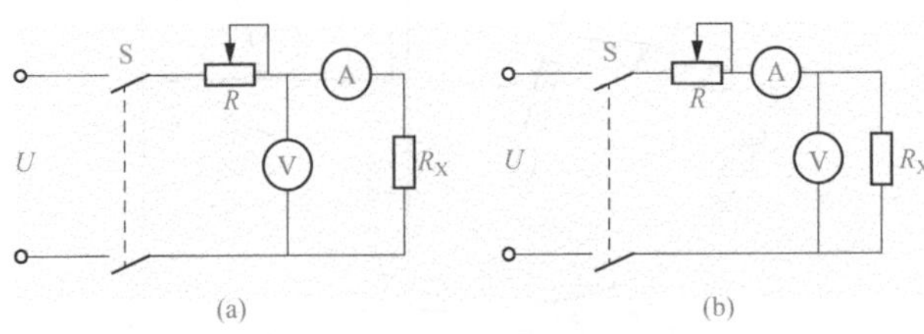

图 1-30　间接法测量电阻

（a）内接法；（b）外接法

第六节　功率与电能的测量

电路元件在时间 t 内吸收或发出的能量称为电能，又称为电功，用符号“W”表示。电流通过电路元件时发出或吸收电能的速率称为电功率，用符号“P”表示，两者之间的关系为：$W=Pt$。

功率的单位是瓦特，也叫瓦（W）。除瓦外，常用的功率单位还有千瓦（kW）、毫瓦（mW）。它们之间的换算关系是

$$1\text{ 千瓦（kW）} = 10^3\text{ 瓦（W）}$$

$$1\text{ 毫瓦（mW）} = 10^{-3}\text{ 瓦（W）}$$

电能的单位是焦耳（J），1J 等于 1W 的用电设备在 1 秒（s）时间内消耗的电能。

在电力工程中，电能常用“度”作单位，它是千瓦小时（kWh）的简称。1 度电等于功率为 1kW 的用电设备在 1 小时内消耗的电能。即

$$1\text{kWh} = 10^3\text{W}\times 3600\text{s}=3.6\times 10^6\text{J}$$

在交流电路中，电阻是耗能元件，而电感、电容是储能元件，不是耗能元件。电阻上消耗的平均功率叫作有功功率。而电感和电容上的平均功率均为零，它们储存的能量叫作无功功率。有功功率的单位是瓦，无功功率的单位是乏，而电源输出的功率是有

功功率和无功功率之和，这个“和”不是代数和，而是矢量和，一般称它为视在功率，单位是伏安（VA）。

在直流电路中，功率就是电压与电流的乘积，但交流电路则不然。在计算交流电路的有功功率时，要考虑到电压与电流间的相位差 φ，即

$$P=UI\cos\varphi$$

式中：$\cos\varphi$ 是电路的功率因数。

功率因数代表有功功率在视在功率中所占的比率。即

功率因数=有功功率/视在功率

$$\cos\varphi=P/S$$

电路只有在纯电阻负载（如电灯、电炉等）时，电流与电压才同相，$\cos\varphi=1$。对包含着电感的负载（如电动机、日光灯等），其功率因数总是小于 1。

三相交流电路实质上是三个单相交流电路的组合，所以负载消耗的平均功率应等于各相平均功率之和，即

$$P=P_A+P_B+P_C$$

若三相负载平衡，则

$$P=3U_PI_P\cos\varphi_P$$

通常，在电路中测量线电压与线电流比较方便，所以，计算三相电功率时，往往采用线电压与线电流。即

$$P=\sqrt{3}U_LI_L\cos\varphi_P$$

功率的测量用功率表来实施，常用的功率表有电动系与铁磁电动系两种。在三相交流电路中，常用单相功率表组成一表法、两表法或三表法来测量三相负载的有功功率。而无功功率的测量可以通过改换功率表的接线形式来实施。

电能的测量用电能表或千瓦小时表（电能表）来实施。在供电系统中，电能的测量不仅应反映负载功率的大小，还应反映出电能随时间增长积累的总和。因此，电能表除必须具有测量功率的机构外，还应能计算负载用电的时间，并通过计度器把电能自

动地累计出来。为克服仪表中传动机构间的摩擦，电能表测量机构还应具有较大的转矩。

常用的电能表一般有单相电能表、三相电能表、三相无功电能表。具体的接线方式与使用注意事项在后续章节中详细讲述。

第二章

常用仪表及使用方法

电工仪表是电工在日常工作中经常要用到的测量工具。除了测量一些常用的电量外，电工还常用电工仪表来判断电气线路的故障情况、电器元件的好坏和安装质量是否达标等。

第一节　电工仪表的分类

电工仪表的分类方法通常有三种，即按工作原理分类、按精确度分类和按测量方法分类。

一、按工作原理分类

电工仪表按工作原理分类，分为磁电系、电磁系、电动系和感应系。

1. 磁电系仪表

磁电系仪表由固定的永久磁铁、可转动的线圈及转轴、游丝、指针、机械调零机构等组成。线圈位于永久磁铁的极掌之间。当线圈中流过直流电流时，线圈在永久磁铁的磁场中受力，并带动指针、转轴克服游丝的反作用力而偏转。当电磁作用力与反作用力平衡时，指针停留在某一确定位置，刻度盘上给出一个相应的读数。机械调零机构用于矫正零位误差，在没有测量信号时可以用此将指针调到零位。

磁电系仪表的灵敏度和精确度较高、刻度盘分布均匀。它只能测量直流电压与直流电流，如果要测量交流，必须加上整流装置才能测量。

2. 电磁系仪表

电磁系仪表由固定的线圈、可转动的铁芯及转轴、游丝、指针、机械调零机构等组成。铁芯位于线圈的空腔内。当线圈中流过电流时，线圈产生的磁场使铁芯磁化。铁芯磁化后受到磁场力的作用并带动指针偏转。电磁系仪表过载能力强，可直接用于直流和交流测量。

电磁系仪表的精确度较低，刻度盘分度不均匀，容易受外磁场的干扰，结构上应有抗干扰设计。电磁系仪表常用来制作配电柜用电压表、电流表。

3. 电动系仪表

电动系仪表由固定线圈、可转动线圈及转轴、游丝、指针、机械调零机构等组成。固定线圈相当于电动机的定子线圈，可转动线圈相当于电动机的转子线圈，因此，这种仪表称为电动系仪表。当两个线圈中都流过电流时，可转动线圈受力并带动指针偏转。

相比电磁系仪表，电动系仪表也可直接用于直流和交流的测量，精度比电磁系仪表高。

电动系仪表制作电压表或电流表时，刻度盘分布不均匀（制成功率表时，刻度盘分度均匀）。结构上也应有抗干扰设计。电动系仪表常用来制作功率表、功率因数表等。

4. 感应系仪表

感应系仪表由固定的开口电磁铁、永久磁铁、可转动铝盘及转轴、计数器等组成。当电磁铁线圈中流过电流时，铝盘里产生涡流，涡流与磁场相互作用使铝盘受力转动，计数器计数。铝盘转动时切割永久磁铁的磁力线产生反作用力矩。

感应系仪表主要用于计量交流电能。

二、按精确度分类

电工仪表按精确度分为0.1、0.2、0.5、1.0、1.5、2.5、4.0共七级。0.1级仪表指其在满量程时的相对误差为0.1%；1.5级仪表指其在满量程时的相对误差为1.5%。所以，级数越低，表示精度越高。

三、按测量方法分类

电工仪表按测量方法分为直读式仪表和比较仪表。直读式仪表又分为指针表与数字表。直读式仪表能根据指针指示读数或者数字直接显示出来，如电流表、万用表、兆欧表。而比较式仪表是将被测量与已知的标准量进行比较来测量，如电桥、接地电阻测量仪等。

第二节 万 用 表

万用表是一种多电量、多量程的便携式电测仪表。常用的万用表有模拟式（指针式）万用表和数字式万用表。万用表一般都能测直流电流、直流电压、交流电压、直流电阻等电量。有的万用表还能测交流电流、电容、电感及晶体三极管的 h_{FE} 值等。万用表的实物照片如图 2-1 所示。

(a)

(b)

图 2-1 万用表

（a）指针式；（b）数字式

万用表一般由表头、测量电路及量程转换开关三个基本部分构成。各种型号的万用表外观和面板布置虽不相同，功能也有差异，但三个基本组成部分是构成各种型号万用表的基础。

一、指针式万用表的使用

1. 指针式万用表面板各部分的功能

万用表种类繁多，但其面板结构却大同小异。前面板装有标度盘、量程转换开关、机械零点调整器、欧姆挡调零旋钮、输入插口、晶体管插口和 2500V、5A 专用插口，后面板附有电池盒。其面板功能如图 2-2 所示。

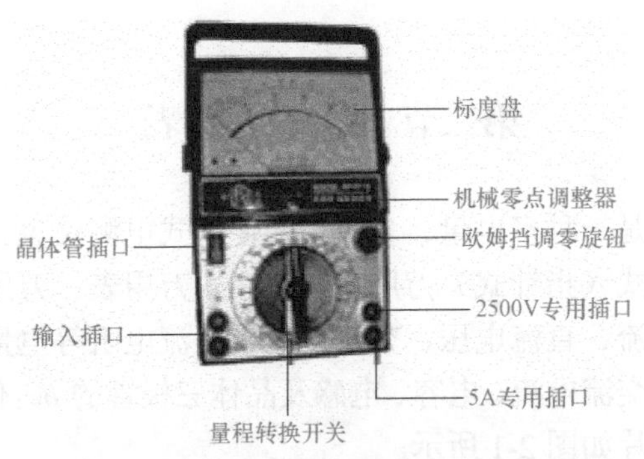

图 2-2 指针式万用表面板功能示意图

（1）标度盘。标度盘用黑、绿、红三种颜色，共标注了六条刻度线。第一条刻度线右边标有“Ω”，是测量电阻的刻度线；第二条刻度线标有“mA·V”，是测量交、直流电压及直流电流的刻度线；第三条刻度线标有“h_{FE}”，是测量晶体管直流放大倍数的刻度线；第四条是测量电容的刻度线；第五条是测量电感的刻度线；第六条是测量音频电平的刻度线。配合表头指针读取被测量值。标度盘上还装有反光镜，用以消除视差。

（2）量程转换开关。量程转换开关配合标有多种工作状态和量程范围的指示盘，用来完成测试功能和量程的选择。

（3）机械零点调整器。在使用仪表前，若发现表头指针不在零位，可用螺丝刀旋动机械零点调整器，使指针调整在零位。

（4）欧姆挡调零旋钮。测量电阻时，先将两表笔短接，调节欧姆挡调零旋钮，使指针能对准在零欧姆刻度上。零欧姆刻度在量程的最右端。

（5）输入插口。输入插口是万用表通过表笔与被测量连接的部位。使用时测试棒红、黑两短杆应分别插入“＋”“－”插口。对指针式万用表，红表笔连接的是万用表内部电池的负端，黑表笔连接的是万用表内部电池的正端。

（6）晶体管插口。在测量晶体管放大倍数 h_{FE} 时，按晶体管类型将三个极对应插入 e、b、c 插口内。一般的万用表在此处都标有 NPN、PNP 或 N、P，操作时只需按所测晶体管的类型插入相应孔内即可。

（7）2500V 专用插口。有些万用表此处标的是 1500V，表示测量值域。当测量 2500V 交、直流电压时，红表笔应插入此孔，黑表笔的位置不变。

（8）5A 专用插口。当测量大数值的直流电流时，红表笔应插入此孔，黑表笔的位置不变。

（9）电池盒。万用表的电池盒位于后盖的上方。旋下螺钉抽出盖板，即可更换电池。

2. 指针式万用表使用方法

（1）直流电压的测量。将量程开关拨至“V⎓”范围内的适当量程挡，测试棒的红、黑表笔分别插入“＋”“－”输入插口，测试棒的红、黑长杆并接于被测电压的正负端，指针在第二条刻度线读数。当量程开关拨到 0.25、2.5、250V 三个挡位时，指针读数应看表盘第二条刻度线下边的 0～250 这组数，然后用指针指示数乘以相应的倍数就等于被测电压。量程开关拨至 50、500V 挡时，指针读数应看第二条刻度线下的 0～50 这组数；量程开关拨至 10V 挡时，指针读数应看第二条刻度线下的 0～10 这组数，分别乘以不同的倍率，得到被测电压值。

（2）交流电压的测量。将量程开关拨至“V～”范围内的适当量程挡，测试棒的红、黑表笔并接于被测电压的两端，指针仍在第二条刻度线读数。其方法与直流电压的测量类同。

（3）直流电流的测量。将量程开关拨至“mA”范围的适当量程挡，测试棒的红、黑表笔串接到被测电流电路中，使电流从红笔流入，黑笔流出，指针也在表盘的第二条刻度线读数。直流电流的量程为：0.1、1、10、100、1000mA。因此指针读数只看第二条刻度线下的 0～10 这组数，然后乘以相应的倍率就等于被测电流。

在测试未知量的电流或电压时，应先将量程开关拨至最高量限挡，然后逐渐减少至适当量限，以免损坏仪表。测量高压或大电流时，应严格遵守操作规程，不准带电转动开关旋钮，注意人身和设施安全。

（4）电阻的测量。将量程开关拨至电阻范围的适当量程挡，先将测试棒红、黑表笔短接，指针即向满度方向偏转，调节调零欧姆旋钮，使指针对准欧姆零，然后将测试棒分开接入被测电阻。待指针偏转后，读出指针在 Ω 刻度的读数，再乘上该挡的倍率，就是被测电阻值。例如用×100 挡测某电阻，指针读数是 10.5，所测电阻值应为 1050Ω（10.5Ω×100）。

测量电阻时，为了防止人体电阻与被测电阻并联，引起测量误差，禁止用双手同时直接接触测试棒的金属部分。

当测试棒短接指针不能调至零位时，说明电池电压不足，应更换新电池。每次改挡后都应将两表笔短接，重新调零。同时严禁在被测电阻带电的状态下进行电阻测量。以免损坏仪表。

（5）晶体二极管的测量。

1）晶体管的简单介绍。根据物质的导电能力大小，通常把物质分成导体、半导体和绝缘体。当然，这种区分方法不是绝对的。例如，在有些条件下，本来是绝缘体的物质可以转换成导体。加在绝缘体上的电压超过该绝缘体的击穿电压时，绝缘体就会被击穿，变成导体；再如，如果绝缘体表面受潮，也会成为导体。

常用的半导体有硅和锗两种材料，因为半导体多数是晶体结构，因此，用半导体材料制成的器件通常也叫作晶体管。常用的晶体管有二极管、三极管和晶闸管等。

在纯净的半导体硅或锗中掺入不同的微量元素后，得到两种导电特性不同的半导体。在这两种半导体中，导电的正负电荷数不再相等，以负电荷（自由电子）导电为主的半导体称为N型半导体；以正电荷（空穴）导电为主的半导体称为P型半导体。将P型半导体和N型半导体用特殊工艺结合在一起，在它们的交界处就形成一个很薄的区域称为PN结。它具有单向导电性能。由此构成的晶体管称为二极管。二极管的图形符号如图2-3所示。

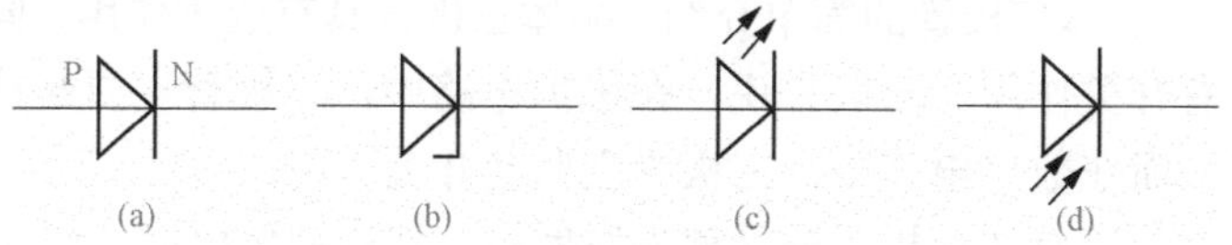

图2-3　二极管的图形符号

（a）普通二极管；（b）稳压二极管；（c）发光二极管；（d）光电二极管

在空间电荷区形成后，由于正负电荷之间的相互作用，在空间电荷区形成了内电场，其方向是从带正电的N区指向带负电的P区。显然，这个电场的方向与载流子扩散运动的方向相反，阻止扩散。所以，PN结正向导通时，其内外电场的方向是相反的。

利用二极管的单向导电性，即正向导通，反向截止，通常把二极管作为整流器件用，即把交流电变成直流电。安装在这种电路中的二极管称为整流二极管。

PN结除了单向导电性外，还有一个重要的特性，即PN结一旦击穿，尽管反向电流急剧变化，但其端电压几乎不变。只要限制它的反向电流，PN结就不会烧坏，利用这一特性可制成稳压二极管。

因为当反向电压达到一定数值时，反向电流突然增大，稳压二极管进入击穿区，此时即使反向电流在很大范围内变化时，稳压二极管两端的反向电压也能保持基本不变。但若反向电流增大到一定数值后，稳压二极管则会被彻底击穿而损坏。

稳压二极管也称反向击穿二极管，在电路中起稳定电压作用。它是利用二极管被反向击穿后，在一定反向电流范围内反向电压不随反向电流变化这一特点进行稳压的。

2）晶体二极管的测量。因为二极管具有单向导电性，所以，我们可以用万用表来判别它的好坏，具体的操作是：用万用表Ω×1k 欧姆挡测量二极管时，红表笔接二极管的一只脚，黑表笔接另一只脚，测得的电阻值约为几百欧姆，反向测量时测得的电阻值很大，则说明该二极管是好的。

（6）晶体三极管的测量。

1）晶体三极管的简单介绍。晶体三极管具有放大作用，同时还具有开关作用。一般来说，在模拟电路中，三极管主要起放大作用，而在数字电路中，三极管主要起开关作用。

三极管有 3 个极，分别称为发射极、基极和集电极，用 e、b 和 c 表示。三极管的图形符号如图 2-4 所示。

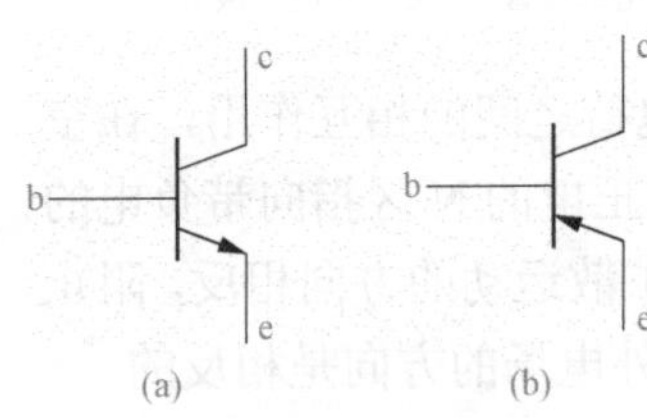

图 2-4 三极管的图形符号

（a）NPN 型；（b）PNP 型

2）直流放大倍数 h_{EF} 的测量。将量程开关拨至Ω×10 量程挡，测试棒红、黑表笔短接，调节欧姆挡调零旋钮，使指针对准欧姆零，然后将测试棒分开，再将量程开关拨至 h_{EF} 挡，把晶体管 e、b、c 管脚插入相应的插口内（NPN 型管应插入 N 或 NPN 插口内，PNP 型管应插入 P 或 PNP 插口内），指针偏转后，读出指针在第三条 h_{EF} 刻度线的读数则为晶体三极管的直流放大倍数 β 值。

3）反向截止电流 I_{ceo}、I_{cbo} 的测量。测量晶体管集电极与发射极间反向截止电流 I_{ceo} 时，万用表置于Ω×1k 挡，并短接两表笔后调节欧姆挡调零旋钮，使指针准确地指在“0Ω”，调零结束后分开两支表笔，将被测晶体管基极悬空，发射极插入 e 插孔，集电极插入 c 插孔，如图 2-5（a）所示。此时，可看标度盘 0～10 的线性刻度，将读数乘以 6μA 即是被测晶体管的 I_{ceo} 值。如果被测晶体管的 I_{ceo} 大于 60μA，则要换挡测量，调到Ω×100 挡，注意，换挡后要重新校零，此后的读数仍按照上述步骤执行，只是读数要乘以 60μA。

测量晶体管集电极与基极间反向截止电流 I_{cbo} 时，万用表仍

置于 Ω×1k 挡，并短接两表笔后调节欧姆挡调零旋钮，使指针准确地指在 0 Ω，调零结束后分开两支表笔，将被测晶体管发射极悬空，基极插入 e 插孔，集电极插入 c 插孔，如图 2-5（b）所示。此时，可看标度盘 0～10 的线性刻度，将读数乘以 6 μA 即是被测晶体管的 I_{cbo} 值。

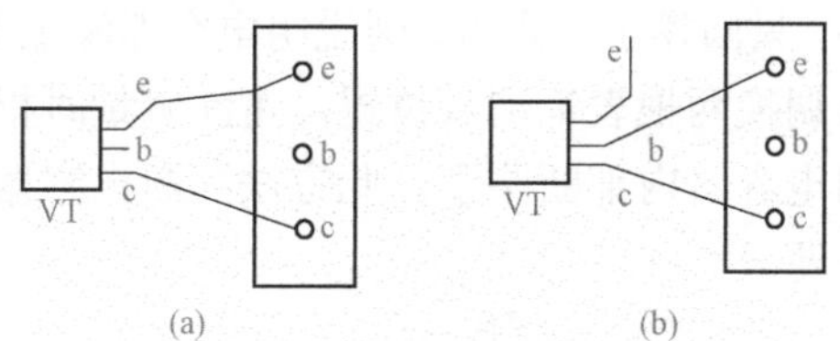

图 2-5 晶体管反向截止电流的测量

（a）测量 I_{ceo}；（b）测量 I_{cbo}

（7）电容、电感的测量。将量程开关拨至 10V 量程挡，被测电容（或电感）一端串接于一测试棒，另一端串接于 10V 交流电源的一端，余下的一测试棒跨接于 10V 交流电源的另一端，指针即偏转，指示出相应的电容（或电感）值。测量接线图如图 2-6 所示。

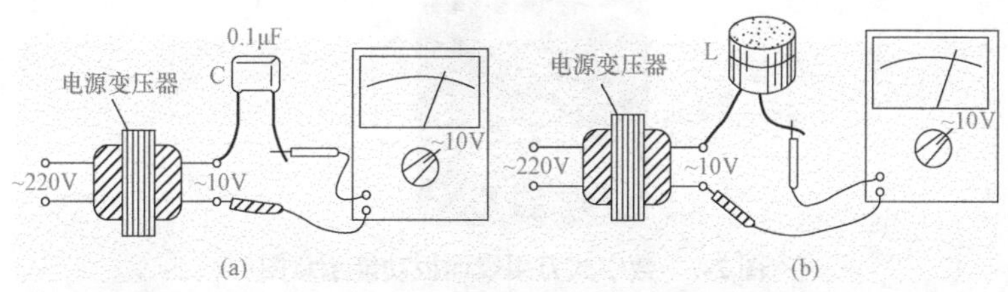

图 2-6　电容、电感的测量

（a）电容的测量；（b）电感的测量

需要注意的是，10V 50Hz 的交流电压必须准确，否则会影响测量的准确性。

如果只是想判断电容或电感的好坏，不做定量测量，则不需要电源变压器。测量电感好坏时，只要把万用表拨至电阻挡（×10 挡），在万用表内部直流电的作用下，电感相当于一根直导线，其电阻值接近于零，说明电感线圈是通的，没有断。

测量电容器的好坏时，把万用表拨至×100 挡，两根表笔分别接到电容器的两引线上，如果指针偏向零位，后又回摆到无穷大处，则说明电容器是好的；如果指针偏到零位后不动了，则说明电阻为零，电容器短路，或者被击穿了；如果指针偏到零位后，回摆幅度很小，只回摆了一点点，则说明电容器漏电了；如果指针没有反应，再调换两根表笔测量位置，重新测量时指针还是没有反应，则说明电容器内部断路了。此方法判断电容器的好坏相当实用，也很方便。

二、数字式万用表的使用

1. 数字式万用表面板各部分的功能

数字式万用表面板如图 2-7 所示。前面板装有液晶显示屏、测量选择开关、输入插口、晶体管插口及电源开关。后面板附有电池盒。

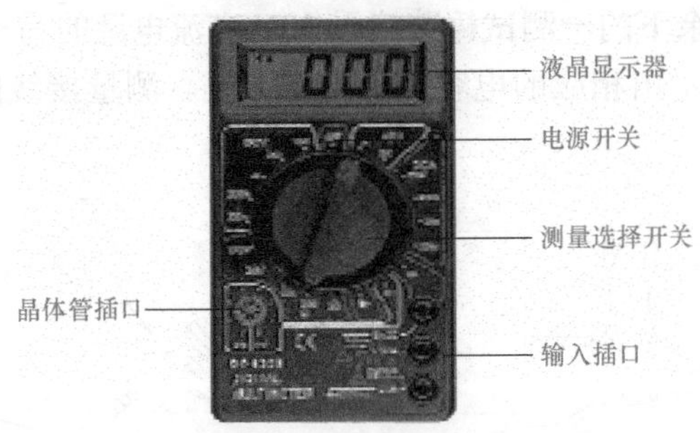

图 2-7 数字式万用表面板功能示意图

（1）液晶显示器。面板顶部的液晶显示器采用 FE 型大字号 LCD 显示器，最大显示值为 1999（或–1999），仪表具有自动显示极性功能。若被测电压或电流的极性为负，显示值前将带“–”号。显示屏上的小数点由量程开关进行同步控制，可使小数点左移或右移。当仪表电源电压低于工作电压，显示屏左端显示箭头符号时，应更换电池。输入超量程时，显示屏左端出现“1”或“–1”的提示字样。

（2）电源开关。电源开关设在测量选择开关的顶部，标注“OFF”（关）字样。万用表不用时，开关要置在“OFF”位置，此时，万用表内电路不通，以免空耗电池。有些数字万用表把电源开关单独设置在面板左上部，用字母“POWER”（电源）标注，按下为“ON”（开）。有些万用表的电源开关为拨动开关，左为“OFF”（关）右为“ON”（开）。目前市场上出售的多数数字式万用表还具有电源自关断功能。

（3）测量选择开关。位于面板中央的旋转式测量选择开关，配合标有各种不同工作状态、范围的开关指示盘，用来完成测试功能和量程的选择。若用表内蜂鸣器做通断检查时，量程开关应停放在标注“•)))”符号位置。

（4）晶体管插口。面板上设有一个四眼插座，插座旁标有B、C、E字母（E孔有两个，可任意选用），同时标注着“NPN”和“PNP”字样，在测量晶体管 h_{EF} 值时，应将晶体管按其不同型号，分别将其三个电极对应插入B、C、E内。

（5）输入插口。输入插口是万用表通过表笔与被测量连接的部位，面板下部设有“COM”“V•Ω•mA”“10A DC”共三个插口。有些万用表设有四个插口，分别为“COM”“V•Ω”“mA”“10A DC”。使用时黑表笔应置于“COM”插孔，红表笔应根据被测量的种类和大小置于“V•Ω”、“mA”或“10A”插孔。

（6）电池盒。位于后盖的下方。在标有“OPEN”（打开）的位置，按箭头指示方向拉出活动抽板，可更换电池。为检修方便，0.5A快速熔丝管也装在盒内，起过载保护作用。

2. 数字万用表使用方法

（1）直流电压的测量。将测量选择开关上有“∧”指示的一端拨至“DCV”范围内的适当量程挡，黑表笔插入“COM”插口（以下各种测量都相同），红表笔插入“V•Ω”插口，带电源开关的万用表使用时，将电源开关拨至“ON”，表笔接触测量点以后，显示屏上便出现测量值。测量选择开关置于mV挡，显示值以“毫伏”为单位，其余四挡以“伏”为单位。

（2）交流电压的测量。将测量选择开关拨至“AC V”范围内适当量程挡，表笔接法同上，其测量方法与测直流电压相同。

（3）直流电流的测量。将测量选择开关拨至“DC A”范围内适当的量程挡，当被测电流小于200mA时，红表笔应插入“mA”插口，接通表内电源，把仪表串接入测量电路，即可显示读数。若测量选择开关置于200mA、20mA、2mA三挡时，显示值以“毫安”为单位，置于200μ挡，显示值以“微安”为单位。当被测电流大于200mA，量程开关只能置于10A挡，红表笔应插入“10A”插口，显示值以“安”为单位。

（4）交流电流的测量。有些数字万用表上设有交流电流测量挡，要测量交流电流时，就将测量选择开关拨至“AC A”范围内适当的量程挡，红表笔也按量程不同插入“mA”或“10A”插口，测量方法与测直流电流相同。

（5）电阻的测量。将测量选择开关拨到“Ω”范围内适当的量程挡，红表笔插入“V·Ω”插口。例如：量程开关置于20MΩ或2MΩ挡，显示值以“兆欧”为单位，200挡显示值以“欧”为单位。2kΩ挡显示值以“千欧”为单位。

（6）线路通、断的检查。将测量选择开关拨至“·)))”蜂鸣器挡，红、黑表笔分别插入“V·Ω”和“COM”插口。若被测线路电阻低于20Ω，蜂鸣器就会发出叫声，说明线路接通。反之，表示线路不通或接触不良。有些型号的数字万用表没有这个功能，测量线路通、断时就用“Ω”挡来测量。

（7）二极管的测量。将测量选择开关拨至二极管符号挡，红、黑表笔分别插入“V·Ω”和“COM”插口，将表笔接至二极管两端，如图2-8所示。

图2-8中的接法正好使万用表显示的是二极管的正向电压。若二极管内部短路或开路，显示值为000和1。

如果在上图中调换表笔，则显示的是二极管的反向电压。若二极管是好的，显示屏出现1；若损坏，显示值为000。

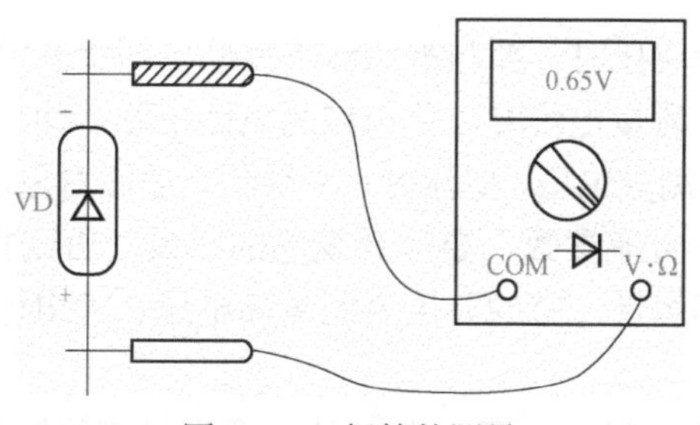

图 2-8 二极管的测量

（8）晶体管 h_{FE} 值的测量。将被测管子插入晶体管插口。根据被测晶体管类型选择“PNP”或“NPN”量程挡，接通表内电源，显示屏上显示所测晶体管的 h_{FE} 值。

三、使用注意事项与维护

1. 指针式万用表的使用注意事项

（1）校零。万用表在使用前应先校零，也就是说，检查指针是否在零位。方法是先调整机械零位，观察万用表的指针是否处于零位。如果不是，则调整旋钮，使其到零位。接下来把挡位打在电阻挡，将两测量表笔头相碰，观察表针是否指向零位。如果不是，则说明电池已没电或者没装电池。每次用不同挡位测量电阻时，都应校零。在指针式万用表上，机械零位与电阻零位是在相反的方向上。

（2）测量表笔要与插孔紧密接触，否则会影响测量的准确性，特别是测量高电压、大电流时更要注意。要经常检查表笔的导线绝缘是否良好，否则将有触电可能。

（3）在测量前，根据被测量的参数性质与估值大小，将万用表打在合适的挡位上。对于有两个转换开关的万用表，一是要打到被测参数相应的挡位上，如电阻挡 Ω、电压挡 V、电流挡 A；二是要打到相应的范围上，如电阻 500kΩ、直流电压 V⎓，有的表上交流用 AC 表示，直流用 DC 表示，三极管放大倍数用 h_{EF} 表示。不同型号的万用表表示方法不尽相同，因此，使用前应对照说明书，一一核对确认。

（4）测量电压时，要与被测对象并联，即将表笔搭接在被测对象的两端；测量电流时，要与被测电路串联，即串接在被测电路的回路中。测量电压、电流时，不得断开被测对象的电源供给。如果测量的是直流参数，要注意表笔的正负，否则指针会反偏，严重时会打坏表针。有的万用表测量高电压、大电流时还得变换表笔的插孔。

（5）测量电阻、电感、电容时，应先将被测物的电源断开，容量较大的电感、电容得先放电，然后再测量；测量导线的通断，也得先断开电源。在线路板上测量电阻、电感、电容、二极管等两端元件时，应将其焊点断开，至少断开一处，否则，测量会不准。测量三极管时，至少应断开两个点，测量放大倍数时，应将其取下插入万用表的 h_{EF} 插孔内测量，并且要注意管子的型号（是 NPN 还是 PNP）。

（6）量程选择要合适。用万用表测量交、直流电压或电流时，尽量使表针工作在满刻度值的 2/3 以上区域，以保证测量结果的准确度。万用表测电阻时，应尽量使表针指在中心刻度值的 1/10～10 倍。如果在测量前无法估计被测量的大致范围，则应先把量程选择开关旋至量程最大的位置进行粗测，然后再选择适当的量程进行精确测量。

（7）读取测量值时，应根据被测量的性质和量程，在相应的刻度线上读出指针指示的数值。读数时，要做到视线与表面垂直，使反光镜中的表针的像与表针的实物重合后再读数。

（8）不允许带电拨动测量选择开关，尤其是测量高电压、大电流时，否则，在量程选择开关的触点间容易产生电弧，不允许在测量时用手接触测试表笔的金属部分，否则会发生触电事故或影响测量准确度。

（9）万用表的欧姆挡不能直接用来测量微安表表头、检流计、标准电池等仪器。在使用的间隙，不要让表笔相互短接，以免浪费电池。用低电阻挡（200Ω 挡）测电阻时，可先将两表笔短接，测出表笔引线电阻，据此修正测量结果。用高电阻挡测电阻时，应防止人体电阻并入待测电阻而引起测量误差。

（10）测量结束后，应将万用表的量程开关转到交流电压最高挡或“OFF”（停止测量）挡。

（11）万用表的电池应根据使用频率的多少及时检查，以免没电后，电液流出腐蚀电极或元件，导致万用表损坏。长期不用时，应将电池取出保管。

（12）万用表要保存在干燥、清洁的场所，不放置在高温或潮湿的环境中。严禁振动和机械冲击。

2. 数字式万用表的使用注意事项

（1）数字式万用表不设欧姆调零旋钮，所以无须进行欧姆调零，但在测量之前需对仪表作零欧姆检查。具体步骤是：将两表笔短接，仪表应显示为0；表笔分开后，仪表应显示为1。在测量低电阻时应记录短接时的零点偏差值，用以对测量结果修正。例如，在200Ω挡的表笔短接时显示为0.5Ω，电阻测量时显示屏显示6.7Ω，则被测电阻应为6.2Ω。

（2）仪表测量误差增大常常是因为电源电压不足造成，测量时应该特别注意欠电压指示信号，如果显示“←”，应立即更换电池。

（3）数字万用表的频率特性较差，测量交流电量的频率范围为45～500Hz，且显示的是正弦波电量的有效值。因此，待测电量为非正弦量或超过其频率范围时，测量误差会增大。

（4）数字式万用表的维护。LCD液晶显示屏长期遭到强光照射易造成老化失效，因此，数字式万用表使用和存放应特别注意环境条件，不得将其放在高温、潮湿和强光的环境下。

除了以上4点外，数字式万用表的使用注意事项与指针式万用表基本一致。

第三节 兆 欧 表

电气设备绝缘性能的好坏直接关系着设备的正常运行和人身

安全。表明绝缘性能的一个重要指标就是绝缘电阻的大小。绝缘材料在使用过程中，由于发热、污染、受潮及老化等原因，其绝缘电阻将逐渐降低，因而可能造成漏电或短路等事故。这就要求必须定期对电机、电器及供电线路的绝缘性能进行检查，以确保设备正常运行和人身安全。

如果用万用表来测量设备的绝缘电阻，那么测得的只是在低压下的绝缘电阻值，不能真正反映在高压条件下工作时的绝缘性能。兆欧表与万用表不同之处是本身带有电压较高的电源，一般由手摇直流发电机或晶体管变换器产生，电压为500～5000V。因此，用兆欧表测量绝缘电阻，能得到符合实际工作条件的绝缘电阻值。

根据产生高压的不同方式，兆欧表分为两类：一类是用手摇发电机产生高电压的兆欧表，这种兆欧表又称为摇表；另一类是用电池提供电源，再由晶体管变换器把低电压转换成高电压的兆欧表，这种兆欧表分为数字与指针式两种。

一、发电机式兆欧表

1. 简介

发电机式兆欧表又称绝缘电阻表，俗称摇表，是一种专门用来测量绝缘电阻的便携式仪表，在电气安装、检修和试验中，应用十分广泛，其实物照片如图 2-9 所示。

图 2-9 发电机式兆欧表

发电机式兆欧表主要由一个磁电式流比计和一个作为测量电源的手摇高压直流发电机组成。

发电机式兆欧表的选择，主要是选择它的电压及测量范围。

高压电气设备绝缘电阻要求高，须选用电压高的兆欧表进行测试；低压电气设备内部绝缘材料所能承受的电压不高，为保证设备安全，应选择电压低的兆欧表。表 2-1 列出了不同额定电压的兆欧表使用范围。

表 2-1　　不同额定电压的兆欧表使用范围

被测对象	被测对象额定电压（V）	兆欧表的额定电压（V）
绕组绝缘电阻	＜500 ＞500	500 1000
电力变压器、电动机绕组绝缘电阻	＞500	1000～2500
发电机绕组绝缘电阻	＜500	1000
电气设备绝缘电阻	＜500 ＞500	500～1000 2500
绝缘子	—	2500～5000

2. 发电机式兆欧表的使用

（1）测量高阻值电阻。测量高阻值电阻 R 时，将电阻 R 的两端分别与兆欧表的 E、L 相连接，如图 2-10 所示，后按规定要求（转速 120r/min）摇动兆欧表，待指针稳定后读出数值，这个值就是电阻 R 的值。单位为“MΩ”。

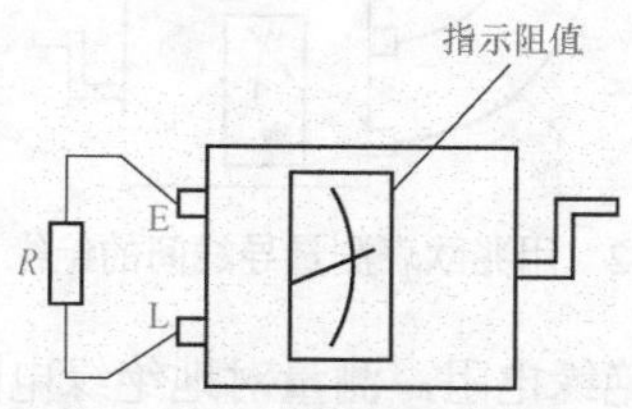

图 2-10　用兆欧表测量高阻值电阻

（2）测量家用电器的绝缘电阻。家用电器的绝缘电阻大小即家用电器内部带电部分与外壳的绝缘性能，要求其值不小于0.5MΩ，兆欧表选用250V或500V的额定电压挡，接线如图2-11所示，L 端接电源插头，电源插头有三只脚的，其中有一只是接地线，L端只能接非地线的两个头。E端接家用电器的外壳，后按规定要求摇动兆欧表，待指针稳定后读出数值。

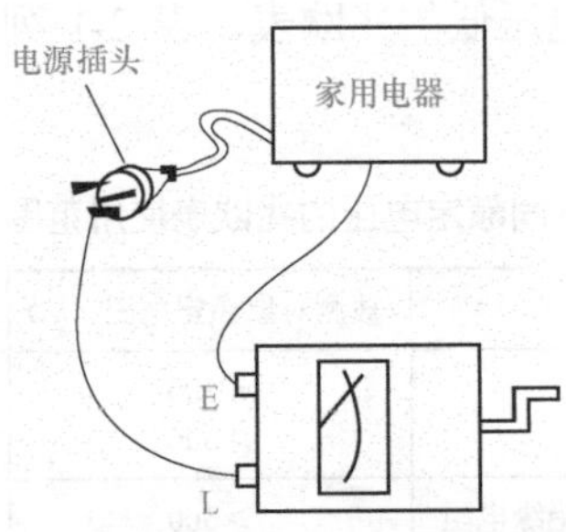

图2-11 用兆欧表测量家用电器的绝缘电阻

（3）测量导线间的绝缘电阻。导线在施工过程中，很容易因各种原因造成绝缘损坏，为此，要对其绝缘电阻进行检测。具体的接线如图2-12所示。要求绝缘电阻值要符合1kΩ/1V的要求。例如，220V的相线与中性线之间的绝缘电阻必须大于0.22MΩ。

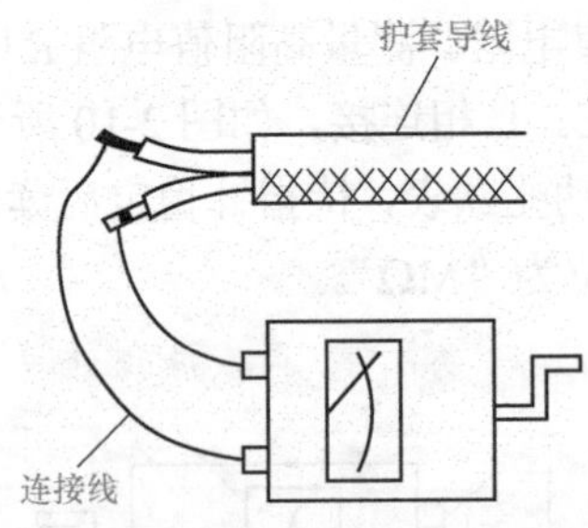

图2-12 用兆欧表测量导线间的绝缘电阻

（4）测量对地绝缘电阻。测量对地绝缘电阻是判断一个设施或导线对地的绝缘状况，如图2-13所示是测量导线对地绝缘电阻的接线图，将被测导线通过连接导线接到兆欧表的L端，兆欧表的E端通过导线可靠接地。注意，这两根线不能绞在一起。

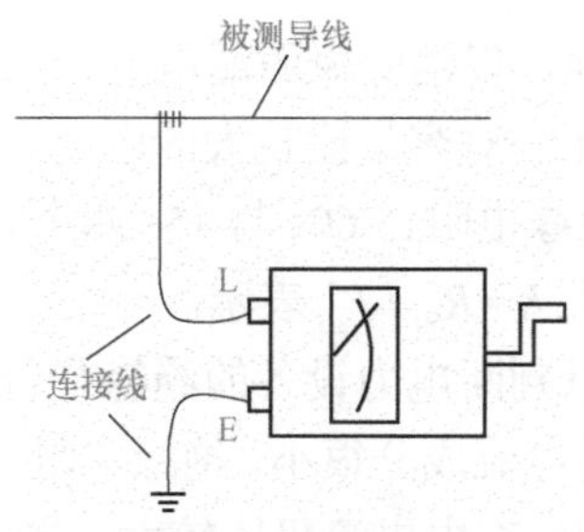

图 2-13 用兆欧表测量对地绝缘电阻

（5）测量绕组（线圈）绝缘电阻。电动机、变压器、继电器、接触器等设施的内部线圈绝缘好坏直接影响其工作安全性和使用寿命。所以，经常要对其绝缘电阻进行测试，要求绝缘电阻值不小于 0.5MΩ。测试一般分为两个步骤：①测试绕组（线圈）间的绝缘电阻，这时 L 端接一个绕组（线圈），E 端接另一个绕组（线圈）；②测试绕组（线圈）对地的绝缘电阻，这时 L 端接绕组（线圈），而 E 端接设施外壳或铁芯部分，注意连接外壳或者铁芯的点应该是没有油漆或其他覆盖物的。

（6）测量电缆绝缘电阻。测量电缆芯线对外皮的绝缘电阻时，除了将芯线接在 L 接线端、电缆外皮接在 E 接线端外，还应将电缆外皮与芯线之间的内绝缘层接在 G 接线端（保护环），如图 2-14 所示。这样接线的目的是为了使电缆表面的漏电流不经过

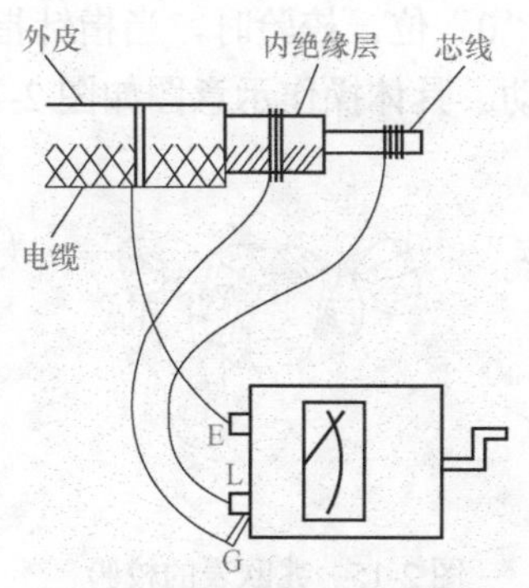

图 2-14 用兆欧表测量电缆绝缘电阻

测量线圈而直接到地，以消除表面漏电流带来的测量误差。

（7）测量吸收比。对容量比较大的电力设备，在用兆欧表测其绝缘电阻时，把绝缘电阻在 60s 与 15s 两个时间下读数的比值，称为吸收比。用公式 $K=R''_{60}/R''_{15}$ 表示。

测量吸收比可以判断电力设备的绝缘是否受潮，这是因为绝缘材料干燥时，泄漏电流成分很小，绝缘电阻由充电电流所决定。在摇动兆欧表 15s 时，充电电流仍比较大，这时的绝缘电阻 R''_{15} 就比较小；摇到 60s 时，根据绝缘材料的吸收特性，这时的充电电流已经衰减，绝缘电阻 R''_{60} 就比较大，所以，吸收比就比较大。而绝缘受潮时，泄漏电流分量就大大地增加，随着时间变化的充电电流影响就比较小，泄漏电流与摇兆欧表的时间关系不明显，从而造成 R''_{60} 与 R''_{15} 很接近，换言之，吸收比就降低了。

吸收比试验适用于电机和变压器等容量较大的设备，其判断依据是：$K \geqslant 1.3$ 时，绝缘没有受潮。

对于容量很小的设备（如绝缘子），摇兆欧表只需几秒的时间，绝缘电阻的读数就能稳定下来，不再上升，不存在吸收现象，因此，对容量很小的电力设备，就用不着做吸收比试验。

3. 使用兆欧表的注意事项

（1）使用兆欧表前应对兆欧表进行校验。当接线端为开路时，摇转兆欧表，指针应在“∞”位，将 E 和 L 短接起来，缓慢摇动兆欧表，指针应在“0”位。校验时，当指针指在“∞”或“0”位时，指针不应晃动。具体操作示意图如图 2-15 所示。

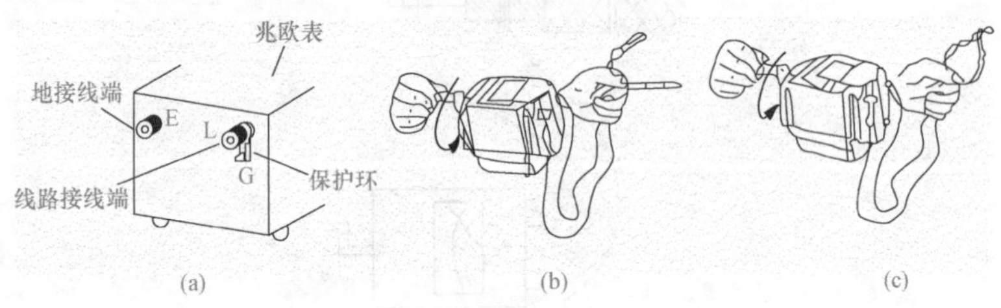

图 2-15　兆欧表的校验

（a）接线端说明；（b）开路试验；（c）短路试验

（2）兆欧表的转速应由慢到快，转速不得时快时慢。当达到120r/min时则应保持稳定，转速稳定后，表盘上的指针方能稳定，表针的指示即为测得的绝缘电阻的阻值。使用时应水平放置。

（3）测量时使用的绝缘导线应为单根多股软导线。测量线不得扭结或搭接，且应悬空放置，与端钮的连接应紧密可靠，与设备或线路的连接一般应使用鳄鱼钳，以免引起测量误差。

（4）测量前应使设备或线路断开电源，有仪表回路的要将仪表断开，然后进行放电。对于大型变压器、大型电动机等大型电感、电容性设备及线路在其测量完毕后也应放电。放电时间一般为2～3min，对于高压设备及线路放电时间应加长。

（5）测量过程中，指针指向“0”位时则说明被测绝缘已破坏，应停止摇动兆欧表，以免由于短路而烧坏兆欧表。测量过程中，当指针稳定在某一值时，即可在不大于30s的时间内读数，最长不得超过1min。

（6）正在使用的设备通常应在刚停止运转时进行测量，以便使测量结果符合运行温度时的绝缘电阻。禁止在雷电时或在邻近有带高电压导体的设备时进行测量，只有在设备不带电又不可能受其他电源感应而带电时才能进行测量。

（7）兆欧表在使用时必须远离磁场。摇动摇表时，要平放，切勿使表受振动。

（8）测量前，应清洁被测电气设备表面，以免引起接触电阻大，测量结果不准。

（9）在测电容器的绝缘电阻时须注意，电容器的耐压必须大于兆欧表发出的电压值，测完电容后，应先取下摇表线再停止摇动手柄，以防已充电的电容向摇表放电而损坏摇表，测完的电容要对电阻放电。

（10）兆欧表在测量时，须注意摇表上L端子应接电气设备的带电体一端，而E端子应接设备外壳或接地线。在测量电缆的绝缘电阻时，除把兆欧表接地端接入电气设备接地外，另一端接线路后，还须将电缆芯之间的内层绝缘物接保护环，以消除因表面漏电而引起的读数误差。

（11）若遇天气潮湿或降雨后空气湿度较大时，应使用“保护环”以消除绝缘物表面泄流，使被测物绝缘电阻比实际值偏低。

（12）兆欧表在不使用时应放于固定柜橱内，周围温度不宜太冷或太热，切忌放于污秽、潮湿的地面上，并避免置于含侵蚀作用的气体附近，以免兆欧表内部线圈、导流片等零件发生受潮、生锈、腐蚀等现象。

（13）应尽量避免剧烈的长期的振动，造成表头轴尖变秃或宝石破裂，影响指示。

（14）兆欧表量程的选用，一般低压电器设备可选用 0～200MΩ量程的表，高压电器设备或电缆、线路可选用 0～2000MΩ量程的表。刻度从 1MΩ或 2MΩ起始的兆欧表不宜测量低压电气设备的绝缘电阻。

二、其他兆欧表

其他兆欧表是指非手摇发电机式的兆欧表，这种兆欧表的电源由电池提供。它的内部设置高压电源电路，由低损耗高变比的电感储能式直流电压变换器组成，能将电池（8×1.5V 或 6×1.5V）电压转换为 250～1000V 直流高压，取代传统兆欧表中的手摇发电机，并且可以设置多种额定电压等级，如 100V、250V、500V、1000V 等。测量电路通过模拟/数字电路转换，对绝缘电阻值进行指针或数字的直接显示。此类兆欧表的实物照片如图 2-16 所示。

以上兆欧表的使用方法比发电机式兆欧表简单，接线方法与发电机式兆欧表相同，三个接线端 E、G、L 仍与手摇发电机式兆欧表一致，即 E 为“地线端”，G 为“保护环端”，L 为“线路端”。使用步骤是先连接好被测对象，后选择好测量电压，再接通开关，就可以方便读数了。

用电池作为电源的兆欧表在使用阶段中由于用电量相对较大，应经常更换电池，不用时可将电池取出。安装电池前应测量电池的电压和电流，以保证电池电压和电流处于完好、额定状态。

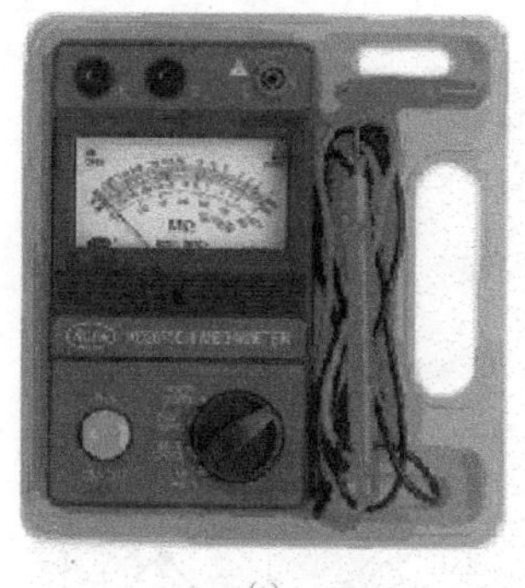

(a)

(b)

图 2-16 兆欧表

（a）指针式兆欧表（b）数字式兆欧表

第四节 电　　桥

电桥是一种测量电工元器件值的比较仪器，它主要的特点是灵敏度高。电桥一般分为直流电桥和交流电桥两大类。直流电桥主要用来测量电阻，根据结构不同，直流电桥又分为单臂电桥和双臂电桥。单臂电桥适用于测量 1～$10^6\Omega$的电阻，双臂电桥适用于测量 1Ω以下的低值电阻。交流电桥主要用于测量电感、电容的值。

一、直流单臂电桥

1. 直流单臂电桥简介

直流单臂电桥又称惠斯登电桥，其实物照片如图 2-17 所示。

直流单臂电桥的原理如图 2-18 所示。图中的被测电阻 R_x 和已知电阻 R_2、R_3、R_4 互相连接成一个封闭的环形电路，四个电阻组成的支路 *ac*、*cb*、*ad*、*db* 分别称为桥臂。

在电桥的 *ab* 端接一个直流电源，一般称为电桥输入；在电桥的 *cd* 端接一个检流计，一般称为电桥输出。当电桥接通电源之后，调节桥臂电阻 R_2、R_3、R_4，使 *c*、*d* 两端的电位相等，也就是检流计两端没有电压，电流 I_p=0，这种状态称为电桥平衡。电桥平衡

时满足下列条件

$$I_1R_x=I_4R_4$$
$$I_2R_2=I_3R_3$$

图 2-17 直流单臂电桥

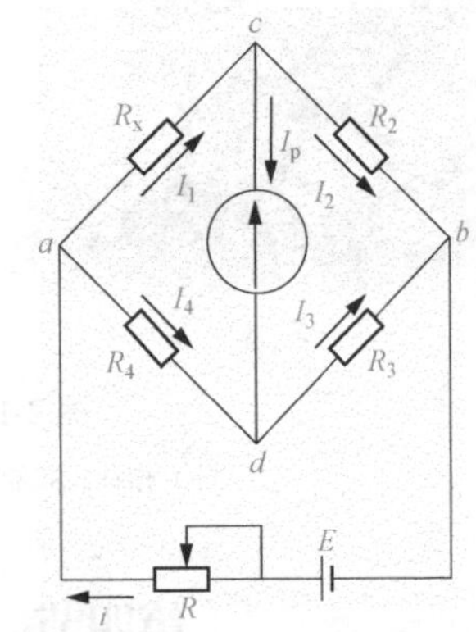

图 2-18 直流单臂电桥原理图

由于电流 $I_p=0$，所以 $I_1=I_2$、$I_3=I_4$，经过简单的数学推算，可得：$R_x/R_2=R_4/R_3$，或写成：$R_x=(R_2R_4)/R_3$。即当电桥平衡时，可从 R_2、R_3、R_4 的电阻值求得被测电阻值。

从上述公式还可以看出，只要电桥比例臂电阻和比较臂电阻 R_2、R_3、R_4 的精度足够高，R_x 的测量精度也可达到较高。

目前，市场上的直流单臂电桥准确度分为 0.01、0.02、0.05、0.1、0.2、1.0、1.5、2.0 八个等级。由于电桥平衡是基于电流 $I_p=0$ 的条件，所以用于测量的检流计灵敏度必须高，以保证电桥的测量精度。

2. 直流单臂电桥的使用

以常用的 QJ23 型直流单臂电桥为例，介绍直流单臂电桥的使用方法。其面板示意图和工作原理图如图 2-19 所示，电阻 R_2、R_3 制成比例臂的形式，比例臂的比值分成 0.001、0.01、0.1、1、10、100、1000 共七挡，由转换开关选择。比较臂电阻 R_4 由四个十进制电阻箱构成，取值范围为 0～9999，每小步进值为 1Ω。左下角为指针式检流计，如果认为此检流计的灵敏度还需要提高时，可把短路片换接到内接，即把表盘上的检流计短接，后在外接的端子上接入所选用的更高灵敏度的检流计。左上角的“B”为外接电源引入处，在接入外接电源时，要注意电源的极性。表盘下方的“B”为“电源”按钮，“G”为“检流计”按钮。

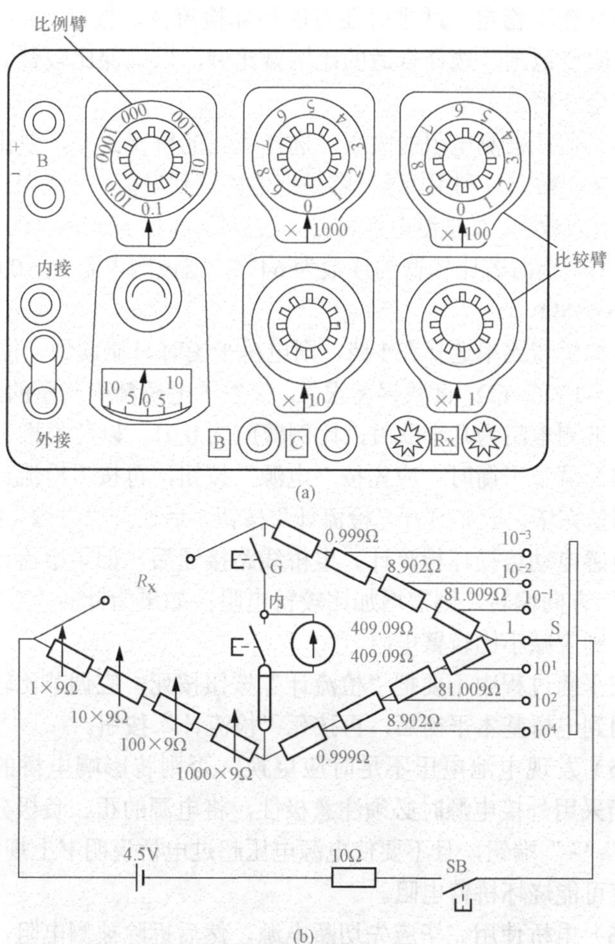

图 2-19　直流单臂电桥的面板示意图和工作原理图

（a）面板示意图；（b）工作原理图

具体操作步骤如下：

（1）使用前先将检流计锁扣打开，并调节调零器，使指针位于机械零点。

（2）“Rx”端钮与被测电阻的连接应采用较粗较短的导线，并将漆膜刮净，接头拧紧，避免采用线夹。因为接头接触不良将使电桥的平衡不稳定，严重时还可能损坏检流计。接好“Rx”后，应根据阻值范围，选择合适的比例臂比例，以确保比较臂的四组电阻箱全部用上。

（3）估计被测电阻的大小，选择适当的桥臂比率，使比较臂的四挡都能被充分利用。这样容易把电桥调到平衡，并能保证测量结果的有效数字。如被测电阻 R_x 小，约为几欧时，应选用 0.001 的比率，电桥平衡时若比较臂的读数为 6435，则被测电阻 $R_x=0.001\times6435=6.435\Omega$。

假如桥臂比率选择在 1 挡，则电桥平衡时只能读到一位数 6，这样 $R_x=1\times6=6\Omega$，读数误差很大，失去了电桥精确测量的意义。同理，被测电阻为几十欧时，比例臂应选 0.01，以此类推。

（4）调节平衡时，应先按“电源”按钮，再按“检流计”按钮；测量完毕，应先打开“检流计”按钮，后松开“电源”按钮，防止自感电动势损坏检流计。电桥线路接通后，如果检流计指针向“+”方向偏转，则需增加比较臂电阻；如果指针向“–”方向偏转，则应减小比较臂电阻。

在平衡过程中不要把“检流计”按钮按死，应调节比较臂电阻，调到电桥基本平衡后，再按死“检流计”按钮。

（5）发现电池电压不足时应更换，否则将影响电桥的灵敏度。当采用外接电源时必须注意极性，将电源的正、负极分别接到“+”“–”端钮，且不要使电源电压超过电桥说明书上规定值，否则有可能烧坏桥臂电阻。

（6）电桥使用完毕应先切断电源，然后拆除被测电阻，再将检流计锁扣锁上，以防搬动过程中震坏检流计。对于没有锁扣的检流计应将按钮“G”断开，它的动断触点会自动将检流计短路，从而使可动部分得到保护。

二、直流双臂电桥

1. 直流双臂电桥简介

直流双臂电桥又称凯尔文电桥，它是用来测量 1Ω以下小电阻的常用仪器。例如电流表的分流器电阻、电动机和变压器绕组的电阻，这些电阻的值都很小，又需要精确测量，所以需要使用直流双臂电桥来测量。若用直流单臂电桥测量很小的电阻，则由于连接导线电阻和接触电阻的影响，将造成很大的测量误差。而双臂电桥能消除上述影响，取得比较准确的测量结果。直流双臂电桥的实物照片如图 2-20 所示。

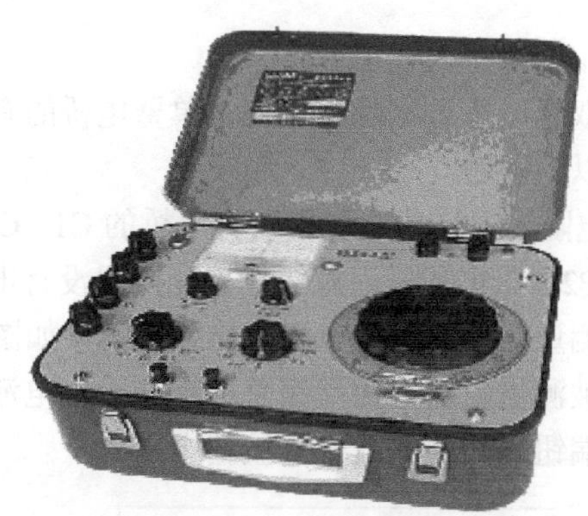

图 2-20 直流双臂电桥

2. 直流双臂电桥的工作原理

直流双臂电桥是在单臂电桥的基础上构成的，其工作原理如图 2-21 所示。被测电阻 R_x 和作为比较臂的标准电阻 R_n 都具有四个端子，即 Cx1、Cx2 和 Cn1、Cn2 为电流端子，Px1、Px2 和 Pn1、Pn2 为电位端子，接线时必须使电位端子紧靠电阻，而电流端子在电位端子的外侧，否则将无法消除和减小接线电阻和接触电阻对测量结果的影响。标准电阻的电流端子 Cn2 与被测电阻的电流端子 Cx2 之间用电阻为 R 的粗导线连接起来。R_1、R_2、R_3 和 R_4 是桥臂电阻，其阻值都在 10Ω 以上。

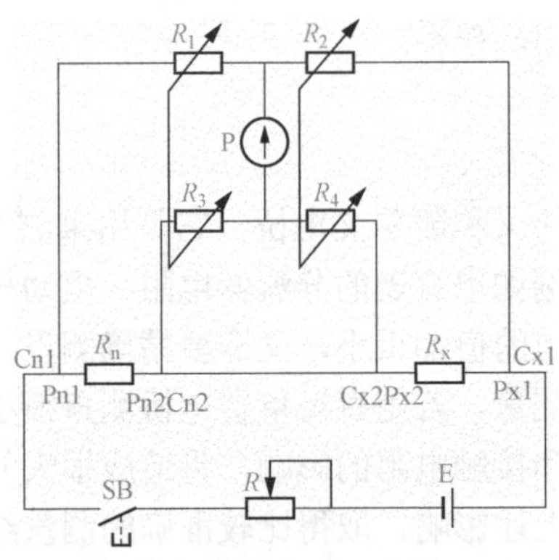

图 2-21　直流双臂电桥工作原理

3. 直流双臂电桥的使用方法

使用直流双臂电桥时，除遵守直流单臂电桥的有关使用事项外，尚应注意以下问题：

（1）被测电阻的电流端钮应接双臂电桥的 C1、C2；电位端钮接电桥的 P1、P2。在实际使用时往往被测电阻没有电流端钮和电位端钮，所以测量时要从被测电阻引出四根线，如图 2-22 所示。特别应注意使被测电阻的电位端钮总是接在一对电流端钮的内侧，这时两个电位端钮之间的电阻就是被测电阻 R_x。

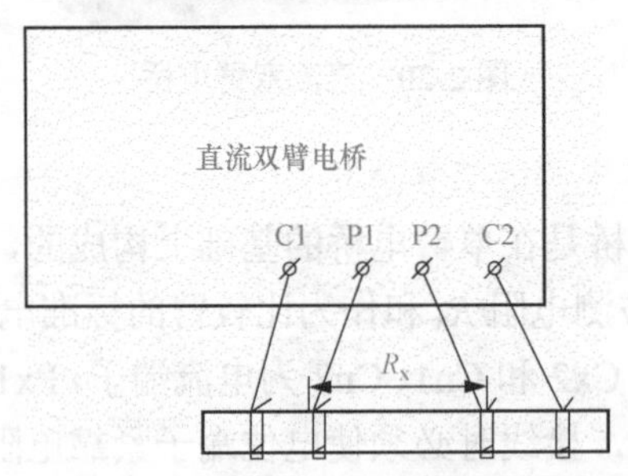

图 2-22　用直流双臂电桥测量电阻的接线图

（2）为保证直流双臂电桥的准确度，减少测量误差，连接导线要尽量短而粗，其电阻值应在 0.005～0.01Ω 范围内，而且接触要良好。

（3）直流双臂电桥工作电流较大，故测量要迅速，以免电池耗电量过大。一般表内放一号电池 4～6 节并联使用。测量 0.1Ω 以下的电阻时，电源开关应间歇使用，测量结束时应立即关掉电源。

目前，市场上出售的许多厂家生产的准确度较高的电桥多做成单、双臂两用电桥，如 QJ36 型单、双臂两用电桥，既可作为单臂电桥测量 10^2～10^6Ω的电阻，又可作为双臂电桥测量 10^{-6}～10^2Ω的电阻。在其基本量程 10^{-3}～10^5Ω的范围内，测量误差为±0.02%。

三、交流电桥

交流电桥的基本电路和原理与直流单臂电桥相同，不同之处在于交流电桥的桥臂是用阻抗元件构成的，并且采用了交流电源。交流电桥的实物照片如图 2-23 所示。

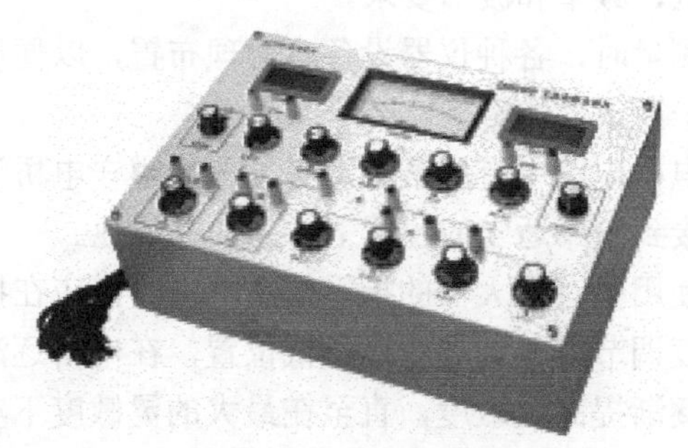

图 2-23 交流电桥

交流电桥的工作原理电路如图 2-24 所示。当电桥平衡时，$I_g=0$，结合直流单臂电桥的工作原理可知：$Z_x=Z_2Z_4/Z_3$。此式表示的是复阻抗，既包括阻抗大小的关系，又包括了阻抗角的关系。所以，交流电桥在平衡时，必须同时满足两个条件：一是对边桥臂阻抗的乘积相等，二是对边桥臂阻抗角的代数和相等。

为了使交流电桥的结构简单和调节方便，有时，将交流电桥中的两个桥臂做成纯电阻，另外一个桥臂则根据线路和测量对象配置合适的电抗元件，而最后一个桥臂则用于接入相应的被测电抗元件。

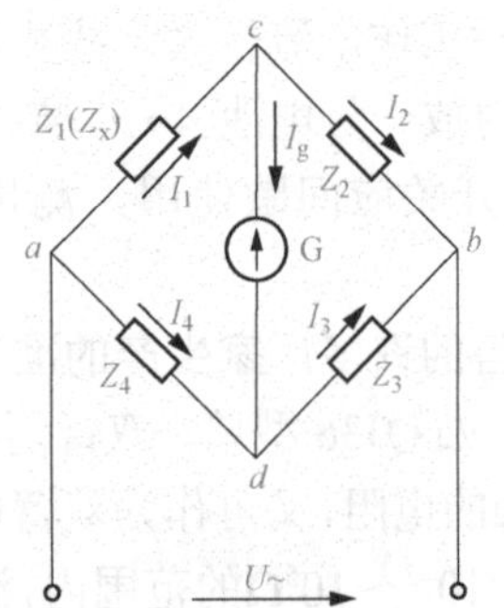

图 2-24 交流电桥工作原理

交流电桥的使用注意事项：

（1）在选择交流电桥的电源时，应严格遵守电桥说明书上规定的电源电压、频率和波形要求。

（2）在测量时，各种仪器设备应合理布置，以便尽可能消除磁场对电桥平衡条件的影响。

（3）当电桥电路中有屏蔽时，必须严格遵守电桥说明书的要求，把它们接到电路适当的位置上，并加以接地。

（4）当使用接有放大器的指零仪或耳机时，应在接放大器之前，将灵敏度调节器放到灵敏度最低位置，在电桥逐渐接近平衡状态时，再逐渐提高灵敏度，直至在最大的灵敏度下实现电桥平衡为止。

（5）在使用交流电桥时，应注意对交流电桥产生干扰及其采取必要的防干扰措施。

（6）在每次变更电桥线路中的接线或改换被测元件前，都应切断电桥电源。

第五节 接地电阻测量仪

一、接地和接地电阻

把电气设备的某些部分与接地体用接地线连接起来称为接地。接地体是埋入地中并直接与土壤接触的金属导体。接地线是电气设备与接地体的连接线。接地体和接地线统称接地装置。

接地的目的是为了保证电气设备的正常工作和人身安全。为了达到这个目的，接地装置必须十分可靠，其接地电阻也必须保证在一定范围之内。例如，容量为 100kVA 以上的变压器中性点接地装置的接地电阻不应大于 4Ω；零线重复接地电阻不大于 10Ω；防静电的接地电阻不大于 100Ω；对于低压配电网，配电容量在 100kW 以下时，设备保护接地的接地电阻不大于 10Ω，等等。如果接地电阻不符合要求，则不仅不能保证安全，反而会造成安全的错觉。因此，定期测量接地电阻是安全用电的重要保证。

接地装置的接地电阻包括接地线电阻、接地体电阻、接地体和土壤之间的接触电阻和接地体与零电位点（大地）之间的土壤电阻。在这些电阻中，接地线和接地体的电阻很小，可以略去不计。

二、ZC-8 型接地电阻测量仪的应用

1. ZC-8 型接地电阻测量仪简介

接地电阻的测量方法很多，有电流表-电压表法、电桥法、补偿法等。ZC-8 型接地电阻测量仪是根据补偿法原理制成的。它由手摇发电机、电流互感器、滑线电阻和检流计等组成，另外附有接地探测针两支（电位探测针、电流探测针）、导线三根（其中 5m 长一根用于接地极，20m 长一根用于电位探测针，40m 长一根用于电流探测针接线）。其实物照片如图 2-25 所示。

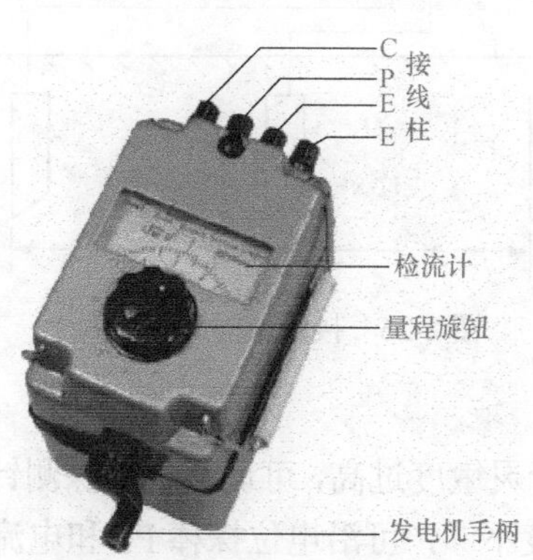

图 2-25　ZC-8 型接地电阻测量仪

2. ZC-8 型接地电阻测量仪的使用方法

接地电阻测量接线如图 2-26 所示。测量接地电阻时，接地电阻表 E 端接 5m 导线（注：有些接地电阻测量仪只有三个接线柱，分别为 E、P、C），P 端钮接 20m 导线，C 端钮接 40m 导线，导线的另一端分别接被测物接地极 E1、电位探棒 P1 和电流探棒 C1，且 E1、P1、C1 应保持在同一条直线上，其间距为 20m。将接地电阻测量仪水平放置，先调零，使检流计的指针指到中心线上（零线上），将倍率标度置于最大倍数，慢慢转动手摇发电机的手柄，同时旋动测量标度盘，使检流计指针处于中心红线位置上。当检流计接近平衡时，加快摇动手柄，使发电机转速达到其额定转速（120r/min），再转动“测量标度盘”使指针稳定地指在中心线位置。这时即可读取数值。如果“测量标度盘”的读数小于 1Ω，则应将倍率开关置于倍数较小的挡，并重新测量和读数。接地电阻的值就是标度盘的读数乘以倍率标度。

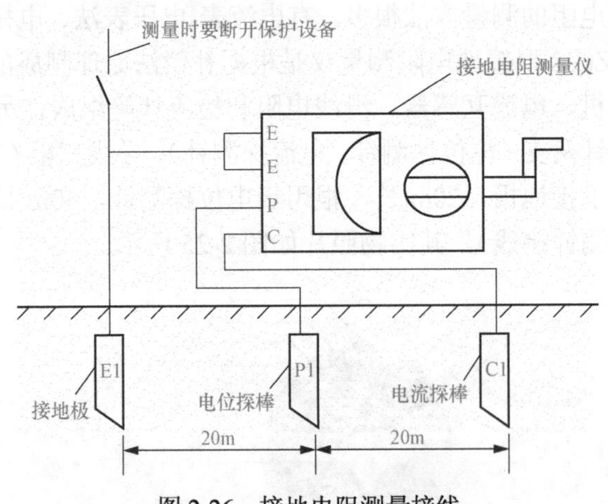

图 2-26 接地电阻测量接线

3. 使用注意事项

（1）若检流计灵敏度过高，可调整电位探测针 P1 插于土壤中的深浅。若灵敏度不够，可沿电位探棒 P1 和电流探棒 C1 之间的土壤注水，使其湿润。

（2）为了防止其他接地装置影响测量结果，测量时应将待测接地极与其他接地装置临时断开，测量完毕再将断开处牢固连接。同时，也要将接地装置线路与被保护的设备断开，以保证测量准确。

（3）当测量小于 1Ω的接地电阻时，应将接地电阻表上两个 E 端钮的连接片打开，然后分别用导线连接到被测接地体上，以消除测量时连接导线电阻造成的附加测量误差。

（4）禁止在有雷电或被测物带电时进行测量。

电气设备的接地电阻，按要求在一年中任何时候都不能大于规定的数值，因此接地电阻的测量工作都选择在土壤导电率最低的时期进行。冬季最冷或夏季最干燥的时候土壤的导电率最低，所测接地电阻小于规定值才算真正符合要求。

三、数字式接地电阻测量仪

数字式接地电阻测量仪是用内部电池作为电源，替代手摇发电机，其探棒的安装位置与导线的连接方法与 ZC-8 要求基本一致，实物照片如图 2-27 所示。在测试时，先设定量程，后按下测量开关，接地电阻值就以数字的形式直接显示，读数非常方便、直观。

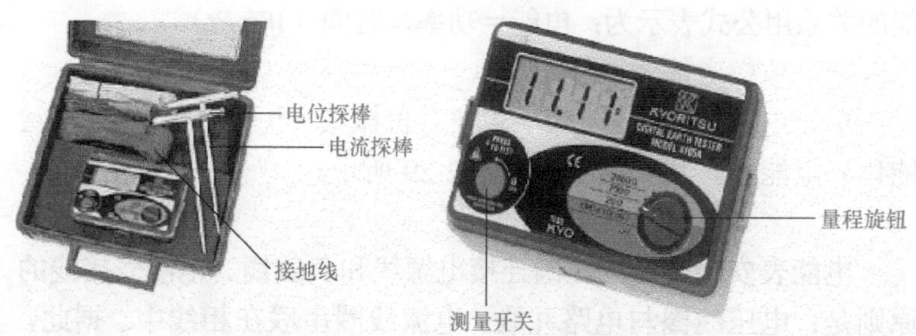

图 2-27　数字式接地电阻测量仪

四、钳形接地电阻测量仪

钳形接地电阻测量仪使用起来比上述两种测量仪更加方便，图 2-28 所示为 CE4107 型钳形接地电阻测量仪的实物照片。

图 2-28 钳形接地电阻测量仪

它的特点是：

（1）非接触式测量接地电阻，安全、快速；

（2）不必使用辅助接地棒，无须中断待测设备之后接地；

（3）具有双重保护绝缘；

（4）抗干扰性强，测量精确度高；

（5）电池使用 5 号碱性电池，方便用户。

第六节 电 能 表

电能表俗称电度表、千瓦时计，用来测量某一时间段内负载消耗的电能。电能表与功率表的区别在于：功率表是一种反映负载做功能力的仪表，而电能表是负载做功数量的积累。例如一只 100W 的灯泡，用功率表测量其正常工作时的功率为 100W；用电能表测量时，如果它不工作，电能表的测量值就为 0。如果它工作了 10h，电能表的测量值就为 1 度（1 度等于 1kW·h）。功率与电能的关系用公式表示为：电能＝功率×时间（$W=Pt$）。

一、单相电能表

单相电能表的型号很多，主要有机械式、电子式和数字式（智能化）电能表。其实物照片如图 2-29 所示。

1. 单相电能表的接线

电能表安装时必须正确连接电源线和负载线。电能表接线的原则是：电压线圈与电路并联，电流线圈串联在相线中。据此，电能表的接线方式主要有两种，一种是直接接入式，另一种是经电流互感器接入式。其中，直接接入式按其表内接线方式不同，又分为跳入式（一进一出）和顺入式（二进二出）两种。国产单相电能表绝大多数为跳入式接法。其接线方式为“火进火出、零进零出”，如图 2-30 所示。

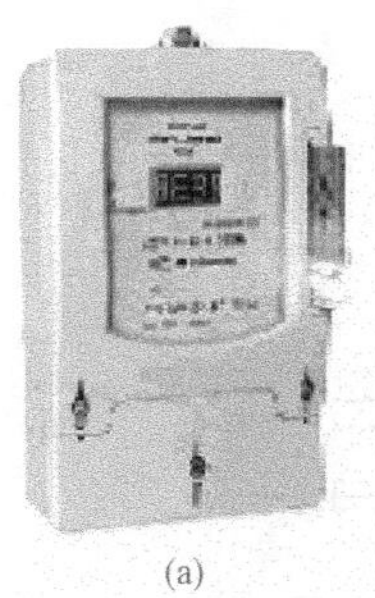
(a)

(b)

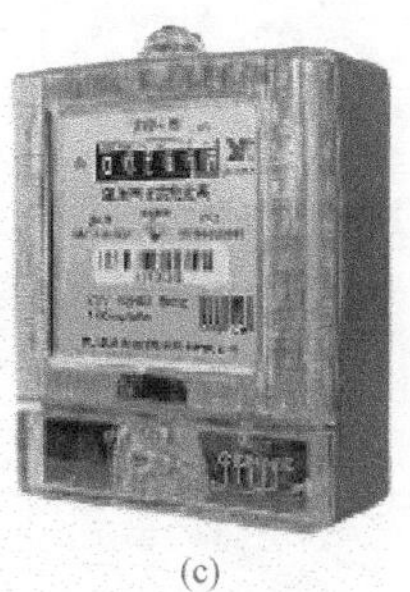
(c)

图 2-29 单相电能表

（a）单相预付费电能表；（b）普通单相电能表；（c）单相电子式电能表

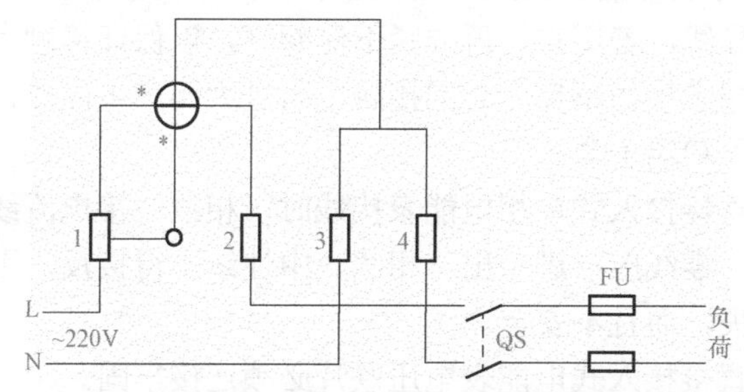

图 2-30 单相电能表跳入式接线示意图

图 2-30 中，接线端子 1、2 为电流线圈（电阻值近似为 0），串联在相线中，电压线圈的首端在 1、2 端子之间并与端子 1 连接，端子 3、4 在表内用连接片短接后与电压线圈的尾端连接。电压线圈（端子 1、3 或 1、4）电阻值约为 800Ω，与电路并联。

顺入式电能表接线如图 2-31 所示。其接线为“火进零进、零出火出”，端子 1、4 为电流线圈，1、2 为电压线圈。

直接接入式单相电能表接线要求：

（1）电能表标定电流应等于或略大于负载电流。负载电流计算时应考虑功率因数。一般白炽灯、电热负载可按 4.5A/kW 估算，日光灯按 9A/kW 估算，单相电动机按 8A/kW 估算（功率因数、效率均按 0.75 计算）。

（2）应按电能表标定电流选择导线截面。一般应使用不小于 2.5mm^2 的绝缘铜线，6mm^2 及以下导线应采用单芯线（多股线则

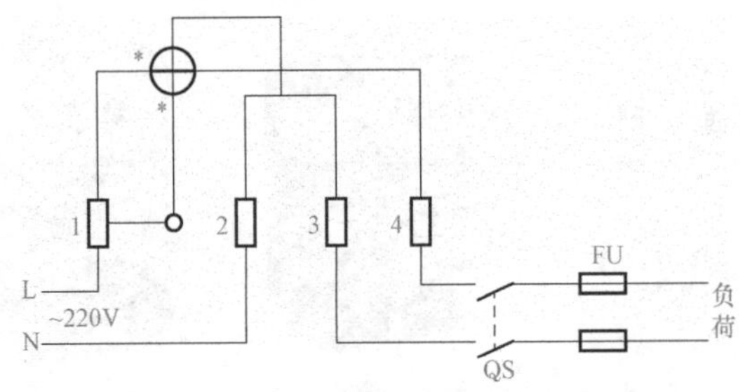

图 2-31 单相电能表顺入式接线示意图

应涂锡）。导线与端子压接时，应先拧紧端子上侧的螺钉，然后向外拉一下导线，若压实，再拧紧下侧螺钉，以保证接触良好。如果导线与端了接触不良，会因接触电阻过大而产生高热，严重时会烧损端子和端子盒。

（3）直接接入式单相电能表接线时，相线应接电流线圈首端（同名端），零线应一进一出。相线、中性线不得接反，否则会造成计量漏失，而且不安全。

（4）直接接入式电能表电压联片必须连接牢固。

（5）开关、熔断器应接负载侧。

单相电能表配用电流互感器的接线如图 2-32 所示。其中 1、2 接线端子为电流线圈，应与电流互感器分别连接，3、4 接线端

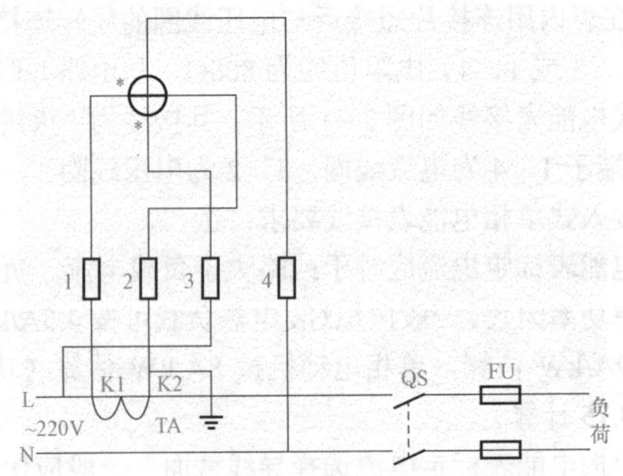

图 2-32 单相电能表配用电流互感器的接线图

子为电压线圈，其中端子 3 应接电流互感器的同名端，端子 4 应接中性线上。

单相电能表配用电流互感器的接线要求如下：

（1）电能表标定电流应为 5A。

（2）电流互感器一次额定电流应满足负载电流需要。极性不得接反，K2 端应接地或接零。

（3）电压回路连接导线应采用截面积不小于 1.5mm^2 的绝缘铜线，电流回路应采用截面积不小于 2.5mm^2 的绝缘铜线。

（4）开关、熔断器应接负载侧。

判断单相电能表的接线方式，也可用万用表的欧姆挡来判断，操作时把挡位拨到×100 挡，测量电流线圈和电压线圈电阻，电阻小的为电流线圈，电阻大的为电压线圈。在没有万用表的情况下，也可用灯泡法进行判断，灯泡较亮的是电流线圈，灯泡较暗的为电压线圈。

不过，比较常用的办法是查看附在接线端子盖板反面的接线图，一般仪表在此处都有一张完整的接线图，照此图接线就行。

2. 单相电能表的读数

电能表的抄读比较简单，可以在指示盘上依个、十、百、千的数字直接读取电能表的数值，这个数值就是实际的用电量数。抄读时应注意的是：指示盘末尾空格周围如用其他颜色涂记（多数用红色或白色），说明此方格内的读数应乘以 0.1。

二、三相电能表

三相有功电能表是根据两表法或三表法原理，将两只或三只单相电能表的测量机构有机地组合为一体，构成一只测量三相有功电能的仪表。按具体的接线要求不同，分为三相三线有功电能表和三相四线有功电能表两种。三相电能表的实物照片如图 2-33 所示。

三相三线有功电能表具有两个电磁测量机构，共同驱动一个积算显示机构。三相三线电能表的电压线圈的额定电压为线电压（380V），主要应用于三相三线制供电电路或三相四线制供电系统

图 2-33　三相电能表

中的三相平衡负载的电能计量。图 2-34（a）所示为 DS 系列三相三线电能表直接接入式连接的接线原理图。图 2-34（b）所示为 DS 系列三相三线电能表经电流互感器接入式连接的接线原理图。

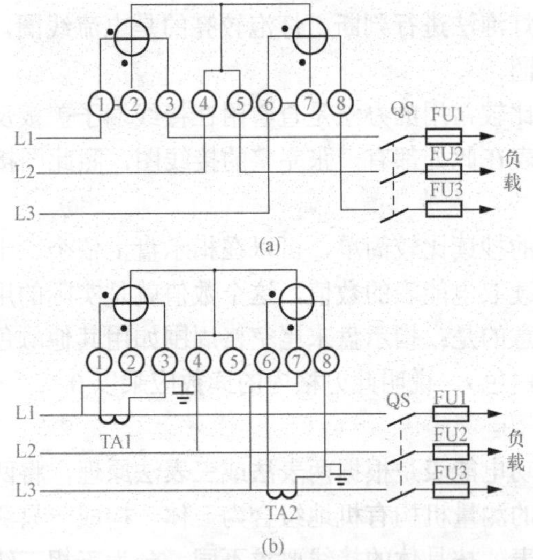

图 2-34　DS 系列三相三线电能表接线图

（a）直接接入式；（b）经电流互感器接入式

三相四线有功电能表具有三个电磁测量机构，共同驱动一个积算显示机构。三相四线电能表的电压线圈的额定电压为相电压（220V），主要应用于三相四线制供电电路的电能计量。图 2-35（a）

所示为 DT 系列三相四线电能表直接接入式连接的接线原理图，图 2-35（b）所示为 DT 系列三相四线制电能表经电流互感器接入式连接的接线原理图。

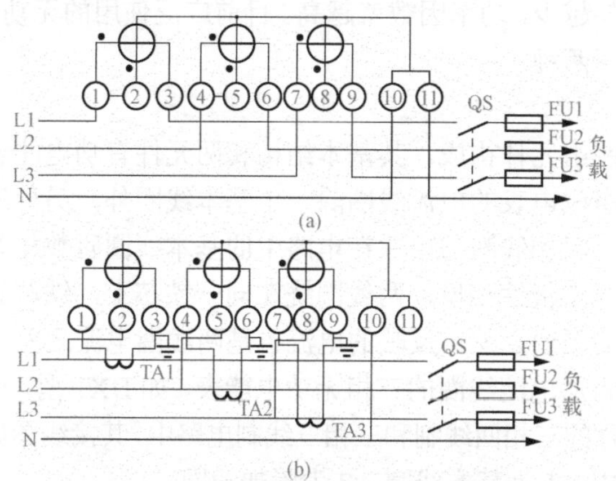

图 2-35　DT 系列三相四线电能表接线图

（a）直接接入式；（b）经电流互感器接入式

三相有功电能表的接线要求：

（1）选择连接导线应按照电能表的标定电流进行选择，一般应采用绝缘铜导线，其最小截面应不小于 2.5mm²，且 6mm² 以下的导线应采用单股线。

（2）按正相序接线。即按照 U、V、W 相序接线。如果相序接反，电能表会产生附加误差，导致测量不准。

（3）电流与电压对应。即接入电能表某元件的电流，必须与接入该元件的电压属同相。

（4）中性线必须接入三相四线有功电能表。否则，当三相不平衡时，会引起较大的测量误差。

（5）相线与中性线不能接错，否则，电能表内的三组电压线圈中将有两组承受 380V 的电压，导致线圈烧毁。

（6）联片必须连接牢固，否则无法测量。

三、三相无功电能表

三相无功电能表主要用来测量供电系统中的无功能量。为了提高发电和变电设备的利用效率，无功电能应该是越少越好。无功电能损耗越少，功率因数就越高。目前广泛使用的无功电能表，主要有以下两种：

1. 具有附加电流线圈的三相无功电能表

它由两组元件构成，其基本结构和两元件有功电能表相似。不同的是组成电表的电流线圈除一个基本线圈外，另外还有一个附加线圈。附加线圈与串联在电路中的基本线圈匝数相等，其接法与串联线圈极性相反，两线圈绕在同一铁芯上，铁芯磁通为两线圈产生的磁通之差，反映的电流也是两线圈电流之差。

具有附加电流线圈的三相无功电能表，如 DX1 型，可以用于负载不对称的三相四线制和三相三线制电路中，其接线图如图 2-36 所示，图中，1 为基本线圈；2 为附加线圈。

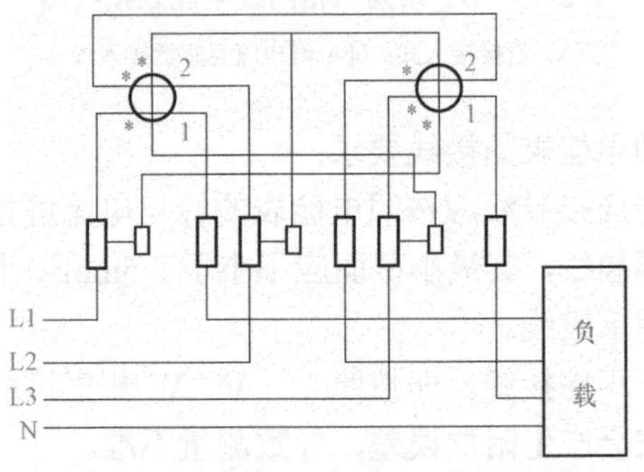

图 2-36 具有附加电流线圈的三相无功电能表接线

2. 具有 60° 相位差的三相无功电能表

具有 60° 相位差的三相无功电能表基本结构与两元件有功电能表相似。不同之处是在这种仪表的两组电压线圈回路中分别串联了附加电阻。适当选择这个附加电阻的阻值，可使电压回路的电流不是滞后电压 90°，而是 60°。

这种具有 60° 相位差的三相无功电能表适用于负载对称或不

对称的三相三线制线路中。其接线图如图 2-37 所示。

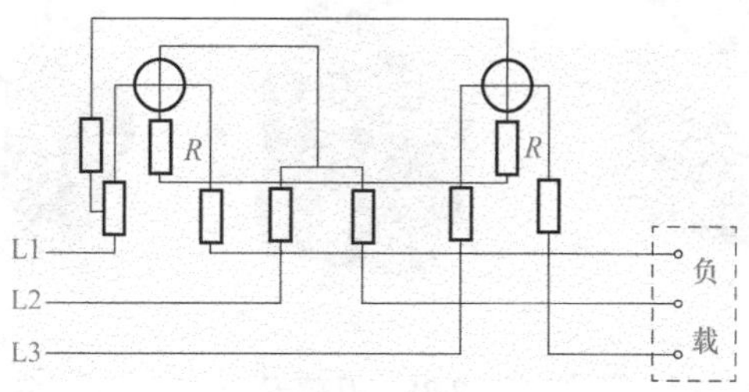

图 2-37　具有 60° 相位差的三相无功电能表接线

三相有功电能表与三相无功电能表的读数方法是一样的，只是单位不一样，一个是千瓦小时（kWh），另一个是千乏小时（kvarh）。对于直接接入电路的电能表以及与所标明的互感器配套使用的电能表，被测电能均可从电能表中直接读数。当电能表上标有“10×kWh”或“100×kWh”字样，应将表的读数乘 10 或 100 才是被测电能值。

当配套使用的互感器变比和电能表上标明的不同时，必须将电能表的读数进行换算才能表示被测电能值。例如：电能表上标注互感器变比为 10000/100V，100/5A，而实际使用的互感器变比为 10000/100V，50/5A，被测电能实际值应通过电能表读数除以 2 的换算。

第七节　仪用互感器与钳形电流表

一、仪用互感器

当需要测量高电压、大电流时，为了节省仪表成本和保证工作人员和仪表设施的安全，就需要用到互感器，其中用来变换电压的称为电压互感器，用来变换电流的称为电流互感器。通常，互感器二次侧（二次绕组）的额定电压和电流统一规定为 100V 和 5A，这样有利于仪表生产的标准化，提高生产效率，降低成本。互感器的实物照片如图 2-38 所示。

图 2-38　互感器

（a）穿孔式电流互感器；（b）普及型电流互感器；（c）电压互感器

电压互感器和电流互感器在电路图中用图 2-39 所示的图形符号表示。电压互感器 TV 一次绕组两端钮用大写字母 U1、U2 表示，二次侧对应的端钮则用小写字母 u1、u2 表示。电流互感器 TA 一次绕组线圈匝数少（最少只有 1 匝，如穿孔式电流互感器），故一次绕组的符号为一直线，两端钮用 L1、L2 表示，与其对应的二次绕组端钮则用 K1、K2 表示。

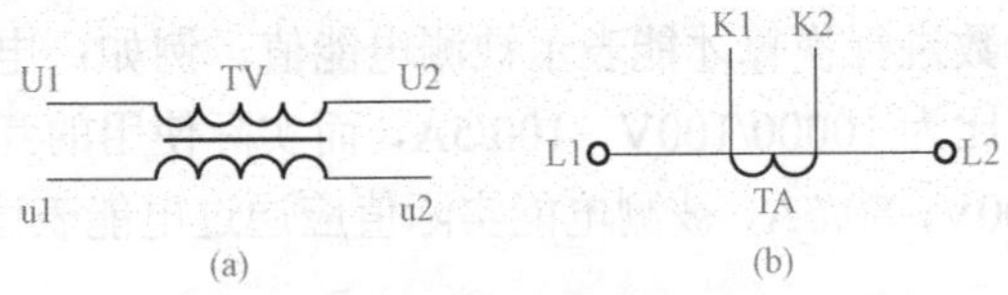

图 2-39　互感器的图形符号

（a）电压互感器；（b）电流互感器

仪用互感器的使用方法及注意事项：

（1）接线。电压互感器的接线应遵循“并联”原则，即其一次绕组和被测电路并联，二次绕组和所有仪表的电压绕组并联。电流互感器的接线应遵循“串联”原则，即一次绕组和被测电路串联，二次绕组和所有仪表的电流线圈串联，如图 2-40 所示。电流互感器也有一次绕组直接穿入互感器的中心孔的，如穿孔式电流互感器。

对某些转动力矩和电流方向有关的仪表（如功率表、电能表），

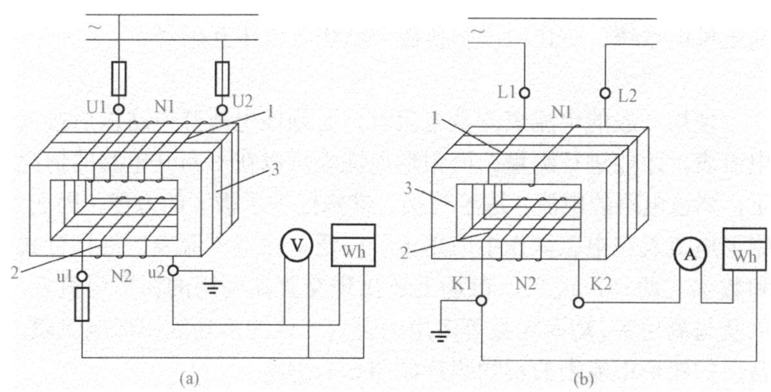

图 2-40 互感器的接线

（a）电压互感器的接线；（b）电流互感器的接线

1—一次绕组；2—二次绕组；3—铁芯

与互感器连接时还要注意极性。在电压互感器一次绕组端 U1、U2 和二次绕组端 u1、u2 中，U1 和 u1、U2 和 u2 是同名端；电流互感器一、二次绕组端 L1 和 K1、L2 和 K2 是同名端。当一次电流从某端（如 L1）流入互感器时，二次电流从其对应的同名端（K1）流出互感器。极性接反将导致仪表指针反转。

（2）接在互感器上的测量仪表所消耗的功率不能超过互感器的额定容量。这是因为互感器的准确度等级与二级侧负载大小有关。如果负载太大将导致误差增大，准确度等级不能得到保证。所以，同一个互感器上接的仪表不能过多。

（3）为了防止互感器一、二次绕组之间绝缘击穿或损坏时，高压窜入低压危及人身和设备安全，应将互感器二次绕组、铁芯和外壳可靠接地。

（4）电流互感器的二次侧在运行中不允许开路，因此在电流互感器的二次电路中不允许装设熔断器。运行中需拆除或更换仪表时应先将二次侧短路。

（5）电压互感器一次侧和二次绕组都不允许短路，因此，在一次侧和二次侧都应装设熔断器，避免电压互感器绕组短路影响高压供电系统，防止二次侧负载短路烧毁电压互感器。

二、钳形电流表

使用一般的电流表测量电流时，必须停电断开电路以后接入电流表，才能进行测量。而钳形电流表可以在不断开电路的情况下，测量电路的电流，这给检测、维修提供了极大的方便，因而，钳形电流表在电工操作中应用十分广泛。钳形电流表包括指针式和数字式两种，现在，市场上还出现交直流两用的钳形电流表，以及与测功率、功率因数等多用途合为一体的多功能钳形电流表。常用的钳形电流表的实物照片如图 2-41 所示。

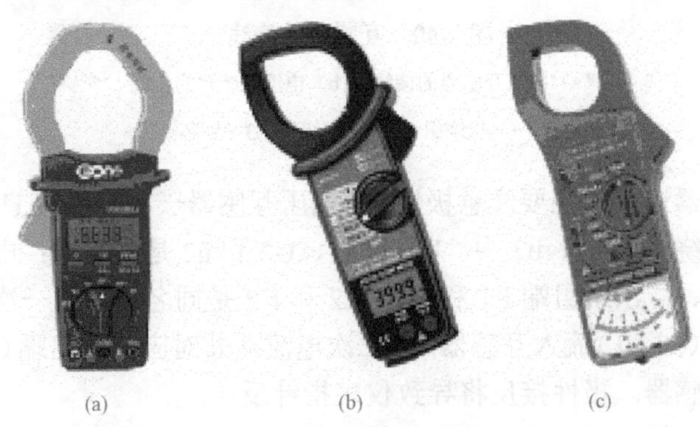

(a) (b) (c)

图 2-41 常用钳形电流表

（a）多功能钳形电流表；（b）数字式钳形电流表；（c）指针式钳形电流表

1. 指针式钳形电流表

指针式钳形电流表是由穿孔式电流互感器（钳形的铁芯部分）和电流表组成。当捏紧铁芯手柄时，钳形铁芯张开，将被测电流的导线放入钳口中，然后松开手柄使铁芯闭合。此时被测导线相当于互感器的一次绕组。于是，和二次绕组相连的电流表就有电流流过。因此可直接从指针的偏转位置读出被测电流的值。指针式钳形电流表的结构如图 2-42 所示。

指针式钳形电流表的使用方法及注意事项：

（1）根据被测量及其大小的范围选择测量挡位。如果测量电压，则应将选择开关打在“V”上；如果测量电流，则应先估算线

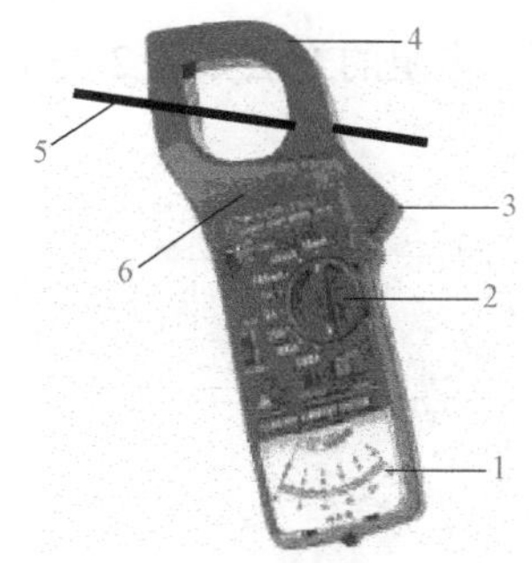

图 2-42　指针式钳形电流表结构图

1—指针式电流表；2—量程旋钮；3—手柄；4—动铁芯；5—被测导线；6—电流互感器

路上的电流大小，然后将选择开关的指示指在相应的挡位上。如果不可估算，则应从最大值开始，然后再渐渐减小，直到示值正确。

（2）用手握住手柄，并按动手钳，将电流互感器的钳口张开。

（3）将被测导线（指绝缘导线，如果是裸导线则应先在被测段包扎绝缘）放入钳口内，然后松开手钳，将钳口闭合，导线穿入钳口。

（4）从表盘上读出数值。一般表盘上有两个刻度：一条为红色，即电压刻度标尺；一条为黑色，即电流刻度标尺。读数时要结合量程旋钮所指的范围，并根据指数的指示读数。如：电流刻度的标尺是 0～300A，而量程旋钮所指范围是 30A，指针指 250A，则实际值为 25A；量程旋钮所指范围是 300A，指针指 250A，则实际值为 250A；量程旋钮所指范围是 3000A，指针指 250A，则实际值为 2500A。

（5）将钳口松开，把导线撤出。

（6）如果用来测量电压，则应先将量程旋钮打在“V”上，然后估算被测值，这时应将表笔插在相应的插孔上，最后用两支表笔分别同时触及被测点，表盘指针读数即为所测值。如果用来测量电阻，量程旋钮要打到“Ω”上，然后校零，如果指针不动或到不了零点，则说明电池不装或电池已用完，需要更换。用钳形电流表测量电流、电压、电阻的方法如图 2-43 所示。

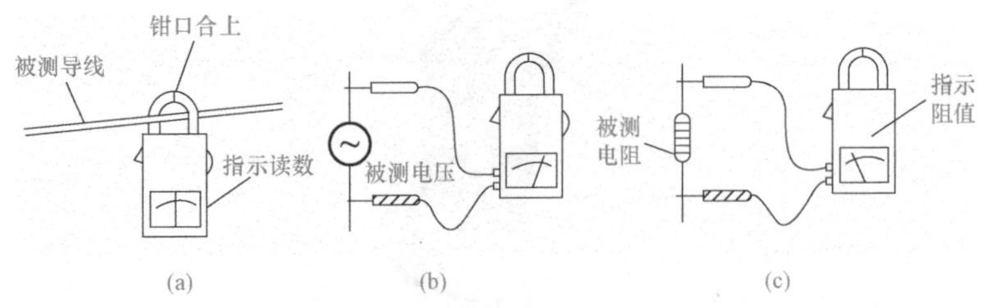

图 2-43　钳形电流表使用方法示意图

（a）测量电流；（b）测量电压；（c）测量电阻

（7）有时为了测量 1A 及以下的交流电流，而没有合适的电流表，也可用钳形表测量，先选择钳形表的最小一级电流挡，再把被测导线在钳口的铁芯上绕 10 圈（钳口内有 10 根导线线圈穿过），然后先按原指针数读数，将读数除以 10 即为实际电流值。

（8）钳形电流表还有一个用途，就是用来测量零序电流，用以判断三相线路是否平衡，或判断有无断相，以保证系统的正常。一般做法是将三相动力电路或三芯三相电缆同时送入钳口，并将选择开关打在适当的范围上，如果指针指向零或接近于零，说明系统三相平衡或者没有断相；否则，有读数且较大，说明三相不平衡或者有断相。这种原理同漏电保护器的工作原理相仿，用起来很方便。

（9）使用钳形表时，如果选挡不当，应先将导线取出钳口，再调整转换开关，不得带负荷调整，以免将表针打弯。这跟调万用表的挡位时不能接负载调挡是同一个道理。

（10）禁止用钳形电流表测量高压电流。因为高压导线均为裸导线，一旦导线接触到钳口铁芯，将会使操作者触电。另外，在设计钳形电流表时，钳口的绝缘和手柄的绝缘都是按低压设计的，在高压下使用是十分危险的。

（11）使用钳形电流表时，应在确定有电流的回路上进行初验，确认其处于良好状态才能使用。在雷雨天时，在室外应禁止使用钳形表进行测量，否则应有防雷雨措施，确保雨水不落在表上。

（12）钳形电流表使用时应先检查指针是否在零位，否则需要调整旋钮进行调整，钳形表应保持钳口处的光洁，不得有污垢油迹；如果发现每一挡都不能用时，应检查内部的熔断器是否已烧断；平时，还要注意在使用后把量程旋钮打到最大的位置上。

2. 数字式钳形电流表

数字式钳形电流表的结构框图如图 2-44 所示。

数字式钳形电流表的工作原理为：电流互感器检知被测导线中的电流后，通过分流器按比例产生出感生电流，在取样电路上产生取样电压，送至数字毫伏表进行模拟/数字转换，最后由 LCD 显示屏以数字的形式显示测量结果。测量选择由量程选择开关控制，通过量程选择开关来改变分流器的分流比。与指针式钳形电流表的区别是，它所用的是电压表而不是电流表。

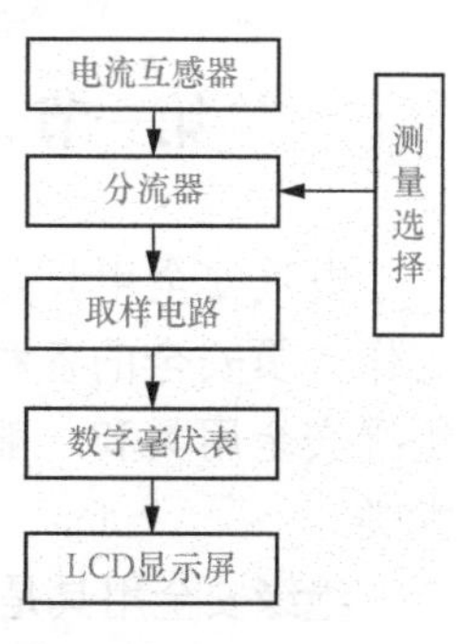

图 2-44 数字式钳形电流表结构框图

数字钳形电流表的使用方法与指针式钳形电流表基本一致，只是它使用起来更加方便。如果量程过大或过小，显示屏会给出相应提示。数字钳形电流表盘上通常设有“HOLD”功能键，如需要保持测量数据，则可在测量过程中按一下“HOLD”键（有“嘀”的一声提示音），数字钳形表即处于数据保持状态，将刚测得的数据保持在显示屏上，这对工作者来说是一个很有帮助的功能。如在测量过程中要改变量程，则可按住“HOLD”键 3s，钳形电流表的电源就自动关闭，这时就可以安全地改变量程。

第三章

常用电工工具

第一节　电气安全用具的作用与分类

电气安全用具是防止触电、坠落、灼伤等事故，保障电气工作人员安全的各种电工专用工具和用具。电气安全用具分为绝缘安全用具和一般防护安全用具（或称非绝缘安全用具）两大类。

绝缘安全用具是用来防止工作人员直接触电的专用用具，它又可分为基本安全用具和辅助安全用具两种。

基本安全用具是指其绝缘强度能长期承受工作电压，并能在该电压等级内产生过电压时，保证工作人员的人身安全。常用的高压基本安全用具有绝缘棒、绝缘夹钳、高压验电器等。常用的低电压基本安全用具有绝缘手套、装有绝缘柄的各种电工工具、低压验电器等。

辅助安全用具的绝缘强度不能承受工作电压，只能起到加强基本安全用具的保护作用，用来防止接触电压、跨步电压、电弧烧伤等对工作人员的危害。常用的辅助安全用具主要指绝缘垫、绝缘台、绝缘鞋（靴）。

一般防护安全用具是那些不具有绝缘性能的安全用具，例如，携带型接地线（临时接地线）、临时遮栏、标示牌、防护目镜、安全带等。这类安全用具的主要用途是防止停电的电气设备突然来电、防止感应电压、防止工作人员误触带电设备以及高空坠落等伤害。

第二节 基本安全用具

一、验电笔

1. 验电笔结构介绍

验电笔又称为测电笔、低压验电器。它是一种检验导线和电气设备是否带电的器具。常用的验电笔有笔式和螺丝刀式两种。螺丝刀式验电笔的结构如图 3-1 所示。

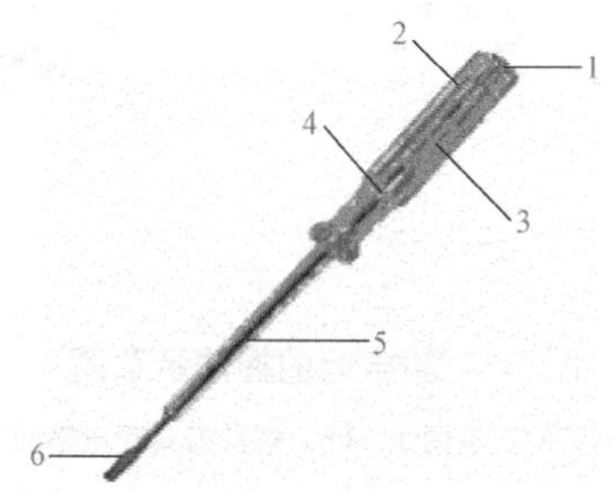

图 3-1 螺丝刀式验电笔的结构

1—笔尾的金属体；2—弹簧；3—氖管；4—电阻；5—笔身；6—笔尖的金属体

笔式验电笔的结构如图 3-2 所示。

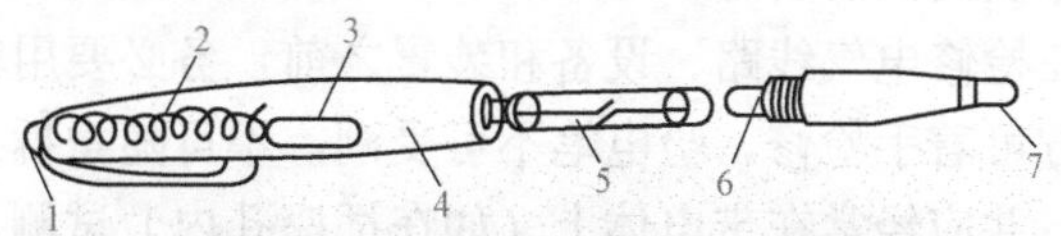

图 3-2 笔式验电笔的结构

1—笔尾的金属体；2—弹簧；3—小窗；4—笔身；5—氖管；6—电阻；7—笔尖的金属体

2. 验电笔的使用

低压验电笔使用时，必须按正确方法把笔握妥，以手指触及笔尾的金属体，使氖管小窗背光朝向自己，如图 3-3 所示。

当用验电笔测带电体时，电流经带电体、验电笔、人体、地形成回路，图 3-3 中错误的握法是因为它构成不了电流回路。只要带电体与大地之间的电位差超过 60V，电笔中的氖泡就发光。低压验电笔测试范围为 60～500V。

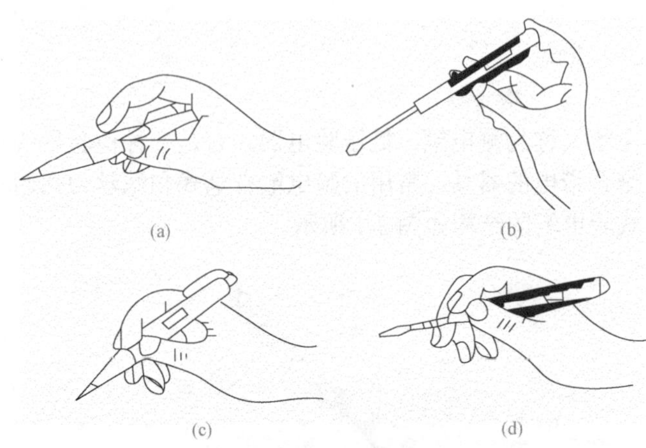

图 3-3 验电笔的握法示意图

（a）笔式验电笔的正确握法；（b）螺丝刀式验电笔的正确握法；（c）笔式验电笔的错误握法；（d）螺丝刀式验电笔的错误握法

在验电时，要防止笔尖金属体触及人手，以避免触电，为此，在螺丝刀式验电笔的金属杆上，必须套上绝缘套管，仅留出笔尖金属体部分供测试需要。

电工在检修电气线路、设备和装置之前，务必要用验电笔验明无电，方可着手检修。验电笔不可受潮，不可随意拆装或受到严重振动，并应经常在带电体上（如在插座孔内）试测，以检查性能是否完好。性能不可靠的验电笔，不准使用。

3. 验电笔的使用技巧

（1）区别电压高低。测试时可根据氖管发光的强弱来估计电压的高低。电压越高，氖管就越亮。

（2）区别相线与中性线。在交流电路中，当验电器触及导线时，氖管发光的即为相线。正常情况下，触及中性线是不会发光的。

（3）区别直流电与交流电。交流电通过验电器时，氖管里的两个极同时发光；直流电通过验电器时，氖管里的两个极只有一个极发光。

（4）区别直流电的正负极。把验电器连接在直流电的正、负极之间，氖管中发光的一极即为直流电的负极。

（5）识别相线碰壳。用验电器触及电机、变压器等电气设备外壳，氖管发光，则说明该设备相线有碰壳现象。如果壳体上有良好的接地装置，氖管是不会发光的。

（6）识别相线接地。用验电器触及正常供电的星形接法三相三线制交流电时，如果有两根比较亮，而另一根比较暗，则说明亮度较暗的相线与地有短路现象，但不太严重；如果两根相线很亮，而另一根不亮，则说明不亮的相线与地肯定短路。

（7）判断物体是否带有静电。用验电器在被测物体的周围寻测，如果氖管发光，则说明该物体有静电。

（8）判断电气接触是否良好。如果发现氖管发出的光是闪烁的，表明该线路接触不良、线头松动或者说明电压不稳定。

（9）判别交流电源同相或异相。两只手各持一支验电器，站在绝缘物体上，把两支验电器同时触及待测的两根导线，如果两支验电器的氖管均不太亮，则表明两条导线是同相电；若两支验电器的氖管发出很亮的光，说明两条导线是异相。

（10）准确判断三相线路中的断相线。三相线路即使有缺相存在，如果线路较长，用验电器来测，很难直接判断出哪一根电源线缺相。原因是线路长了，并行的线与线之间就有线间电容存在，从而在缺相的那根相线上产生感应电，导致验电器氖管仍会发亮。如何在这种情况下判断出哪一根相线断线？办法是在验电器的氖管上并接一只1500pF的小电容（耐电压须大于250V），这样在测有电相线时，验电器会照常发光；如果验电器不发光或者发微光，则说明测得的为感应电，这根相线实际上为断线。

4. 数字式感应电笔

数字式感应电笔采用数字显示所测电压值的模式，能直观地读出所测得的电压值，使用方便。一般数字式感应电笔无须电池驱动，可以直接或间接测量12～220V交/直流电压。

数字式感应电笔的结构如图3-4所示，电笔正面有两个测试按键和一个显示窗口，两个测试按键分别是直接检测键和感应、断点检测键。

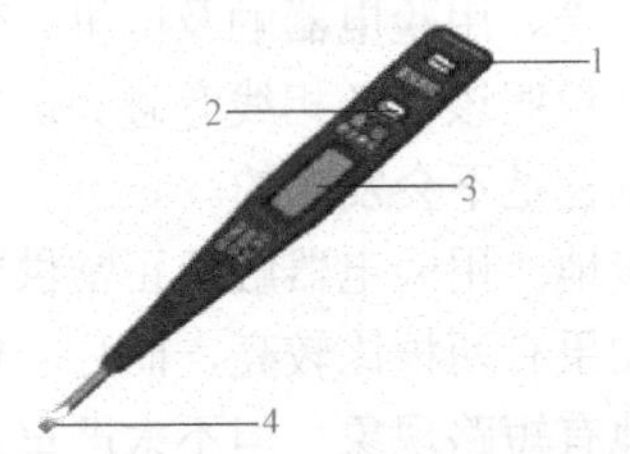

图3-4　数字式感应电笔的结构

1—直接检测键；2—感应、断点检测键；3—读数窗口；4—测试金属体

数字式感应电笔的使用方法：

（1）电压检测。

1）轻触直接检测键，电笔金属体前端接触被测物。

2）电笔分五段电压值显示，分别是12V、36V、55V、110V、220V。所测电压值未至高段显示值的70%时，显示低段值。如所测电压为38V时，显示为36V，而当电压为42V时，就显示为55V。

3）液晶显示屏最后的数值为所测电压值。

4）测量非对地的直流时，另一只手应接触另一电极，否则就形成不了回路，无法实施测量。

（2）感应检测。

1）轻触感应、断点检测键，测电笔金属前端靠近被测物，若显示屏出现"ϟ"符号，表示物体带交流电。

2）测量断开的电线时，轻触感应、断点检测键，测电笔金属前端靠近该电线的绝缘外层，若出现"ϟ"符号，表示被测点带交流电；如有断线现象，在断点处"ϟ"符号消失。

3）利用此功能可方便地分辨中性线、相线（测并排线路时要增大线间距离）、检测微波的辐射及泄漏情况等。

数字式感应电笔在使用时，要注意：①不能用力按压按键；②测试时不能同时接触两个按键，否则会影响测试的灵敏度及测试结果。

二、高压验电器

高压验电器又称高压测电器。高压验电器由金属接触头、氖管观察窗、护环和握柄等组成，杆子的长短可以自由伸缩。其结构如图 3-5 所示。

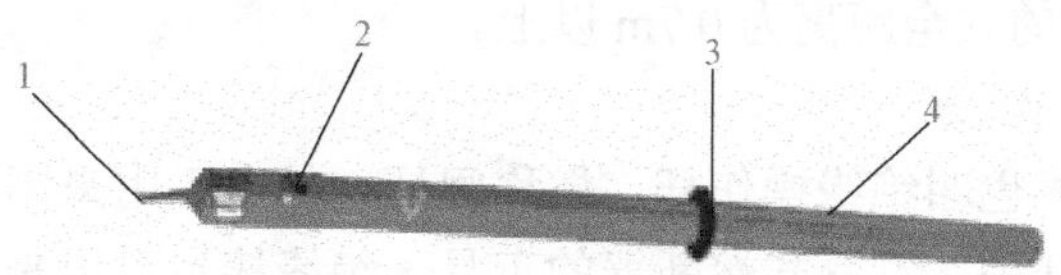

图 3-5 高压验电器结构

1—金属接触头；2—氖管观察窗；3—护环；4—握柄

高压验电器在使用时，应特别注意手握部位不得超过护环，如图 3-6 所示。

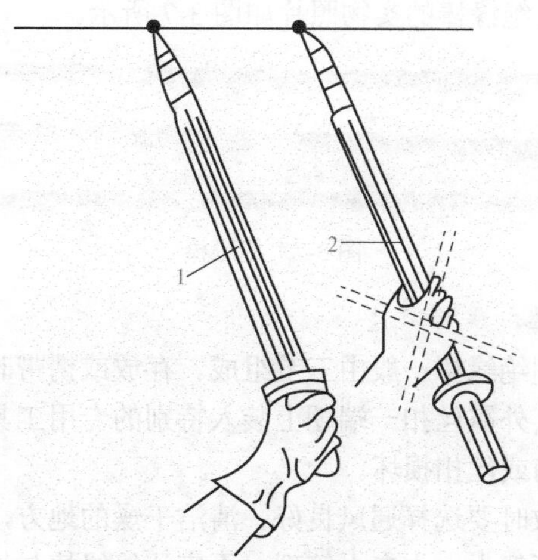

图 3-6 高压验电器的使用

1—正确的握法；2—错误的握法

高压验电器在使用前，应在已知带电体上测试，证明验电器确实良好方可使用。使用时，应使验电器逐渐靠近被测物体，直到氖管发亮。室外使用高压验电器时，必须在气候条件良好的情况下才能使用。在雨、雪、雾及湿度较大的天气中，不宜使用，以防发生危险。高压验电器在测试时，必须戴上符合要求的绝缘手套，不可一个人单独测试，身旁必须有人监护，同时要防止发生相间或对地短路事故，人体与带电体应保持足够的安全距离，10kV 高压的安全距离为 0.7m 以上。

三、绝缘棒

绝缘棒也叫绝缘操作杆，俗称闸杆，是电工用来闭合或断开高压隔离开关、跌落式熔断器的工具，绝缘棒也可用来安装和拆除临时接地线，以及用于测量和试验工作。尽管目前在其材质的选择上逐渐向耐压强度高、耐腐蚀、耐潮湿、机械强度大、质量轻、便于携带方面发展，但因其与带电体，特别是高压带电体直接接触，因此绝不可忽略日常的妥善保管，更不可忽视其使用中的注意事项。绝缘棒的实物照片如图 3-7 所示。

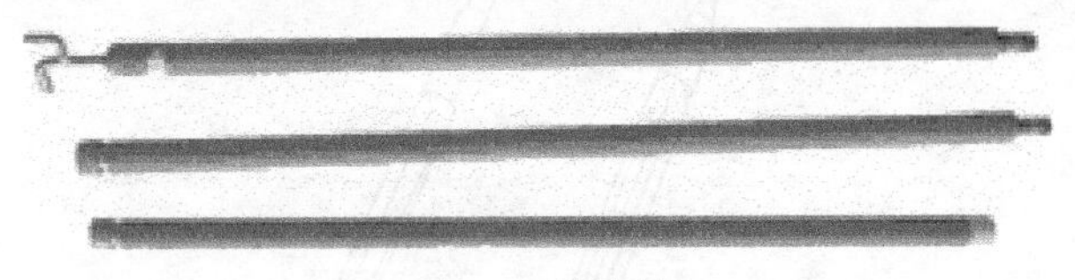

图 3-7　绝缘棒

1. 绝缘棒的保管方法

（1）一副绝缘棒一般由三节组成。存放或携带时，应把各节分解后再将其外露丝扣一端朝上装入特别的专用工具袋中，以防杆体表面擦伤或丝扣损坏。

（2）存放时要选择通风良好、清洁干燥的地方，并悬空平放在特制的闸杆架上，由专人管理。不应让绝缘棒与墙壁接触，以免受潮。

（3）一旦绝缘棒表面损伤或受潮，应及时处理和干燥。杆体表面损伤不宜用金属丝或塑料带等带状物缠绕。干燥时最好选用阳光自然干燥法，不可用火熏烤。经处理和干燥后，闸杆必须经试验合格后方可再用。

（4）每年必须进行一次交流耐压试验。试验不合格的绝缘棒要立即报废销毁，不可降低标准使用，更不可与合格绝缘棒混放。

2. 绝缘棒使用注意事项

（1）使用前，首先要详细检查绝缘棒有无损坏，并用清洁柔软又不掉毛的干布块擦拭杆体。如有疑问可用2500V兆欧表测定，其有效长度的绝缘电阻值应不低于10000MΩ。

（2）在操作现场，要戴洁净手套轻轻将绝缘棒抽出专用工具袋，悬离地面进行节与节之间的丝扣连接，不可将杆体置于地面上进行，以防杂草、土质进入丝扣中或黏附在杆体的外表上。丝扣要轻轻拧紧，不可在丝扣尚未拧到位时就开始使用。

（3）使用绝缘操作杆时，要尽量减小对杆体的弯曲力，以防损坏杆体。雨天使用一定要有防雨措施。

（4）操作时，绝缘棒有效绝缘长度不得低于《电业安全工作规程》中的规定：10kV及以下为0.7m；35kV为0.9m；110kV为1.3m；220kV为2.1m。

（5）绝缘棒使用后，与连接各节杆体时的操作程序一样，将各节分解，并将杆体表面的污迹、水滴等擦拭干净，轻轻装人专用工具袋中。

3. 绝缘棒加装隔弧板

农村、小型企业10kV配电变压器低压侧有很多没装总控制开关，当变压器需要进行停、送电操作时，常因变压器低压侧负荷电流较大或拉、合10kV跌落式熔断器时风大，造成相间弧光短路，变电所断路器跳闸。为解决此类变压器的高压跌落式熔断器拉、合时易引起弧光短路的问题，有些电工给绝缘操作杆加装隔弧板，即在绝缘操作杆顶端侧面加焊一个ϕ8mm螺帽，用ϕ8mm×50mm的螺杆把一块300mm×200mm×3mm的电工胶木板装在绝缘操作杆顶端的侧面。当拉开、合上10kV跌落式熔断器时，将胶木板置于边相熔断器与中相熔断器之间，若电弧较大，风将电弧吹向胶木板，胶木板把电弧隔开。电弧燃烧时间很短，不会一下子烧穿胶木板，胶木板绝缘经试验也能够承受 10kV 电压，也就烧不到另一相，因此避免了相间弧光短路。

操作高压跌落式熔断器时，需用绝缘棒。即取跌落式熔断器熔丝管时，应用绝缘棒取下。实在取不下来时，必须戴绝缘手套，并且一定要将跌落式熔断器全部拉开后再取。否则，会发生触电事故。

四、绝缘夹钳

绝缘夹钳主要用于拆装低压熔断器等。绝缘夹钳由钳口、钳身、钳把组成，如图 3-8 所示，所用材料多为硬塑料或胶木。钳把由护环隔开，以限定手握部位。绝缘夹钳各部分的长度有一定要求，在额定电压 10kV 及以下时，钳身长度不应小于 0.75m，钳把长度不应小于 0.2m。

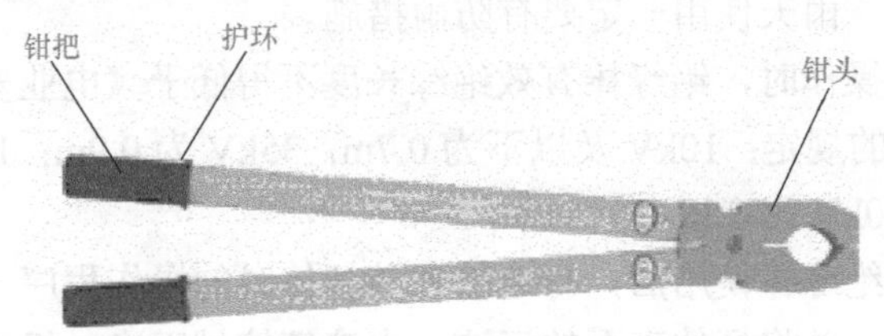

图 3-8　绝缘夹钳

五、钢丝钳

钢丝钳有铁柄和绝缘柄两种。绝缘柄钢丝钳为电工用钢丝钳，钳柄上套有交流耐压不低于 500V 的绝缘管。常用的规格（以总长分类）有 150、175mm 和 200mm 三种。

1. 电工钢丝钳的构造和用途

电工钢丝钳由钳头和钳柄两部分组成。钳头由钳口、齿口、刀口和铡口四部分组成。钢丝钳的结构如图 3-9 所示。

钢丝钳的用途很多，钳口用来弯绞和钳夹导线线头；齿口用来紧固或起松螺母；刀口用来剪切或剖削软导线绝缘层；铡口用来铡切电线线芯、钢丝或铅丝等较硬金属丝。其用途举例如图 3-10 所示。

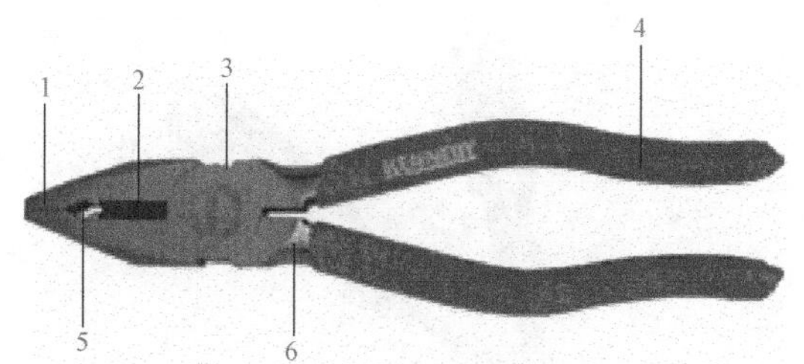

图 3-9 钢丝钳的结构示意图

1—钳口；2—刀口；3—铡口；4—绝缘管；5—齿口；6—钳柄

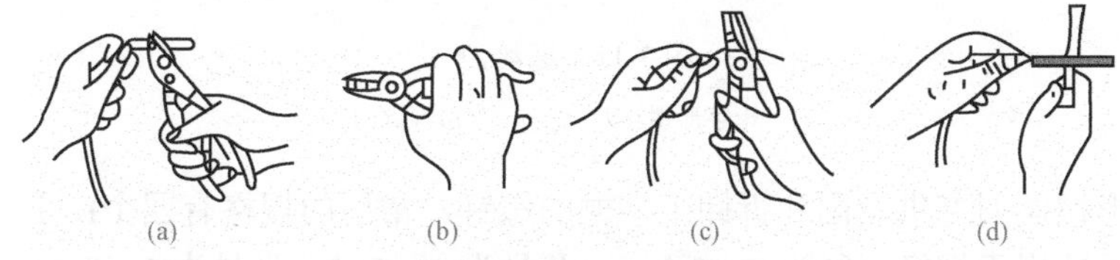

图 3-10 钢丝钳的用途

（a）弯绞导线；（b）紧固螺母；（c）剪切导线；（d）铡切钢丝

2. 使用电工钢丝钳的安全知识

（1）使用前，必须检查绝缘柄的绝缘是否良好。如绝缘损坏，进行带电作业时会发生触电事故。

（2）剪切带电导线时，不得用刀口同时剪切相线和中性线，或同时剪切两根相线，以免发生短路事故。

（3）钳头不可作为敲打工具使用。平时应防锈；钳头的轴销上应经常加机油润滑；破损的绝缘套管应及时更换，不可勉强使用。

六、螺丝刀

螺丝刀又称螺钉旋具、起子、改锥或旋凿，它是一种紧固或拆卸螺钉的工具。

1. 螺丝刀的式样和规格

螺丝刀主要有两种：一字形和十字形，如图 3-11 所示。

一字形螺丝刀的常用规格（以总长分类）有 50mm、100mm、150mm 和 200mm 等，电工必备的是 50mm 和 150mm 两种。十字

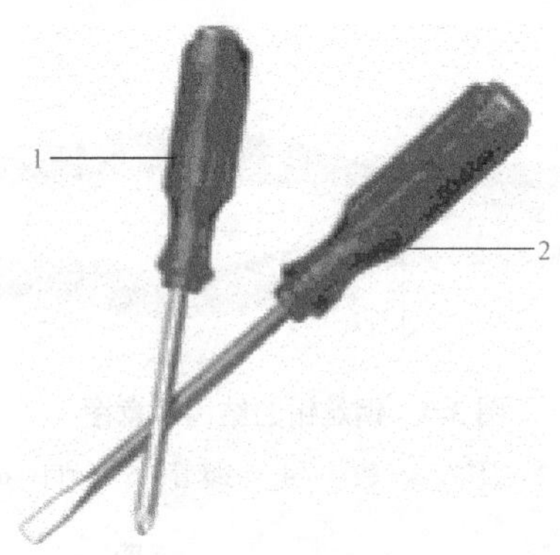

图 3-11 螺丝刀

1—十字形螺丝刀；2——一字形螺丝刀

形螺丝刀专供紧固和拆卸十字槽的螺钉，常用的规格有四个：Ⅰ号适用于螺钉直径为 2～2.5mm，Ⅱ号为 3～5mm，Ⅲ号为 6～8mm，Ⅳ号为 10～12mm。

磁性旋具按握柄材料可分为木质绝缘柄和塑胶绝缘柄。它的规格较全，分十字形和一字形。金属杆的刀口端焊有磁性金属材料，可以吸住待拧紧的螺钉，能准确定位、拧紧，使用很方便，目前使用也较广泛。

2. 使用螺丝刀的安全知识

（1）电工不可使用金属杆直通柄顶的螺丝刀，否则易造成触电事故。

（2）使用螺丝刀紧固和拆卸带电的螺钉时，手不得触及旋具的金属杆，以免发生触电事故。

（3）为了避免螺丝刀的金属杆触及皮肤或触及邻近带电体，应在金属杆上穿套绝缘管。

3. 螺丝刀的使用方法

（1）大螺丝刀的使用。大螺丝刀一般用来紧固较大螺钉。使用时，除大拇指、食指和中指要夹住握柄外，手掌还要顶住柄的末端，这样就可防止旋具转动时滑脱，如图 3-12（a）所示。

（2）小螺丝刀的使用。小螺丝刀一般用来紧固电气装置接线桩头上的小螺钉，使用时，可用手指顶住木柄的末端捻转，如图 3-12（b）所示。

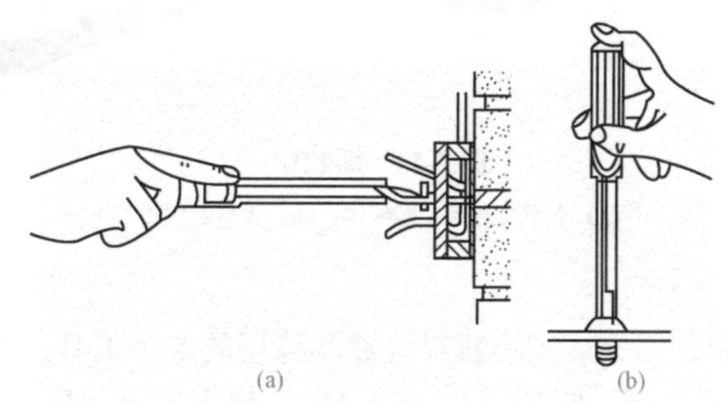

图 3-12 螺丝刀的使用方法

（a）大螺丝刀的使用方法；（b）小螺丝刀的使用方法

（3）较长螺丝刀的使用。可用右手压紧并转动手柄，左手握住螺丝刀中间部分，以使螺钉刀不滑脱。此时左手不得放在螺钉的周围，以免螺钉刀滑出时将手划伤。

七、尖嘴钳

尖嘴钳的头部尖细，适用于在狭小的工作空间操作。尖嘴钳也有铁柄和绝缘柄两种，绝缘柄的耐压为 500V，其结构如图 3-13 所示。

尖嘴钳的用途：

（1）带有刀口的尖嘴钳能剪断细小金属丝。

（2）尖嘴钳能夹持较小螺钉、垫圈、导线等元件。

（3）在装接控制线路时，尖嘴钳能将单股导线弯成所需的各种形状。

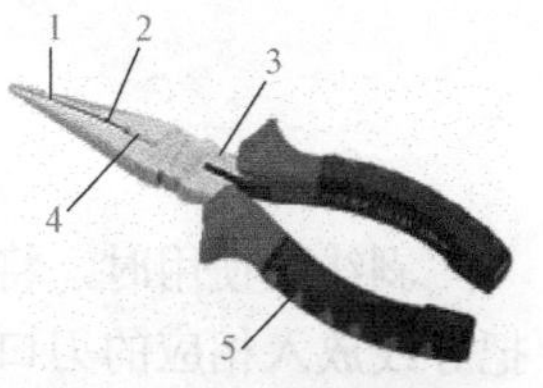

图 3-13 尖嘴钳的结构

1—齿口；2—平口；3—钳柄；4—刀口；5—绝缘管

八、断线钳

断线钳又称斜口钳。钳柄有铁柄、管柄和绝缘柄三种。其中电工用的绝缘柄断线钳的实物照片如图 3-14 所示。绝缘柄的耐压为 500V。断线钳是专供剪断较粗的金属丝、线材及导线电缆时使用。

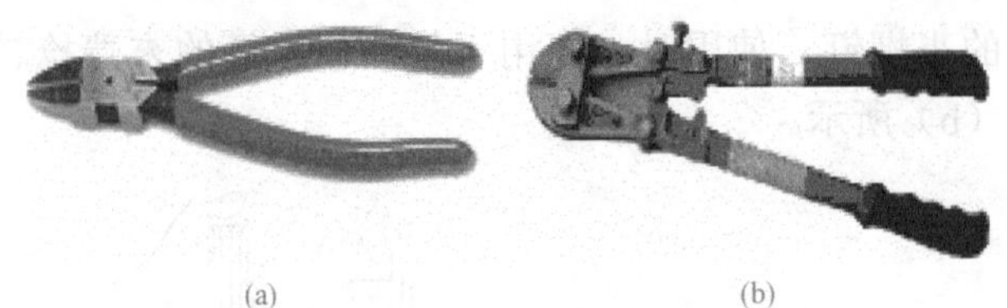

(a) (b)

图 3-14 断线钳

（a）小型（通用）断线钳；（b）大型断线钳

九、剥线钳

剥线钳是用来剥削小直径导线绝缘层的专用工具，其实物照片如图 3-15 所示。它的手柄是绝缘的，耐压为 500V。

图 3-15 剥线钳

剥线钳使用时，将要剥削的绝缘层长度用标尺定好后，即可把导线放入相应的刃口中（比导线直径稍大），用手将钳柄握紧，导线的绝缘层即被割破，且自动弹出。

第三节 登 高 工 具

一、梯子

电工常用的梯子有单梯和人字梯两种，如图 3-16 所示，前者通常用于户外登高作业，后者通常用于户内登高作业。

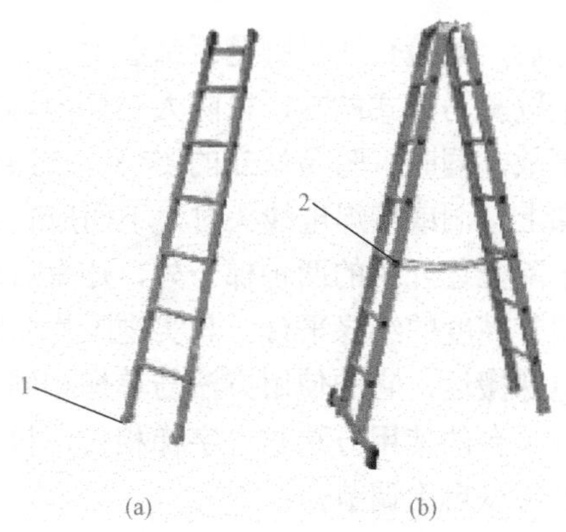

图 3-16 电工用梯子

（a）单梯；（b）人字梯

1—防滑胶皮；2—防滑拉绳

单梯的两脚应各绑扎胶皮之类防滑材料，人字梯应在中间绑扎两道防自动滑开的安全绳。电工在梯子上作业时，为了扩大人体作业的活动幅度和保证不致因用力过猛而站立不稳，必须按图 3-17 所示方法站立。使用竹梯时，梯子与地面的夹角以 60° 为宜。

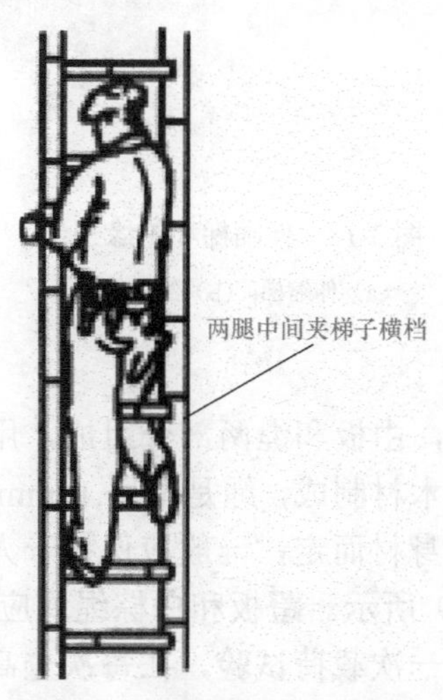

图 3-17 正确的梯上工作姿势

人字梯放好后，要检查四只脚是否都着地。登在人字梯上操作时，切不可采取骑马方式站立，以防人字梯两脚自动滑开时造成严重的工伤事故。同时，骑马站立的姿势，在操作时也极不灵活。站在人字梯上打洞或接焊电线头时，下面应有人扶梯。

电工用梯子除上述介绍的两种梯子外，还有可以调节长度的伸缩梯和可以调节高度的绝缘平台。其实物照片如图 3-18 所示。伸缩梯方便进电梯搬运，它的使用方法与单梯相同，存放时最好缩短长度，绝缘平台的使用方法与人字梯相仿，只是绝缘平台更稳固，而且高度可以自由调节。

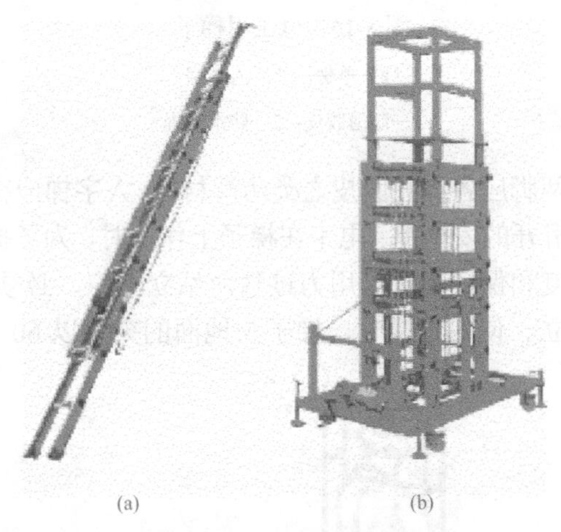

(a) (b)

图 3-18 伸缩梯和绝缘平台

（a）伸缩梯；（b）绝缘平台

二、蹬板

蹬板又叫踏板，由板和绳两部分组成，用来攀登电杆。板是采用质地坚韧的木材制成，绳是采用 16mm^2 三股白棕绳，长度要根据使用者的身材而定，一般应保持一人一手长，蹬板的实物照片如图 3-19 所示。蹬板和白棕绳均应能承受 100kg 质量，每半年要进行一次载荷试验，在每次登高前应做人体载荷冲击试登。

图 3-19 蹬板

三、脚扣

脚扣又叫铁脚，也是电杆的攀登工具，常用的脚扣有两种：一种在扣环上制有铁齿，供登木杆用；另一种在扣环上裹有橡胶，供登混凝土杆用。脚扣的结构示意图如图 3-20 所示。

脚扣攀登速度较快，登杆方法容易掌握。但在杆上作业时不如蹬板灵活舒适，易于疲劳，所以只适用于杆上短时间作业。为了保证杆上作业时的人体平稳，两只脚扣应如图 3-20（c）所示的方法定位。

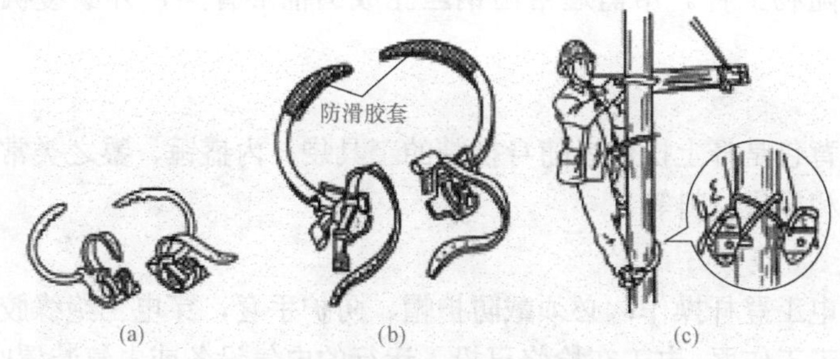

图 3-20 脚扣及其使用方法
（a）木杆脚扣；（b）水泥杆脚扣；（c）登杆方法

在登杆前，对脚扣也要做人体载荷冲击试验，同时应检查扎

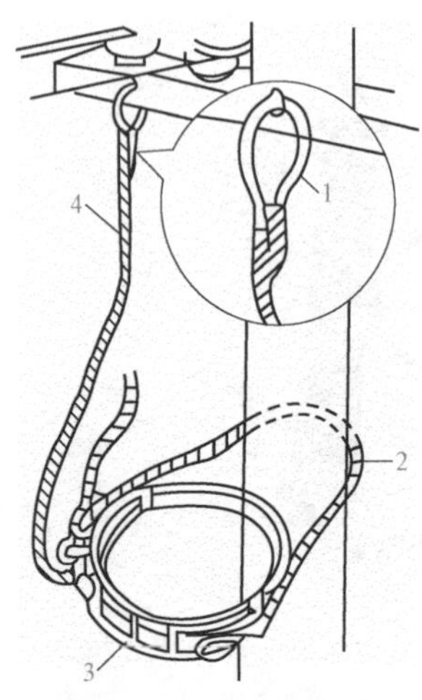

图 3-21 腰带、保险绳和腰绳的使用方法
1—保险绳扣的做法；2—腰绳；3—腰带；4—保险绳

扣皮带是否牢固可靠。

四、腰带、保险绳和腰绳

腰带是用来系挂保险绳、腰绳和吊物绳的，使用时应系结在臀部上，而不是系结在腰间，否则操作时既不灵活又容易扭伤腰部。保险绳是用来保证失足而人体下落时不致坠地摔伤。使用时，一定要高挂低用，一端要可靠地系结在腰带上，另一端用保险钩勾挂在牢固的横担或抱箍上。腰绳是用来固定人体下部，以扩大上身活动幅度的，使用时，应系结在电杆的横担或抱箍下方，防止腰绳蹿出电杆顶端，造成工伤事故。腰带、保险绳和腰绳的使用方法如图 3-21 所示。

五、吊绳和吊篮

吊绳和吊篮是杆上作业时传递零件和工具的用品。吊绳一端应系结在操作者腰带上，另一端垂向地面，随操作者的需要而吊物上杆。吊篮是用来盛放零星小件物品或工具的，使用时结住吊绳，随物上杆。吊篮通常由钢丝扎成圆桶形骨架，外蒙覆帆布而成。

六、背包

背包是杆上操作者随身携带的工具袋，内盛锤、錾之类常用工具和零星材料等。

七、防护用品

电工登杆操作，必须戴防护帽、防护手套，穿电工绝缘胶鞋和电工工作服。电工在检修已投入运行的电气设备或电气装置时，虽停电操作，但还必须穿着电工工作服和电工鞋。电工常用防护用品如图 3-22 所示。

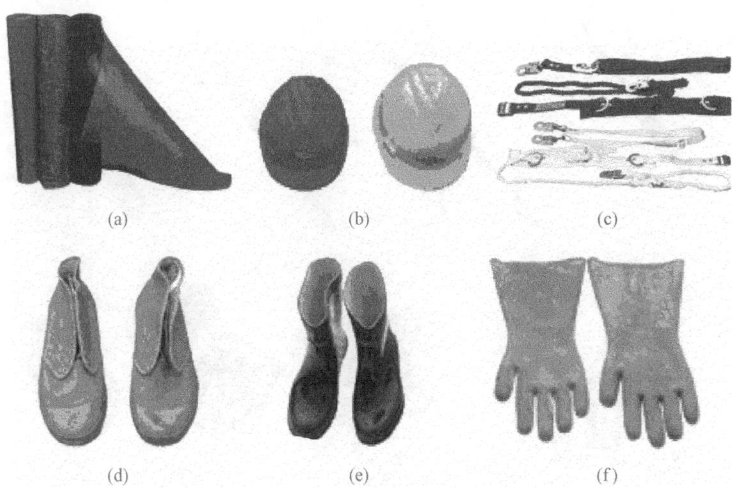

图 3-22 电工常用防护用品

（a）绝缘垫；（b）安全帽；（c）安全带；（d）绝缘鞋；（e）绝缘靴；（f）绝缘手套

第四节 电 烙 铁

一、电烙铁的作用与分类

电烙铁的作用是加热焊接部件、熔化焊料，使焊料和被焊金属连接起来。电烙铁的种类很多，按加热方式可分为内热式和外热式；按发热能力可分为 20、25、45、75、100W 多种。焊接弱电元器件时，宜采用 25W 的电烙铁；焊接强电元器件时，需用 45W 以上规格的电烙铁。电烙铁的功率选用要适当，过大会浪费电力，还会烧坏元器件；过小会因热量不够而影响焊接质量。电烙铁及辅料的实物照片如图 3-23 所示。

二、使用电烙铁的注意事项

（1）使用前必须检查两股电源线和保护接地线的接头，不要接错，否则会损伤元器件，严重时还会引起操作人员触电。更换烙铁芯时，要注意电烙铁内部的三个接线柱，其中一个是接地线的，该接地线与电烙铁的金属外壳连在一起。在导电地面（如混

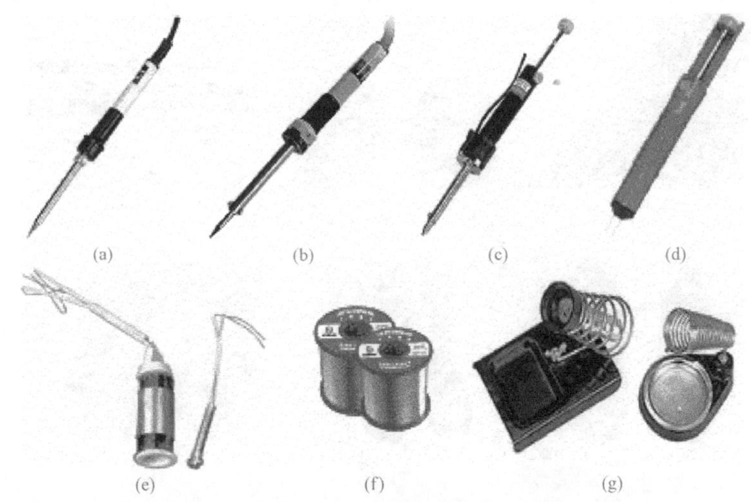

图 3-23 电烙铁及辅料

（a）内热式电烙铁；（b）外热式电烙铁；（c）带吸锡功能的电烙铁；

（d）吸锡器；（e）烙铁芯；（f）焊锡；（g）烙铁架

凝土和泥土地面等）使用时，该接线柱应与地线相连。电烙铁长时间不用时，应切断电源。

（2）新电烙铁初次使用时，应先在电烙铁头上搪上一层锡。电烙铁使用一段时间后，应取下烙铁头，去掉烙铁头与传热筒接触部分的氧化层，再将烙铁头装上，避免时间过长而取不下烙铁头，防止烙铁头卡死在壳体内。焊接结束后，不要擦去烙铁头上留下的焊料。

（3）因为酸性焊剂易腐蚀元器件、烙铁头及发热器，电烙铁宜用松香或中性焊剂。

（4）烙铁头应经常保持清洁。使用时应在石棉毡等织物上擦几下以除去氧化层或污物，否则影响焊接。

（5）电烙铁的温度控制要适宜。焊接时烙铁头的温度会有不同程度的下降，尤其是在连续操作时。若电烙铁头温度不能迅速恢复到焊接所需温度，会影响工作。另外，也有可能出现烙铁头

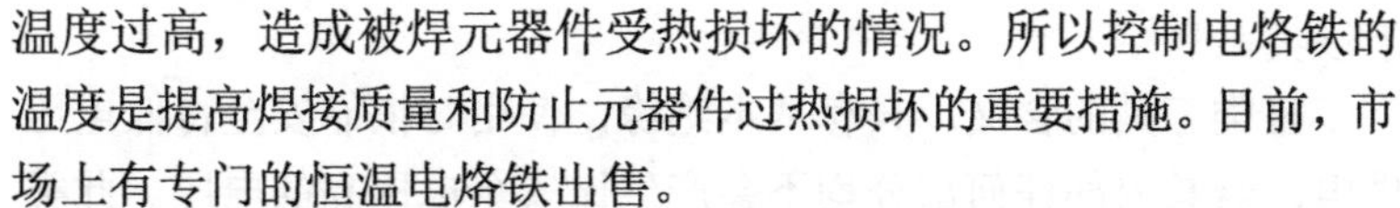

温度过高，造成被焊元器件受热损坏的情况。所以控制电烙铁的温度是提高焊接质量和防止元器件过热损坏的重要措施。目前，市场上有专门的恒温电烙铁出售。

第五节 移动式电动工具

在介绍移动式电动工具之前，先介绍电器的绝缘。电器的绝缘按防触电保护方式和程度分，可分为四种绝缘。

（1）基本绝缘：指保证器具能正常工作和防止触电的一部分绝缘，也叫工作绝缘。如电气装置的胶木外壳。

（2）补充绝缘：指一旦基本绝缘失效时能起到防止触电而附加在基本绝缘上的一种独立绝缘，因此又称为附加绝缘或保护绝缘。如电缆的外护套。

（3）双重绝缘：指由基本绝缘和补充绝缘两部分组成的绝缘。

（4）加强绝缘：指一种改进的基本绝缘。它的机械和电气性能可像双重绝缘那样起到进一步防触电保护的程度，如开关与手柄之间的绝缘。

一、移动式电动工具的分类

移动式电动工具属于日用电器。按防触电保护，分为Ⅰ类、Ⅱ类和Ⅲ类工具。

Ⅰ类工具的含义：不仅有基本绝缘，还将易触及的金属部件与已经安装在固定线路中的保护接地导线相连，使用时应按规定接地或接零。通俗地说，就是单相插头是三只脚的那类移动电器，这种电器往往是金属壳。因为移动式电动工具通常连接移动接线板，而移动接线板的接地与接零无法保证，所以，该类移动电器目前很少用。

Ⅱ类工具的含义：不仅有基本绝缘，还采用双重绝缘或加强绝缘结构，但没有保护接地或依赖安装条件的措施。通俗地说，就是单相插头是两只脚的那类移动电器，这种电器易接触手的地方往往是胶木或者绝缘橡胶，目前普遍使用的移动式电动工具都属于该类。

Ⅲ类工具的含义：只有基本绝缘，使用时依靠安全特低电压供电，器具内部任何部分均不会产生比安全电压高的电压。此类器具常见的是充电式电钻等移动电动工具。缺点是力矩小，不能承担需要出力大的项目。

二、移动式电动工具的选用及管理

（1）在一般场所，为保证使用安全，应选用Ⅱ类工具。如果使用Ⅰ类工具，必须采用其他安全保护措施，如漏电保护电器、安全隔离变压器等，否则，使用者必须戴绝缘手套，穿绝缘鞋或站在绝缘台垫上。

（2）在潮湿的场所或金属构架上等导电性能良好的作业场所，必须使用Ⅱ类或Ⅲ类工具。

（3）在狭窄场所如锅炉、金属容器、管道内等工作，应使用Ⅲ类工具。

Ⅰ类工具的电源线必须采用三芯（单相工具）或四芯（三相工具）多股铜芯橡皮护套软线。其中，黄绿双色线在任何情况下只能作保护接地线或接零线，移动电动工具的软电缆或软线不得任意接长或拆换。

第四章

低压电工作业

低压电工作业是指对交流 1000V 或直流 1500V 以下的电气设备进行安装、调试、运行操作等的作业。

第一节 常用低压电器

从制造角度考虑，低压电器是指在交流 50Hz、额定电压 1000V 或直流额定电压 1500V 及以下的电气设备。

常用低压电器分为低压配电电器与低压控制电器。

一、低压配电电器

低压配电电器包括刀开关、低压断路器、组合开关、熔断器等。主要用于低压配电系统及动力设备中。

1. 刀开关

主要适用于照明、电热设备及小容量（5.5kW 以下）电动机控制线路中，供手动不频繁地接通和分断电路，并起短路保护作用，如图 4-1 所示。

刀开关安装时必须垂直安装，且合闸状态时手柄应朝上，不允许倒装或平装，以防止发生误合闸事故。

接线时电源线应接在静触点一边的座，即接在上桩头。这样的接法，使开关断开后，闸刀和熔体上都不会带电。刀开关作电动机控制开关时，应将开关的熔体部分用铜导线直连，并在出线端另外加装熔断器作短路保护之用。

更换熔体时，必须在闸刀断开的情况下按原规格更换。

在分闸和合闸操作时，应动作迅速，使电弧尽快熄灭。

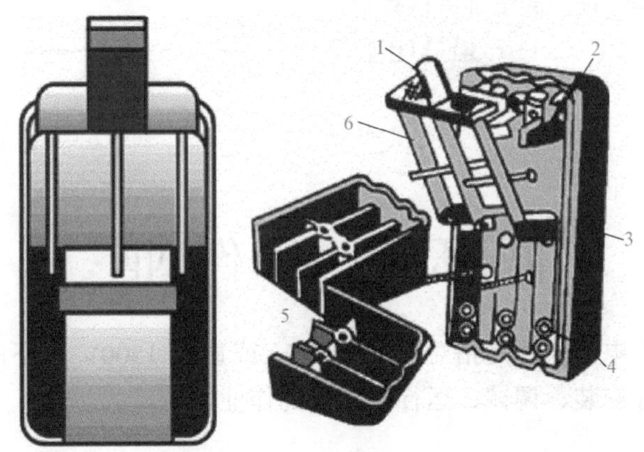

图 4-1 刀开关

1—瓷柄；2—静触点；3—瓷底座；4—熔丝接头；5—胶盖；6—动触片

2. 低压断路器

低压断路器又叫自动空气开关或自动空气断路器。如图 4-2 所示。它集控制和多种保护功能于一体，主要的保护功能有过载、短路与欠电压保护。

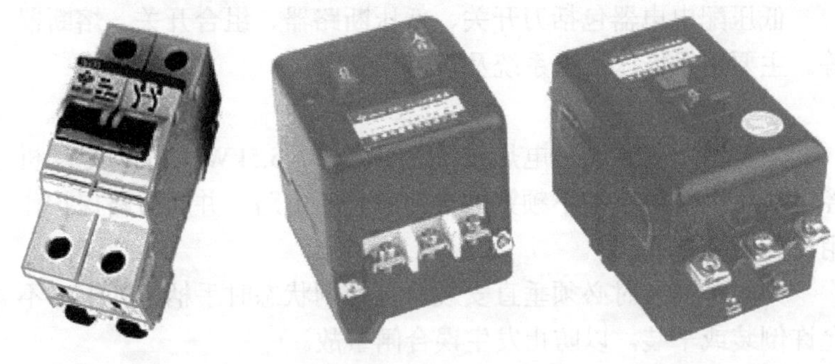

图 4-2 低压断路器

其工作原理图如图 4-3 所示。

低压断路器的符号如图 4-4 所示。

选用断路器时要注意：

（1）断路器的额定电压和额定电流应不小于线路的正常工作电压和计算负载电流。

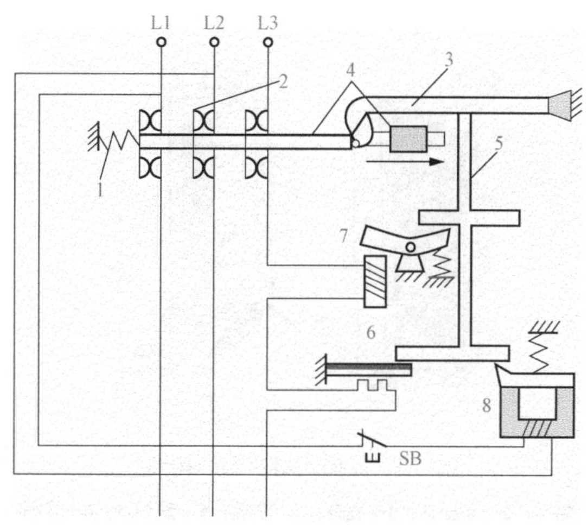

图 4-3　低压断路器的工作原理图

1—复位弹簧；2—触点；3，4—脱扣装置；5—推动脱扣装置的杠杆；6—过载保护功能；7—短路保护功能；8—欠电压与失电压保护功能；SB—手动复位按钮

（2）热脱扣器的整定电流应等于所控制负载的额定电流。

（3）电磁脱扣器的瞬时脱扣整定电流应大于负载正常工作时可能出现的峰值电流。

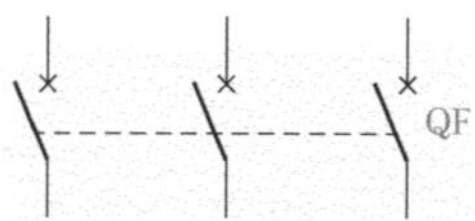

图 4-4　低压断路器的符号

（4）欠电压脱扣器的额定电压应等于线路的额定电压。

（5）断路器的极限通断能力应不小于电路的最大短路电流。

3. 熔断器

熔断器是低压配电网络和电力拖动系统中主要用作短路保护的电器，使用时串联在被保护的电路中。当电路发生短路故障，通过熔断器的电流达到或超过某一规定值时，以其自身产生的热量使熔体熔断，从而分断电路，起到保护作用。

瓷插式熔断器在额定电流 200A 及以下的低压线路末端或分支电路中，作为电气设备的短路保护外，还起到一定程度的过载保护作用。瓷插式熔断器结构如图 4-5 所示。

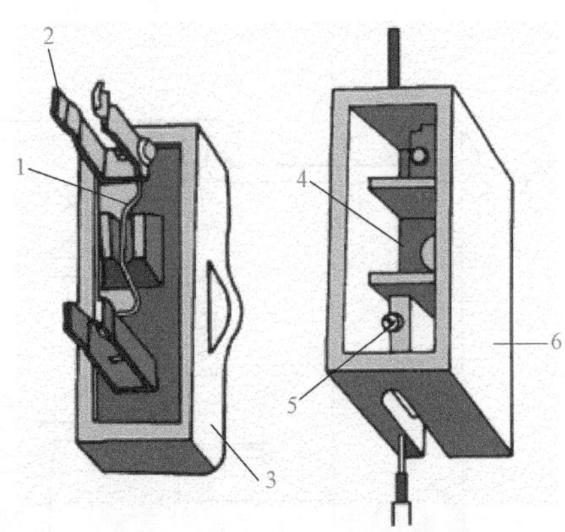

图 4-5 瓷插式熔断器结构图

1—熔体；2—动触点；3—瓷盖；4—空腔；5—静触点；6—瓷插盒

电动机控制电路中，一般应用螺旋式熔断器作短路保护，过载保护用热继电器来实施。螺旋式熔断器的结构如图 4-6 所示。

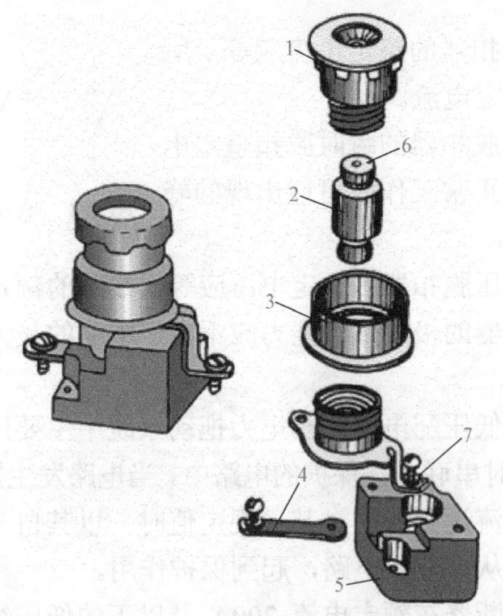

图 4-6 螺旋式熔断器结构图

1—瓷帽；2—熔断管；3—瓷套；4—下接线端；5—瓷座；

6—熔断指示器；7—上接线端

熔断器的图形符号如图 4-7 所示。

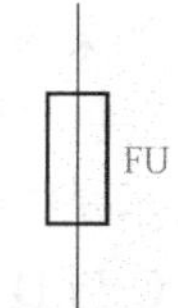

图 4-7　熔断器的图形符号

二、低压控制电器

低压控制电器主要有主令电器、接触器、热继电器等。主令电器主要有按钮、位置开关等。

1. 按钮

按钮的触点允许通过的电流较小，一般不超过 5A，主要用在控制电路中发出指令或信号去控制接触器、继电器等电器，再由它们去控制主电路的通断、功能转换或电气连锁。按钮的结构如图 4-8 所示。

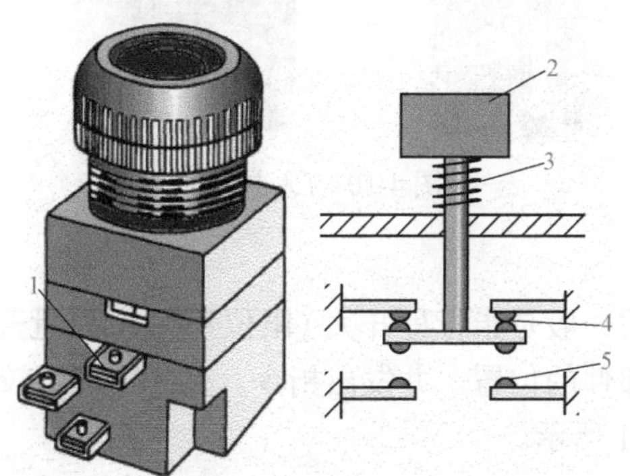

图 4-8　按钮结构图

1—接线柱；2—按钮帽；3—复位弹簧；4—动断触点；5—动合触点

按照静态时触点的分合状态，按钮可分为动合按钮、动断按钮和复合按钮。按钮的图形符号如图 4-9 所示。

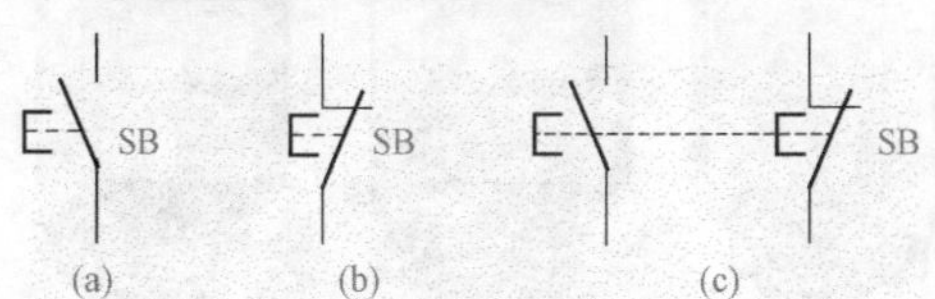

图 4-9　按钮的图形符号

（a）动合按钮；（b）动断按钮；（c）复合按钮

图 4-10 所示的三联按钮为考试单位经常采用的按钮，型号为 LA，红色按钮作为停止按钮，绿色为启动按钮，黑色为点动按

钮。如果该按钮用来接正反转控制电路，则红色按钮作为停止按钮，绿色与黑色按钮分别作为正转与反转启动按钮。图 4-10 中右图所示是按钮接线端子图，图中 A 与 B 为动合触点的两个接线端，C 与 D 为动断触点的两个接线端，具体操作时不能混淆。

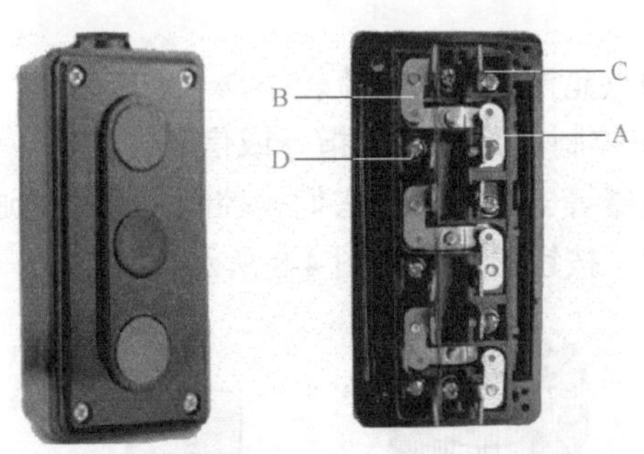

图 4-10　LA 按钮

2. 位置开关

位置开关一般是指行程开关（限位开关）、接近开关，它能判断某个运动部件的位置，并发出指令。生产中应用较广泛的位置开关如图 4-11 所示。

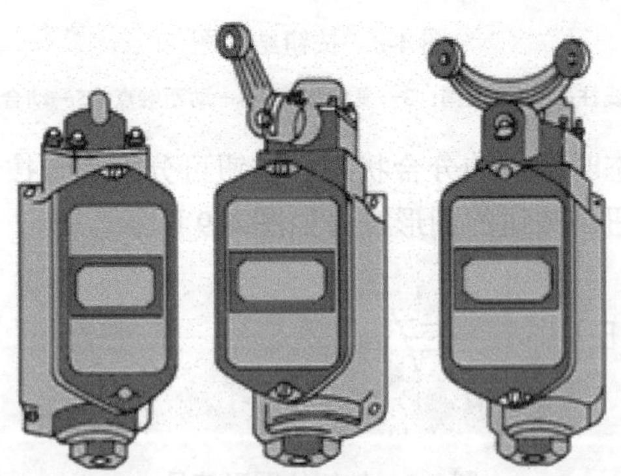

图 4-11　位置开关

位置开关的内部接线与按钮完全一样，它里面也是一对动合触点与一对动断触点。位置开关的符号如图 4-12 所示。

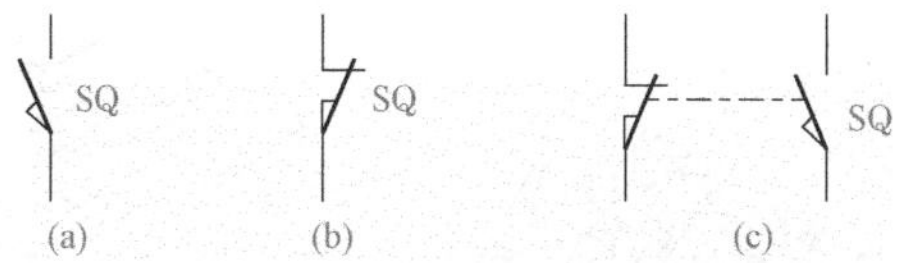

图 4-12 位置开关的图形符号

（a）动合触点；（b）动断触点；（c）复合触点

位置开关的工作原理是当运动部件的挡铁碰到位置开关的滚轮时，压合位置开关的触点，使动合触点闭合，动断触点断开，从而发出相应的动作指令。当运动部件离开位置开关后，位置开关依靠自身内部的反力系统进行复位，等待下一次动作。

3. 接触器

接触器是一种自动的电磁式开关，适用于远距离频繁地接通或断开交直流主电路，其主要控制对象是电动机，也可以控制其他负载。它不仅能实现远距离自动操作和欠电压释放保护功能，而且还具有控制容量大、工作可靠、操作频率高、使用寿命长等优点。电工作业证实操考试中常用的接触器如图 4-13 所示。

图 4-13 接触器

接触器主要由电磁系统、触点系统、灭弧装置及辅助部件等组成。其结构如图 4-14 所示。

（1）电磁系统。电磁系统主要由线圈、铁芯和衔铁（动铁芯）三部分组成。其作用是利用电磁线圈的通电和断电，使衔铁和铁芯吸住或释放，从而带动动触点与静触点闭合或分断，实现接通

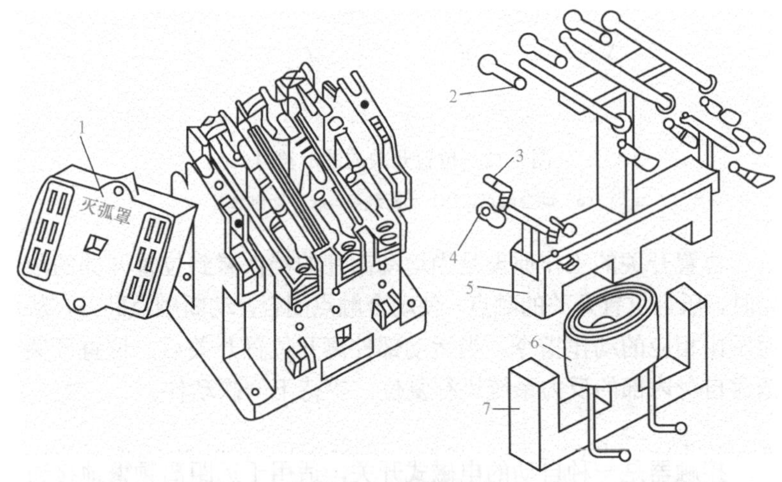

图 4-14 接触器的结构

1—灭弧罩；2—动合主触点；3—动断辅助触点；4—动合辅助触点；5—衔铁；6—吸引线圈；7—铁芯

或断开电路的目的。

（2）触点系统。按通断能力分，触点分为主触点和辅助触点。主触点用以通断电流较大的主电路，一般由三对接触面较大的动合触点组成。辅助触点用以通断电流较小的控制电路，一般由两对动合触点和动断触点组成。所谓触点的动合和动断，是指电磁系统未通电动作时触点的状态。动合触点和动断触点是联动的。当线圈通电时，动断触点先断开，动合触点随即闭合，而线圈断电时，动合触点首先恢复断开，随后动断触点恢复闭合。动合触点与动断触点的具体位置如图 4-15 所示。

接触器在电路图中的符号如图 4-16 所示。

4. 热继电器

热继电器是利用流过热继电器的电流产生的热效应而反时限动作的继电器。反时限特性是指电流越大，动作时间越短，反之，电流越小，动作时间越长或者不动作。热继电器主要用于电动机的过载保护，也可以用于电动机的断相保护和三相电流不平衡保

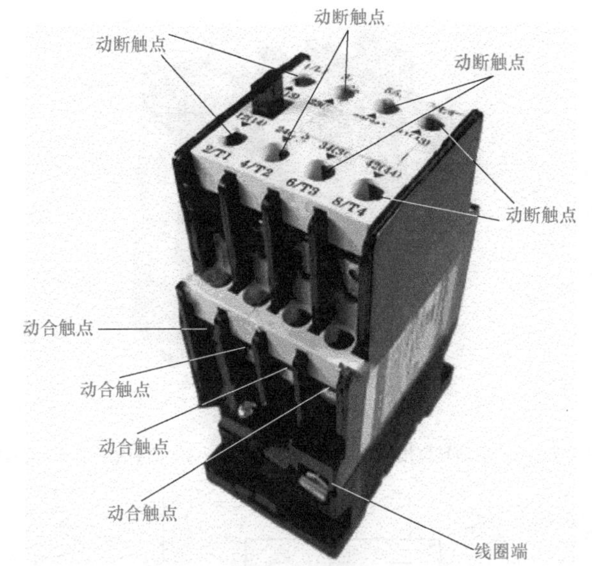

图 4-15 接触器的动合触点与动断触点

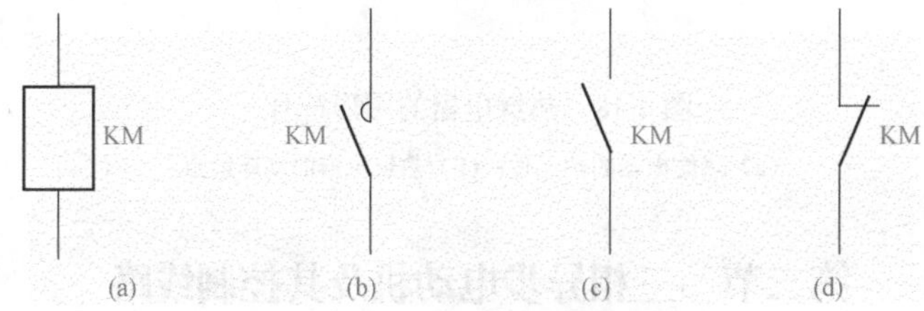

图 4-16 接触器的图形符号

（a）线圈；（b）主触点；（c）动合触点；（d）动断触点

护等控制功能中。电工操作证操作考试常用的热继电器如图 4-17 所示。

为了使电动机得到有效的过载保护，一般选整定电流的值等于电动机的额定电流值。当电动机过载时，热继电器的动断触点就会断开，动合触点就会闭合，对电动机进行断电，等查出过载原因后，再按下手动复位按钮，进行重新启动。热继电器的图形符号如图 4-18 所示。

图 4-17　热继电器

1—接主电路；2—手动复位按钮；3—整定电流调节；4—动断触点；5—动合触点

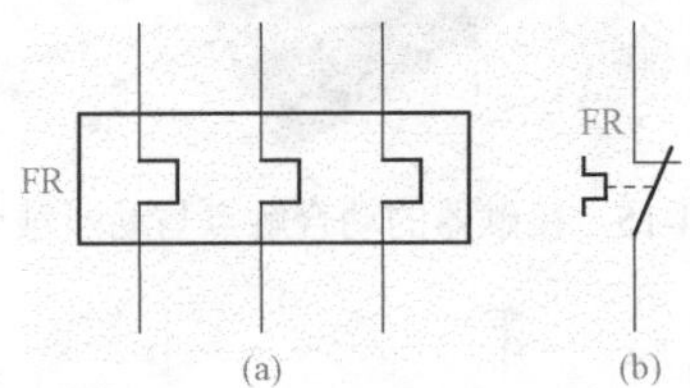

图 4-18　热继电器的图形符号

（a）热继电器的热元件；（b）热继电器的动断触点

第二节　三相异步电动机及其控制线路

一、三相异步电动机

电动机是一种将电能转换成机械能的动力设备，分为直流电动机和交流电动机。交流电动机又分为同步电动机和异步电动机。三相异步电动机因为其结构简单、坚固耐用、维护方便，在工农业生产中有着广泛的应用。三相异步电动机一般分为绕线型电动机和笼型电动机。

1. 异步电动机的结构

异步电动机由定子、转子两个基本部件组成。图 4-19 所示为异步电动机的解体结构（以三相笼式异步电动机为例）。

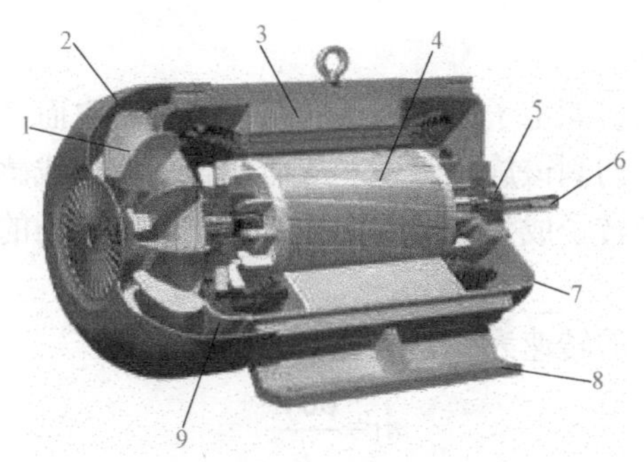

图4-19 三相笼型异步电动机的结构图

1—风扇；2—风罩；3—定子与绕组；4—笼型转子；5—轴承；

6—轴；7—前端盖；8—底座；9—内端盖

（1）定子。异步电动机的静止部分称为定子。定子主要由定子铁芯、定子绕组、机座等部件组成。

定子铁芯是电动机磁路的一部分，由硅钢片叠压而成，硅钢片表面涂有绝缘层。

定子绕组是异步电动机的电路部分，通入交流电后在电动机内部产生旋转磁场。绕组的绝缘包括对地绝缘、相间绝缘、层间绝缘和匝间绝缘。三相电动机的三相绕组有的接成星形，有的接成三角形。

机座的作用是固定定子铁芯，通过两个端盖支撑转子、保护电动机的电磁部分并散热。机座通常为铸铁件。

（2）转子。电动机的转动部分称为转子。转子主要由转子铁芯、转子绕组和转轴等部件组成。

转子铁芯也是电动机磁路的一部分，也由涂有绝缘层的硅钢片叠压而成。为了改善电动机的性能，笼型异步电动机的转子铁芯都采用斜槽结构（转子槽与电动机转轴的轴线扭斜了一个角度）。

转子绕组分为两种，一种是笼条，另一种是与定子绕组类似的绕组，由此，转子分为笼型转子和绕线型转子。异步电动机因转子构造不同而分为笼型电动机和绕线型电动机。

2. 异步电动机的工作原理

异步电动机的定子因通入不同相位的交流电而产生旋转磁场。转子的作用是切割该旋转磁场，从而在转子上生成感应电动势和感生电流，使转子成为带电流的导体，在旋转磁场的作用下，转子受力转动。

旋转磁场的转速为 n_1，其公式为

$$n_1=\frac{60f}{p}$$

式中：f 为电源频率，我国的电动机电源频率为 50Hz，这个频率也称为工频；p 为磁极对数，对于 2 极电动机而言，p=1，对于 4 极电动机而言，p=2。转了的转速为 n，n 总是比 n_1 小，“异步”两字的意义也是由此而来。表示 n 与 n_1 差别的参数称为转差率，转差率用 s 表示，异步电动机的转差率是实际转速与同步转速之差用百分数表示的相对值，公式为

$$s=\frac{n_1-n}{n_1}\times 100\%$$

异步电动机的额定转差率多为 2%～6%。

3. 异步电动机的技术参数

（1）额定功率。电动机的额定功率是指额定运行条件下转轴上输出的机械功率，单位为 kW。

（2）额定电压。电动机的额定电压指的是线电压，单位为 V。

（3）额定电流。电动机的额定电流指的是线电流，单位为 A。

（4）接法。电动机的接法应该与电压相对应，Y 系列电动机功率 3kW 及以下的采用星形接法，其他的采用三角形接法。

（5）工作定额。工作定额指电动机的额定运行方式，常见的有连续工作方式和断续工作方式（重复短时工作方式）。

4. 异步电动机的选用

（1）笼型电动机。笼型电动机俗称鼠笼式电动机，其转子每个槽中放有一根导体（材料为铜或铝），导体比铁芯长，在铁芯两端用两个端环将导体短接，形成短路绕组。若将铁芯去掉，剩下

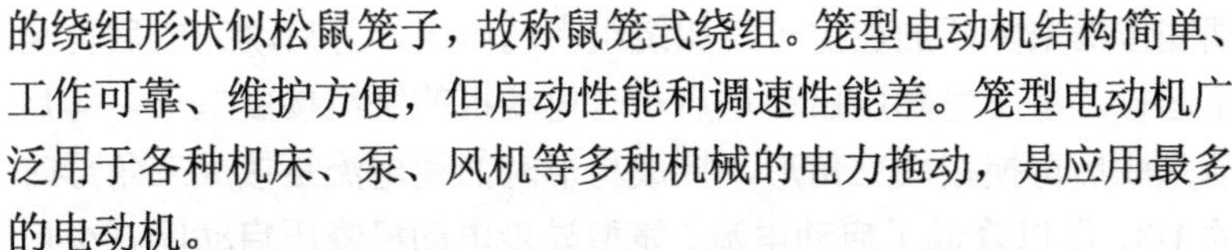

的绕组形状似松鼠笼子，故称鼠笼式绕组。笼型电动机结构简单、工作可靠、维护方便，但启动性能和调速性能差。笼型电动机广泛用于各种机床、泵、风机等多种机械的电力拖动，是应用最多的电动机。

（2）绕线型电动机转子结构比笼型电动机较为复杂，它的转子是铜线绕制的线圈，线圈末端是通过滑环引到启动控制设备上，通过在转子回路中串入外加电阻可以改善电动机的启动和调速性能。因为有电刷与滑环的接触，所以绕线型电动机可靠性较低，但绕线型电动机的启动及调速性能较好。绕线型电动机主要用于启动频繁、控制要求较高的场合，如起重机、电梯、空气压缩机及一些冶金机械。

（3）应当根据环境条件选用相应防护等级的电动机。例如，多尘、水土飞溅或火灾危险场所应选用封闭式电动机；爆炸危险场所应选用防爆型电动机等。

（4）电动机的功率必须与生产机械负荷的大小及其持续和间断的规律相适应。电动机功率太小，势必造成电动机过负荷工作，造成电动机过热。

5. 异步电动机的启动

（1）全压启动。启动瞬间，异步电动机转子绕组以同步转速切割旋转磁场，产生的感应电动势很大，转子绕组中感应电流也很大，使定子流过的启动电流同样很大，约为电动机额定电流的4～7倍。启动电流太大可能大幅度增加线路上的电压降，不但可能导致该设备启动失败，还可能导致其他设备停车，甚至造成设备和线路的损坏，因此，一般规定，7kW以下功率的电动机才允许直接启动。

（2）降压启动。笼型异步电动机常用的降压启动有串电阻降压启动、自耦变压器降压启动、星三角降压启动等。采用串电阻降压启动时，因为电阻要消耗能量，启动越频繁的话，电阻上的电流越大，越容易发热，所以，笼型异步电动机采用串电阻降压启动时，启动次数不宜过于频繁。自耦变压器降压启动是利用自耦变压器来降低加在定子三相绕组上的电压，等启动完成后再全压运行。星三角降压启动是启动时电动机的绕组接成星形，等启动完成后再换接成三角形，接成星形时的线电流是接成三角形时的 1/3，所以降低了启动电流。笼型异步电动机降压启动能减少启动电流，但由于电机的转矩与电压的平方成正比，因此，降压启动时转矩也减少很多，所以，这样的降压启动方法只能用于轻载或空载启动。

6. 异步电动机的不对称运行

经常有电工问起，三相电机如何在只有单相电源的情况下运行？这个问题，要看具体情况。异步电动机允许在一定范围内降低容量，不对称运行。例如，三相电动机可以甩开一相，将其余两相中的一相直接接单相电源，另一相串联电容后接单相电源做单相电动机运行。但是，故障不对称运行往往是烧毁电动机和导致电击事故的主要原因。

（1）三相电动机缺一相运行。三相 380V 电动机缺一相后，变成 380V 单相运行，旋转磁场变成脉振磁场。这时，电动机的堵转转矩为零，即电动机在停止状态理论上是不能启动的。因为电动机的堵转电流比正常工作的电流大得多，所以，在这种情况下接通电源时间过长或多次频繁地接通电源，将导致电动机烧毁。

运行中的三相电动机缺一相时，如负载转矩很小，仍可维持运转，仅转速略为降低，并发出异常声响（沉闷声音）。但是对于恒功率负载，线路电流将增加为正常时的 $\sqrt{3}$ 倍，运行时间过长也会烧毁电动机。

（2）三相电动机两相一零运行。三相电动机两相一零运行是一种十分危险的运行方式。三相电动机两相一零运行是由于一条相线与接向金属外壳的保护零线接错造成的。这时电动机外壳带电，触电危险性很大。这时供给电动机的电压为不对称三相电压，即一个线电压和两个相电压。这时正转转矩为额定转矩的 4/9，反转转矩约为额定转矩的 1/9，堵转转矩为额定堵

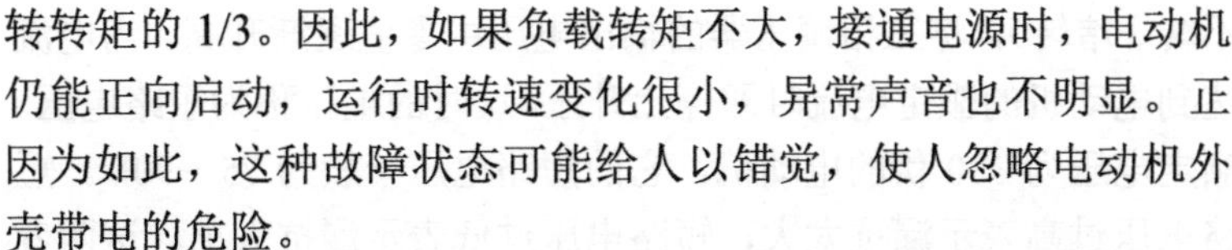

转转矩的 1/3。因此，如果负载转矩不大，接通电源时，电动机仍能正向启动，运行时转速变化很小，异常声音也不明显。正因为如此，这种故障状态可能给人以错觉，使人忽略电动机外壳带电的危险。

7. 异步电动机安全运行的条件

新安装的三相笼型异步电动机在投入运行前应检查接法是否正确，与电源电压是否相符；防护是否完好；外壳接零或接地是否良好；绝缘电阻是否合格；各部分螺钉是否紧固。带负荷前应空载试运行一段时间。空载试运行时的转向、转速、声音、振动、电流应无异常。

电动机必须装设短路保护和接地保护，并根据需要装设过载保护、断相保护和欠电压保护。熔断器、瞬时动作过电流脱扣器、电流继电器可用作短路保护元件。熔断器熔体的额定电流应取为异步电动机额定电流的 1.5～2.5 倍。全压启动和重载启动取用较大的倍数。瞬时动作过电流脱扣器或电流继电器的整定电流应大于电动机的堵转电流。热继电器可用作过载保护，热继电器热元件的额定电流应取为电动机额定电流的 1～1.5 倍，其整定值应接近但不小于电动机的额定电流。

8. 异步电动机的空载试验和短路试验

异步电动机在检修后，经各项检查合格后，要对电动机进行空载试验和短路试验。

（1）空载试验。如果电动机是连轴的，则要先拆开靠背轮。如果电动机不连轴，则可以直接通入三相电源，使电动机在不拖负载的情况下空转。而后要检查电动机运转的声音，轴承运转情况和三相电流，一般大容量电动机的空载电流为其额定电流的 20%～35%；小容量电动机的空载电流为其额定电流的 35%～50%。空载电流不可过大和过小，而且要三相平衡，空载试验的时间应不小于 1h，同时还应测量电动机温升，其温升按绝缘等级不得超过允许限度。

（2）短路试验。短路试验是用制动设备，将电动机转子固定不转（堵转），将三相调压器的输出电压由零值逐渐升高。当电流达到电动机的额定电流时即停止升压，这时的电压称为短路电压。额定电压为380伏的电动机，它的短路电压一般为75～90V。短路电压过高表示漏抗太大，短路电压过低表示漏抗太小，这两者对电动机正常运行都是不利的。

二、三相异步电动机的控制线路

三相异步电动机的控制线路较多，这里主要介绍电工操作证的实际操作考试涉及的线路。

1. 接触器自锁正转控制电路

所谓自锁，就是当松开启动按钮后，接触器通过自身动合辅助触点使线圈保持得电的状态。如图4-20所示，当启动按钮SB2按下后，接触器线圈KM得电，主电路上的三个KM主触点闭合，电动机得电运转，同时，与SB2并联的KM动合辅助触点也闭合，松开SB2后，由于KM动合辅助触点的闭合给电流提供了通路，所以，线圈KM保持得电状态，这就是自锁的作用。

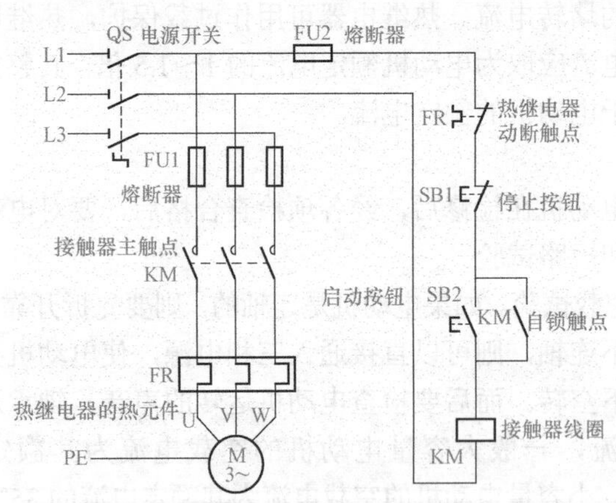

图4-20 接触器自锁正转控制电路原理图

此电路中，熔断器FU1、FU2起到短路保护作用，热继电器动断触点FR起到过载保护作用，自锁触点KM起到欠电压与失电压保护作用。接线电路图如图4-21所示（仅供参考）。

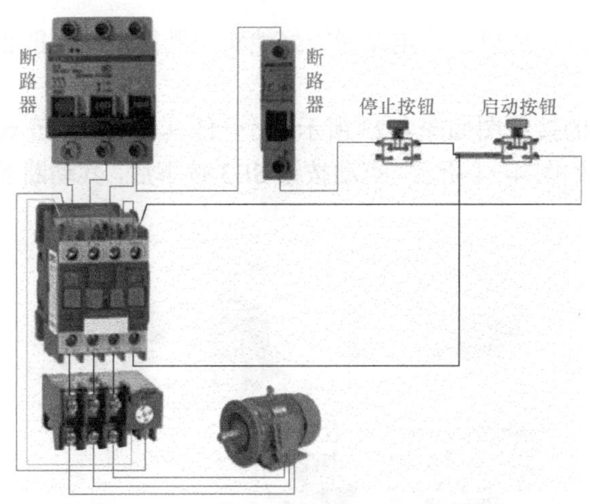

图 4-21 接触器自锁正转控制电路接线图

2. 具有点动与正转功能的控制线路。

该电路在接触器自锁正转控制电路的基础上，加了一个点动功能，具体的电路有许多种，这里介绍其中的两种。

图 4-22 所示为最常用的一种，点动按钮 SB3 按下后，把自锁触点 KM 断开，由于复合按钮具有先断开动断触点，再闭合动合

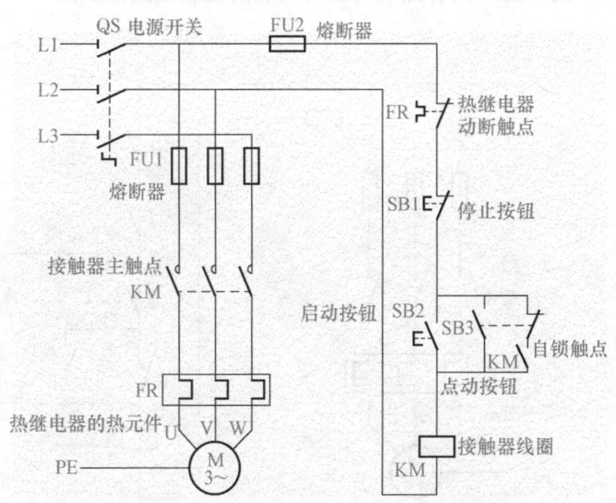

图 4-22 具有点动与正转功能的控制线路原理图

触点的特点，所以，该电路能较好地实现既能点动又能正转控制的功能。

相应的接线图如图 4-23 所示。另一种具有点动与正转功能的控制线路如图 4-24 所示。点动按钮 SB3 按下后，其动断触点把正

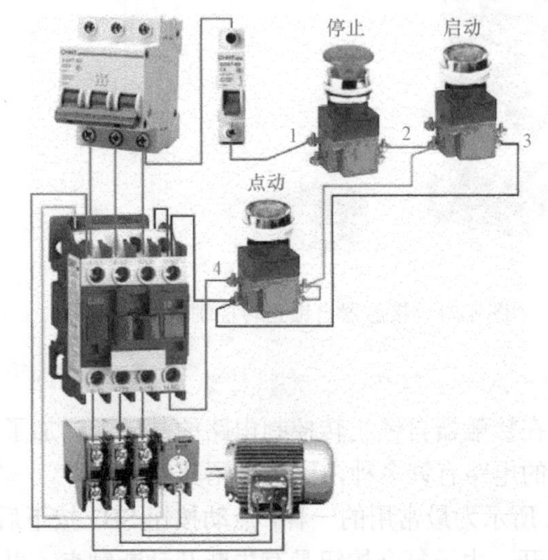

图 4-23 具有点动与正转功能的控制线路接线图

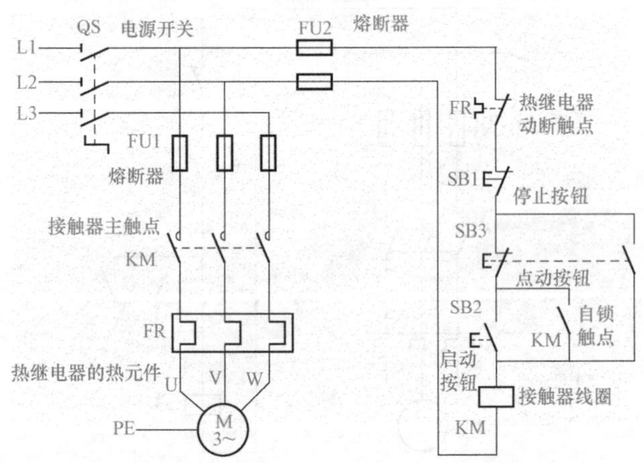

图 4-24 具有点动与正转功能的控制线路原理图

转功能切断，实施点动功能，也能较好地实现既能点动又能正转控制的功能。

相应的接线图如图 4-25 所示。

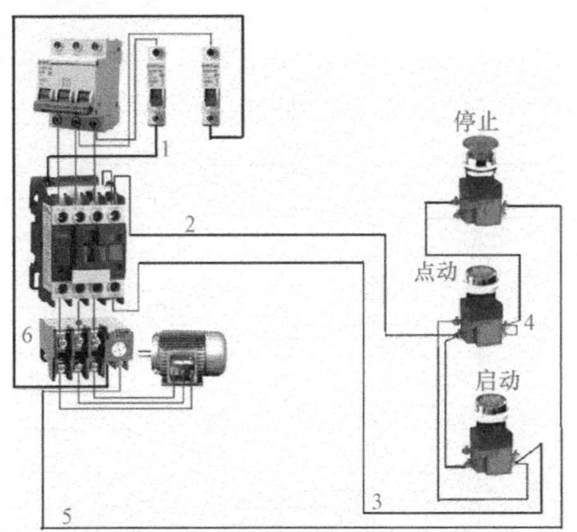

图 4-25 具有点动与正转功能的控制线路接线图

图 4-26 所示为用三联按钮实施的具有点动与正转功能的控制线路接线图。

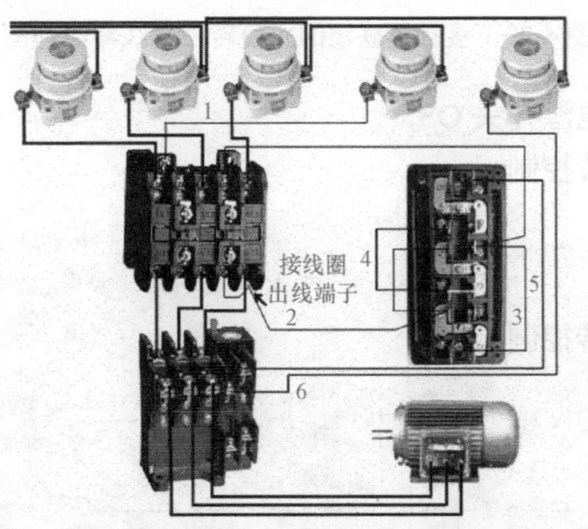

图 4-26 具有点动与正转功能的控制线路接线图

3. 接触器联锁的正反转控制线路

正反转的工作原理：改变通入电动机定子绕组的三相电源相

序，即把接入电动机三相电源进线中的任意两根对调接线后，电动机即可反转。

图 4-27 为接触器连锁的正反转控制线路原理图，其原理说明如下：

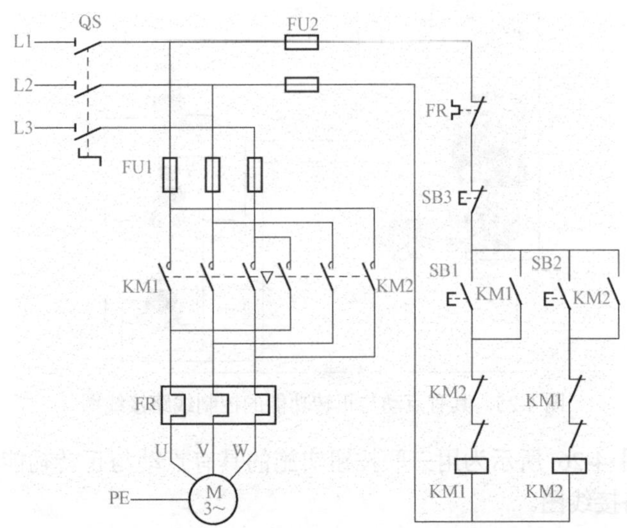

图 4-27 接触器联锁的正反转控制线路原理图

先合上电源开关 QS。

（1）正转控制：

按下SB1 → KM1线圈得电 → KM1自锁触点闭合自锁；KM1主触点闭合 → 电动机M启动连续正转；KM1联锁触点分断对KM2进行联锁

（2）反转控制：

先按下SB3 → KM1线圈失电 → KM1自锁触点分断解除自锁；KM1主触点分断 → 电动机M失电停转；KM1联锁触点恢复闭合解除对KM2的联锁

再按下SB2 → KM2线圈得电 → KM2自锁触点闭合自锁；KM2主触点闭合 → 电动机M启动连续反转；KM2联锁触点分断对KM1进行联锁

（3）停止控制：

按下停止按钮SB3 → 控制电路失电 → KM1或KM2主触点分断 → 电动机M失电停转

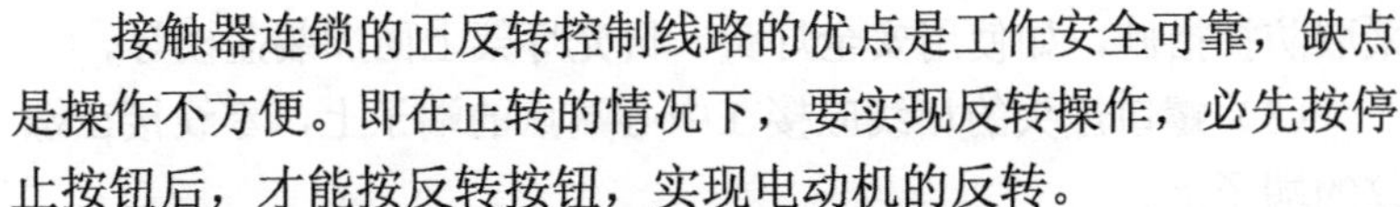

接触器连锁的正反转控制线路的优点是工作安全可靠，缺点是操作不方便。即在正转的情况下，要实现反转操作，必先按停止按钮后，才能按反转按钮，实现电动机的反转。

4. 按钮接触器双重连锁的正反转控制线路

图 4-28 所示为双重连锁的正反转控制线路的原理图，其线路的特点是由正转变反转不必通过按停止按钮来实施，可以直接从正转变成反转。对功率较小的电动机，特别方便。

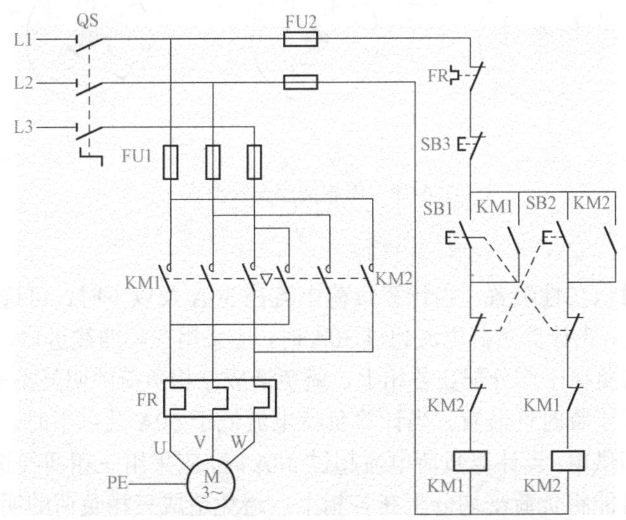

图 4-28 按钮接触器双重连锁的正反转控制线路原理图

第三节 电气照明和配电量电装置

一、照明设备安装注意事项

（1）壁灯、吸顶灯应牢固安装在敷设面上。

（2）220V 电灯灯具的离地高度。在潮湿、危险场所和户外，应不低于 2.5m。普通生产车间、办公室、商店、住房等，一般不低于 2m，如因生产和生活的需要必须将电灯适当放低时，不应低于 1m，但应在吊灯线上加绝缘套管到离地 2m 的高度，并对灯具采取防护措施，如使用安全灯头、日光灯架上面加装盖板等。

（3）螺口灯头的相线应接在中心端点的端子上，零线接在螺纹的端子上。

（4）电器、灯具的相线经开关控制，开关安装高度一般为 1.3m，拉线开关离地 2～3m。

（5）单相三孔插座，孔的排列及标志如图 4-29 所示。

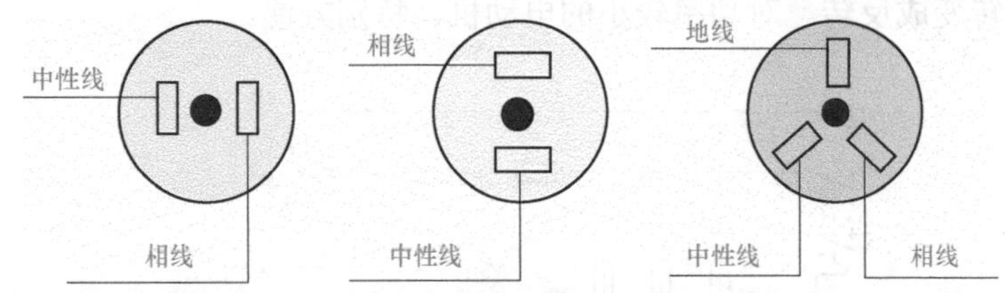

图 4-29　单相插座安装要求

二、低压供电相数的选择

对永久性装置，当计算负荷电流在 30A 及以下时，可选择单相供电；当计算负荷电流超过 30A 时，应采用三相四线进户，并尽可能将负荷平均分配在各相上，避免造成三相负荷的明显不平衡。

对于临时性装置，当计算负荷电流低于 50A 及以下时，可选择单相供电；当计算负荷电流超过 50A 时，应采用三相四线进户，并尽可能将负荷平均分配在各相上，避免造成三相负荷的明显不平衡。

三、配电装置

居民用户配电装置一般包括总开关（断路器）、电能表、分断路器，如图 4-30 所示。

电工操作证的实际操作考试涉及配电装置的内容主要有三个电路，根据考点设备情况可以任选一个。图 4-31 为单开关控制白炽灯电路。

其设备元件与位置摆放如图 4-32 所示。

实物接线如图 4-33 所示。

图 4-34 为两地控制一只白炽灯的电路。

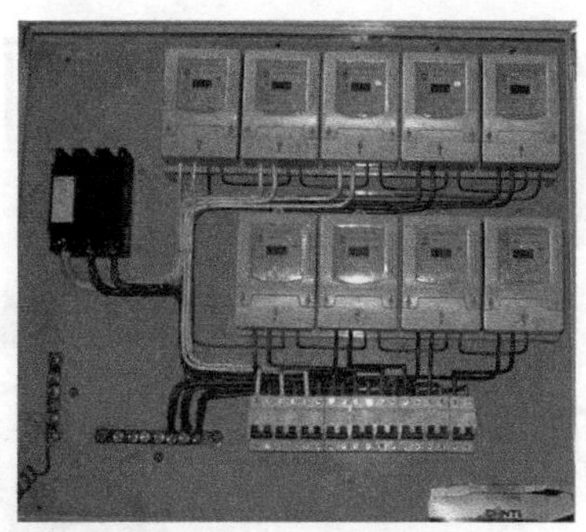

图 4-30 配电装置

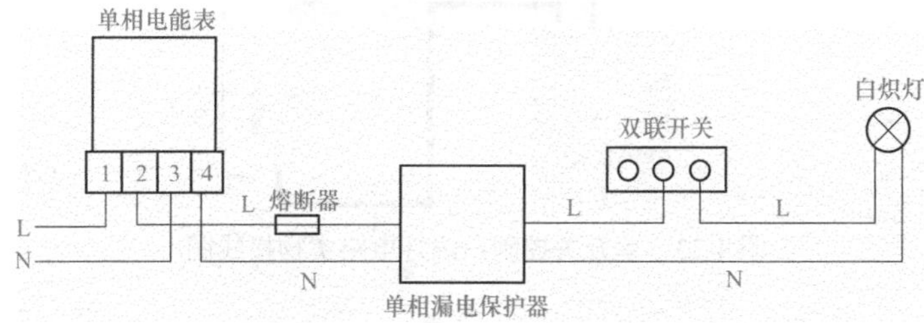

图 4-31 单开关控制白炽灯电路

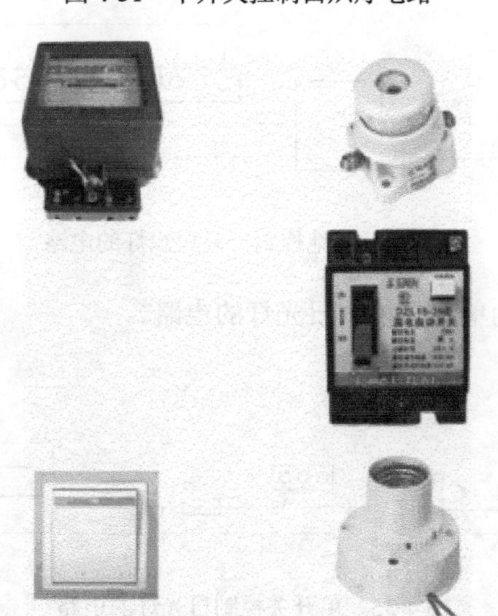

图 4-32 单开关控制白炽灯电路设备元件与位置摆放

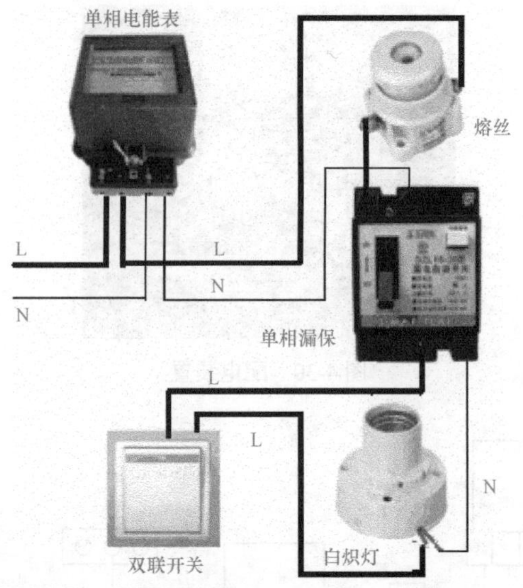

图 4-33　单开关控制白炽灯电路实物接线图

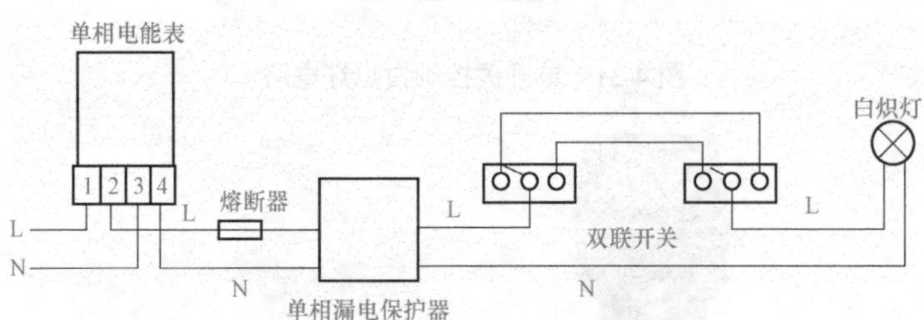

图 4-34　两地控制一只白炽灯的电路

图 4-35 为单开关控制日光灯的电路。

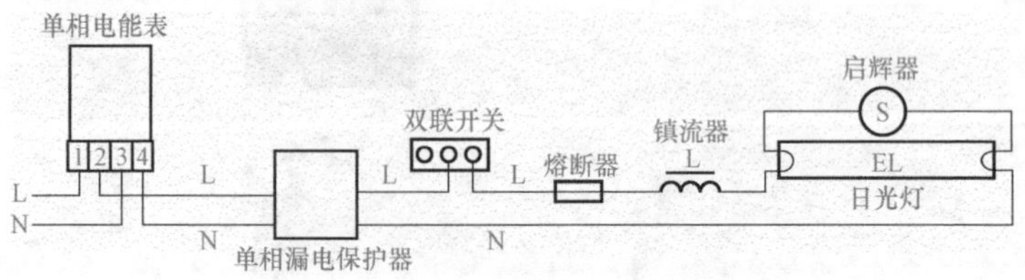

图 4-35　单开关控制日光灯的电路

第四节 临时用电的安全

临时用电是指因生产或生活急需而装设的临时用电设备和临时用电线路。由于临时用电装置的使用是临时的和短暂的，往往会出现装置不按规程、线路乱拉乱拖等安全隐患，易发生触电事故或其他用电事故。

一、建筑施工临时用电

建筑施工现场条件差、人员复杂、工作紧张，施工过程中很易发生用电事故。为此，应遵守以下基本要求：

1. 建筑施工临时用电要由施工组织设计

施工组织设计内容包括变电所位置、线路走向、配电箱、开关箱安装等临时用电平面布置图，进行负荷计算并选择变压器容量、导线截面和电气类型规格，列出电气设备种类及容量明细表，并制定周密的用电安全措施等。

2. 配电室与配电线路要求

（1）配电室。配电室应设在靠近电源处，无灰尘、无蒸汽、无腐蚀介质及振动的地方，具备能自然通风，并应采取防止雨雪和动物出入的措施，其建筑物和构筑物耐火等级应不低于 3 级，室内应配置灭火设施。

配电屏应装设有功、无功电能表，电压表，分路装设电流表，装设短路、过载保护装置和漏电保护器。

（2）配电线路。

1）电缆线。电缆干线应埋地或架空敷设，严禁地面明敷设。室外埋地深度应大于0.7m，上下方均匀铺设大于50mm厚的细砂，然后盖砖等硬质物保护；穿越道路建筑物，易受机械损伤场所及从 2m 到地下 0.2m 处应加设防护套管；与热力管道平行敷设时，间距应大于 2m，交叉间距大于 1m；架空敷设时应沿墙或电杆设置，不允许使用裸线作绑线用，最大弧垂点与地面间距不小于 2.5m。

2）架空线路。架空线路应满足供电可靠性的必要条件；负荷电流不得大于导线允许载流量；杆档距不得大于35m，线距不得小于0.3m；从机械强度考虑，铝线截面大于16mm²，铜线截面大于10mm²。

3. 三级配电二级防护

三级配电是指临时用电要求必须设总配电箱—分配电箱—开关箱，二级保护是指总配电箱为第一级、开关箱为第二级。分配电箱的漏电保护器动作电流为30mA，动作时间为0.1s，总配电箱的漏电保护器动作电流可大一些。

（1）总配电箱。总配电箱内应设置总隔离开关、分隔离开关、总熔断器、分熔断器和漏电保护器，以及电压表、电流表、电能表。

配电箱应安装在干燥、通风易操作场所，要装设牢固，要有防雨、防尘措施。

（2）分配电箱。分配电箱内只装设总开关和分开关。

（3）开关箱。开关箱电源应由末级分配电箱供电，分配电箱与开关箱距离不得超过30m，开关箱与设备距离不应超过3m。

配电箱、开关箱中导线进出口应设在箱体下底面，进出线应采用橡皮绝缘电缆并加保护套；开关箱下底面与地面之间距离固定式为1.3～1.5m，移动式为0.6～1.5m；配电箱、开关箱的金属外壳应接PE线，在总配电箱处、供电末端及大型设备（如塔吊）处要做重复接地，重复接地的接地电阻要求小于10Ω。

4. 实行“一机一闸一漏一箱”

“一机一闸一漏一箱”即一台设备设一个开关，箱内装设一个闸刀开关（小型断路器）、一只漏电保护器。不允许两台设备共用一只开关等类似情况。

二、厂矿临时用电

厂矿临时用电的要求如下：

（1）要有临时接线装置审批手续，不超期使用，临时线路使用期限一般为15天，安装工程按施工计划周期确定期限。

（2）在木工房、煤气站、液化气站等易燃易爆场所，不允许架设临时线路。

（3）高压电不允许架设临时线路，应按规定架设正规线路。

（4）固定设备用电不允许敷设临时线路，应按规定敷设正规线路。

（5）临时线路应使用绝缘良好，并与负荷匹配的橡皮软线（单相三芯或三相五芯），其横截面积满足负荷要求，敷设固定可靠。

（6）临时线路必须装总开关控制和安装漏电保护装置，漏电保护器动作电流为30mA，动作时间为0.1s，每一分路应装与负荷匹配的熔断器。

（7）临时用电设备的外壳必须接PE线。

第五节 防触电技术

触电可分为直接接触触电和间接接触触电。直接接触触电是指触及设备和线路正常运行时的带电体发生的触电（如误触接线端子）。间接接触触电是指触及正常状态下不带电，而当设备或线路故障时意外带电的导体发生的触电（如触及漏电设备的金属外壳）。由于二者发生的条件不同，所以，防触电技术也不相同。

一、直接接触触电防护

1. 直接接触触电的特点

（1）人体的接触电压就是设备的工作电压。

（2）人体触及带电体造成的故障电流，就是人体的触电电流。

实际上直接接触触电时，人体成了闭合电路的一个组成部分，通过人体的电流往往比较大，在380V/220V的低压配电系统中，可能会达到数百毫安（远大于50mA的致命电流），因此危险性大，是伤害程度最为严重的一种触电形式。直接接触触电发生的原因主要有以下两种情况：一是误碰或接近带电设备所造成；二是停电检修作业时，未按规定装设临时接地线，因突然来电造成触电。

根据人体与带电体的接触方式不同，直接接触触电分为单相触电和两相触电两种，如图 4-36 所示。

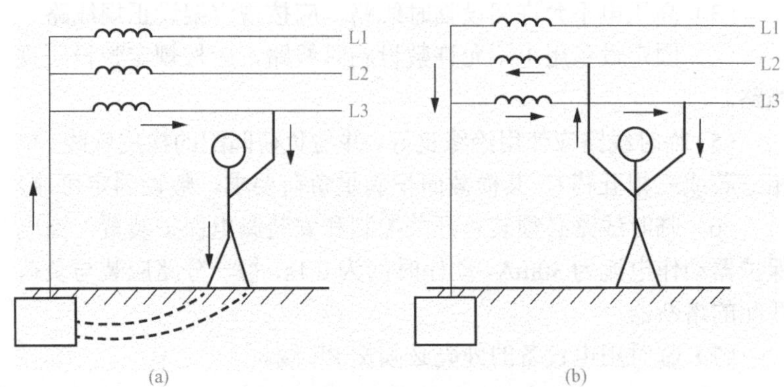

图 4-36 单相触电和两相触电

（a）单相触电；（b）两相触电

单相触电是指人体接触地面或其他接地体上，人体某一部分触及一相带电体的触电事故。对于高压带电体，人体虽未直接接触，但如果安全距离不够，高压对人体放电，造成单相接地引起触电，也属于单相触电。在触电事故中，大部分属于单相触电。

单相触电的危险程度是根据电压的高低、绝缘情况、电网的中性点是否接地和每相对地电容的大小等决定。一般来说，中性点接地系统（接地电网）的单相触电比中性点不接地系统（不接地电网）的危险大。

两相触电是指人体的两处同时接触带电体的任意两相电源的触电。两相触电时，不管电网的中性点是否接地，人体与地是否绝缘，人体都会触电，此时一相与另一相之间以人体作为负载形成回路，流过人体的电流完全取决于电网的线电压和人体电阻。所以，两相触电比单相触电更严重。

2. 防止直接接触触电的方法

防止直接接触触电的方法有很多，常用的主要有绝缘、屏护、安全距离、安全电压、电气隔离、绝缘安全用具、漏电保护等。

（1）绝缘。绝缘是用绝缘物把带电体封闭起来。良好的绝缘是保证电气设备和线路正常运行的必要条件，也是防止触及带电体的安全保障。绝缘检测一般包括绝缘电阻测量和外观检查。绝缘电阻测量和吸收比测量都用兆欧表来实施。吸收比测量一般用在变压器、电动机、电力电容器等高压设备的绝缘测量上。

（2）屏护。屏护是采用遮栏、护罩、护盖、箱闸等将带电体同外界隔绝开来。屏护包括屏蔽和障碍。前者能防止无意识和有意识触及或过分接近带电体；后者只能防止无意识触及或过分接近带电体，而不能防止有意识移开或越过该障碍触及或过分接近带电体。

遮栏是为防止工作人员无意识碰到带电设备部分而装设的屏护，分临时遮栏和常设遮栏。遮栏、栅栏等屏护装置上应根据被屏护对象挂上“高压！生命危险！”“止步！高压危险！”“禁止攀登！”等标示牌。

（3）安全距离。为了防止人身伤亡和设备事故的发生，应当规定带电体与带电体之间、带电体与地之间、带电体与其他设备之间、带电体与工作人员之间应保持的最小空气间隙，称为安全距离或安全间距。带电体的工作电压越高，要求他们之间的空气距离越大。例如，在高压操作中，无遮栏作业人体或其所携带工具与带电体之间的距离应不小于 0.7m。

（4）安全电压。安全电压是指在一定条件下、一定时间内不危及生命安全的电压。根据欧姆定律，可以把加在人身上的电压限制在某一范围之内，使得在这种电压下，通过人体的电流不超过允许的范围，这一电压称为安全电压，也叫作安全特低电压。具有安全电压的设备属于Ⅲ类设备。

我国标准规定工频安全电压有效值的限值为 50V。这一限值是根据人体电流 30mA 和人体电阻 1700Ω的条件确定的。对于电动儿童玩具及类似电器，当接触时间超过 1s 时，建议干燥环境中工频安全电压有效值的限值取 33V、直流安全电压的限值取 70V；潮湿环境中工频安全电压有效值的限值取 16V、直流安全电压的限值取 35V。

我们国家规定工频安全电压有效值的额定值有 42V、36V、24V、12V 和 6V。具体根据工作环境来做不同处理。凡特别危险环境使用的携带式电动工具应采用 42V 安全电压；凡有电击危险环境使用的手持照明灯和局部照明灯应采用 36V 或 24V 安全电压；金属容器内、隧道内、水井内以及周围有大面积接地导体等工作地点狭窄、行动不便的环境应采用 12V 安全电压；水下作业等特殊场所应采用 6V 安全电压。当电气设备采用 24V 以上安全电压时，必须采取预防直接接触电击的防护措施。

SELV 电路是一种安全特低电压电路。它是一个做了适当的设计和保护的二次电路，使得在正常条件下或单一故障条件下，任意两个可触及的零部件之间，以及任意的可触及零部件和设备的保护接地端子（仅对Ⅰ类设备）之间的电压，均不会超过安全值。SELV 只作为不接地系统的电击防护，用于具有严重电击危险的场所，如游泳池、娱乐场等，作为主要或唯一的防护措施。

（5）电气隔离。电气隔离指工作回路与其他回路实现电气上的隔离。电气隔离是通过采用 1∶1，即一次侧、二次侧电压相等的隔离变压器来实现的。电气隔离的安全原理是在隔离变压器的二次侧构成了一个不接地的电网，因而阻断了在二次侧工作的人员单相电击时电击电流的通路。

（6）绝缘安全用具。绝缘安全用具是用来防止工作人员直接触电的专用用具，它又可分为基本安全用具和辅助安全用具两种。具体介绍见本书第三章第一节。

（7）漏电保护。漏电保护装置是一种低压安全保护电器，也称为剩余电流动作保护装置（Residual Current Device，RCD），主要用于防止间接接触电击和直接接触电击。漏电保护装置的种类很多，按反映信号的种类来分，可分为电压型和电流型两大类。电压型反映对地电压的大小；电流型反映零序电流和泄漏电流的大小。电压型的漏电保护装置由于结构复杂、成本高、检测性能差，动作特性不稳定和容易误动作等特点，已趋于淘汰，而由电流型的漏电保护装置即 RCD 所取代。

1）漏电保护装置（RCD）的主要作用：①防止由漏电引起的单相电击事故；②防止由漏电引起的火灾和设备烧毁事故；③检测和切断各种一相接地故障；④过载、过电压、欠电压和缺相保护（部分 RCD 具有这些功能）。

在低压线路中，漏电保护装置一般都与空气开关组合成一体，所以，又称为漏电开关，它集短路、过载、欠电压和漏电的保护于一体，被广泛应用。漏电开关的外观如图 4-37 所示。

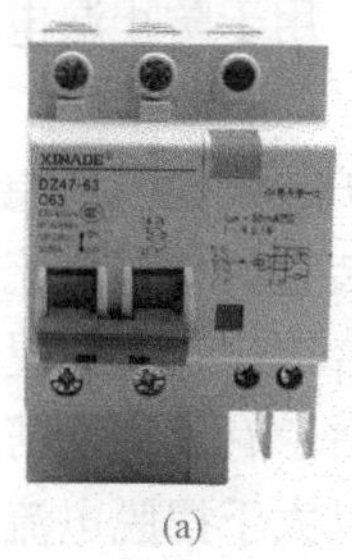

(a)

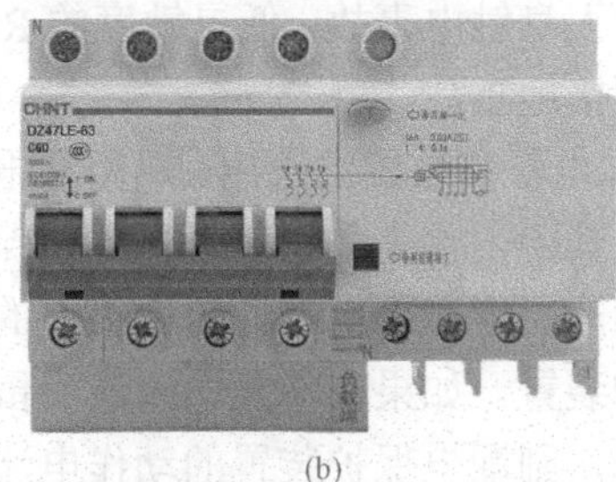

(b)

图 4-37　漏电开关

（a）单相漏电开关；（b）三相漏电开关

2）漏电开关的工作原理：以单相漏电开关为例，其结构是在一个铁芯上有两个绕组，主绕组和副绕组。主绕组也有两个绕组，分别为输入电流绕组和输出电流绕组，如图 4-38 中的 I_a 和 I_b，无漏电时，输入电流（I_a）和输出电流（I_b）相等，在铁芯上二个电流产生的磁通的矢量和为零，就不会在副绕组上感应出电动势，漏电开关就不动作；如果发生漏电，如图 4-38 中的 I_c，则输入电流（I_a）和输出电流（I_b）不相等，$I_a \neq I_b$，$I_a=I_b+I_c$，此时就会在副绕组上感应出电动势，此信号经中间环节进行处理和比较，当达到预定值（动作电流）时，使主开关 GF 自动跳闸，迅速切断被保护电路的供电电源，从而实现

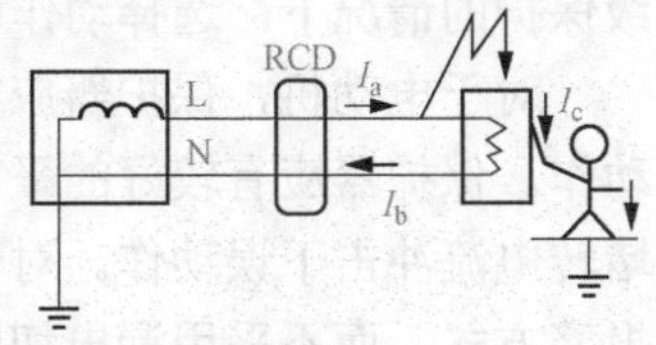

图 4-38　漏电开关工作原理

而实现保护。

三相漏电开关的工作原理与单相的基本一致，它的矢量和公式为 $I_{L1}+I_{L2}+I_{L3}+I_{N}$。该式等于零时漏电开关不动作，超过一定值（漏电动作电流）时就迅速动作。

漏电动作电流小于或等于 0.03A 的 RCD 属于高灵敏度的 RCD；漏电动作电流大于 0.3 小于等于 1A 的 RCD 属于中灵敏度的 RCD；漏电动作电流大于 1A 的 RCD 属于低灵敏度的 RCD。30mA 以下的额定漏电动作电流的 RCD 为高灵敏度 RCD，用于防止各种人身触电事故。低灵敏度的 RCD，用于防止漏电火灾和监视一相接地事故。

3）漏电保护装置的选用。选用漏电保护装置应当考虑多方面的因素。其中，首先是正确选择漏电保护装置的动作电流。在浴室、游泳池、隧道等电击危险性很大的场合，应选用高灵敏度的漏电保护装置。如果在作业场所遭受雷击后，有其他人帮助及时脱离电源，则漏电保护装置的动作电流可以大于摆脱电流；如系快速型保护装置，动作电流可按室颤电流选取；如果是前级保护，即分保护前面的总保护，动作电流可超过心室颤动电流。如作业场所无他人配合工作，动作电流不应超过摆脱电流。在触电后可能导致严重二次事故的场合，应选用 6mA 动作电流。为了保护儿童或患者，应采用 10mA 以下的动作电流。

选择动作电流还应考虑误动作的可能性。保护器应能避开线路不平衡的泄漏电流而不动作，还应能在安装位置可能出现的电磁干扰下不误动作。选择动作电流还应考虑保护器制造的实际条件。例如，纯电磁式产品很难达到 30mA 以下的动作电流。在多级保护的情况下，选择动作电流还应考虑多级保护的需要。

对于电动机，保护器应能躲过电动机启动时的泄漏电流而不动作。保护器应有较好的平衡特性，以避免在数倍于额定电流的堵转电流冲击下误动作。对于不允许停转的电动机，应采用漏电报警方式，而不采用漏电切断方式，如消防用电梯设备。对于照明线路，宜根据泄漏电流的大小和分布，采用分级保护的方式。

支线上选用高灵敏度保护器，干线上选用中灵敏度保护器。在建筑工地、金属构架等电击危险性大的场合，Ⅰ类移动式设备应配用高灵敏度漏电保护装置。电热设备应按热态泄漏状况选择保护器的动作电流。对于电焊机，应考虑保护器的正常工作不受电焊的短时冲击电流、电流急剧的变化、电源电压的波动的影响。对于高频焊机，保护器还应有良好的抗电磁干扰性能。对于有非线性元件而产生高次谐波以及对有整流元件的设备，应采用零序电流互感器二次侧接有滤波电容的保护器，而且互感器铁芯应选用剩磁低的软磁材料制成。

用于防止漏电火灾的漏电报警装置的动作电流可在 100～500mA 内选择。

漏电保护装置的额定电压、额定电流、分断能力等均应与线路条件相适应。

漏电保护装置的极数应按线路特征选择。单相线路选用二极保护器，仅带三相负载的三相线路可选用三极保护器，动力与照明合用的三相四线制线路和三相照明线路必须选用四极保护器。

通常，漏电保护装置也和断路器组合成漏电断路器（也叫漏电开关），漏电断路器在被保护电路中有漏电或有人触电时，零序电流互感器就产生感应电流，经放大使脱扣器动作，从而切断电路。漏电断路器跳闸后，允许采用分路停电再送电的方式检查线路。

4）漏电保护装置的安装。有金属外壳的Ⅰ类移动式电气设备和手持式电动工具、安装在潮湿或强腐蚀等恶劣场所的电气设备、建筑施工工地的施工电气设备、临时性电气设备、宾馆类的客房内的插座、触电危险性较大的民用建筑物内的插座、游泳池或浴池类场所的水中照明设备、安装在水中的供电线路和电气设备，以及医院中直接接触人体的医用电气设备（胸腔手术室的除外）等均应安装漏电保护装置。例如：机关、学校、企业、住宅等建筑物内的插座回路上都需要安装漏电保护装置。

对于公共场所的通道照明电源和应急照明电源、消防用电梯及确保公共场所安全的电气设备、用于消防设备的电源（如火灾报警装置、消防水泵、消防通道照明等）、用于防盗报警的电源，以及其他不允许突然停电的场所或电气装置的电源，漏电时立即切断电源将会造成其他事故或重大经济损失，在这些场合，应装设不切断电源的漏电报警装置。

从防止触电的角度考虑，使用安全电压供电的电气设备、一般环境条件下使用的具有双重绝缘或加强绝缘结构的电气设备、一般环境条件下使用隔离变压器供电的电气设备、在采用不接地的局部等电位联结措施的场所中使用的电气设备，以及其他没有漏电危险和触电危险的电气设备可以不安装漏电保护装置。

装有漏电保护装置的电气线路和设备的泄漏电流必须控制在允许范围内。所选用保护装置的额定不动作电流不应小于正常泄漏电流最大值的 2 倍。当泄漏电流大于允许值时，必须更换绝缘良好的电气线路或设备。当电气设备装有高灵敏度的漏电保护装置时，电气设备单独装的接地装置的接地电阻可适当放宽，但应限制预期的接触电压在允许范围内。安装漏电保护装置的电动机及其他电气设备在正常运行时的绝缘电阻值不应低于 0.5MΩ。

用于防止触电事故的漏电保护装置只能作为附加保护。加装漏电保护装置的同时不得取消或放弃原有的基本安全措施，如设备外壳原有的接地或接零。

漏电保护装置要防止误动作，也要防止必须动作时没有动作（拒动作）。为此，必须正确接线，漏电保护装置接线前应分清漏电保护装置的输入端和输出端，分清相线和零线，不得反接或错接。输入端与输出端接错时，电子式漏电保护装置的电子线路可能由于没有电源而不能正常工作。

漏电保护装置负载侧的线路必须保持独立，即负载侧线路（包括相线和工作中性线）不得与接地装置连接，不得与保护中性线连接，也不得与其他电气回路连接。在保护接零线路中，应将工作中性线与保护中性线分开；N 线必须经过漏电保护器，PE 线或 PEN 线不得经过漏电保护器。

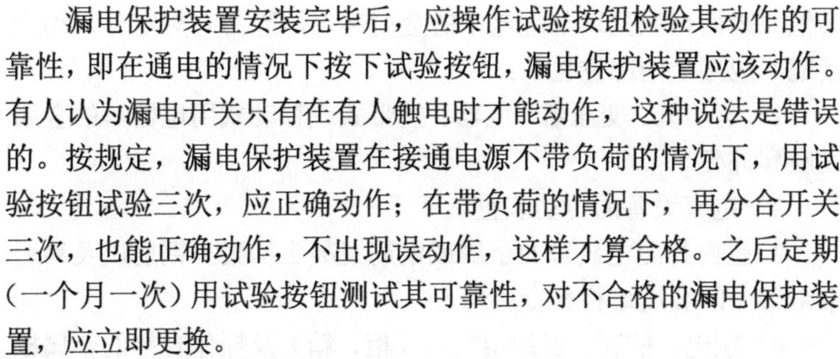

漏电保护装置安装完毕后，应操作试验按钮检验其动作的可靠性，即在通电的情况下按下试验按钮，漏电保护装置应该动作。有人认为漏电开关只有在有人触电时才能动作，这种说法是错误的。按规定，漏电保护装置在接通电源不带负荷的情况下，用试验按钮试验三次，应正确动作；在带负荷的情况下，再分合开关三次，也能正确动作，不出现误动作，这样才算合格。之后定期（一个月一次）用试验按钮测试其可靠性，对不合格的漏电保护装置，应立即更换。

二、间接接触电击防护

间接接触电击在电击死亡事故中约占 1/2，而这种电击在尚未导致死亡的事故中占的比例还要大一些。保护接地、保护接零、加强绝缘、电气隔离、不导电环境、等电位联结、安全电压和漏电保护都是防止间接接触电击的技术措施。其中，保护接地和保护接零是防止间接接触电击的基本技术措施。除防止电击外，这两种技术措施还与低压系统的防火性能有关。

1. IT 系统

IT 系统即保护接地系统。所谓接地，就是将设备的某一部位经接地装置与大地紧密连接起来。接地可分为正常接地和故障接地。正常接地又有工作接地和安全接地之分。工作接地指正常情况下有电流流过，利用大地代替导线的接地，以及正常情况下没有或只有很小不平衡电流流过，用以维持系统安全运行的接地。安全接地是正常情况下没有电流流过的起防止事故作用的接地，如防止触电的保护接地、防雷接地等。故障接地是指带电体与大地之间的意外连接，如对地短路等。

只有在不接地电网中，由于其对地绝缘阻抗较高，单相接地电流较小，才有可能通过保护接地把漏电设备故障对地电压限制在安全范围内。

（1）保护接地的范围。保护接地适用于各种不接地配电网，包括交流不接地配电网和直流不接地配电网，也包括低压不接地配电网和高压不接地配电网。在这类配电网中，凡由于绝缘损坏或其他原因而可能呈现危险电压的金属部位，除另有规定外，均应接地。应接地的部位包括：

1）电动机、变压器、电器、携带式或移动式用电器具的金属底座和外壳。

2）电气设备的传动装置。

3）屋内外配电装置的金属或钢筋混凝土构架上钢筋以及靠近带电部分的金属遮栏和金属门。

4）配电、控制、保护用的屏（柜、箱）及操作台等的金属框架和底座。

5）交、直流电力电缆的金属接头盒、终端头和膨胀器的金属外壳和电缆的金属护层、可触及的金属保护管和穿线的钢管。

6）电缆桥架、支架和井架。

7）装有避雷线的电力线路杆塔。

8）装在配电线路杆上的电力设备。

9）电热设备的金属外壳。

10）控制电缆的金属护层。

电气设备下列金属部分，除另有规定外，可不接地：

1）在木质、沥青等不良导电地面，无裸露接地导体的干燥房间内，交流额定电压380V及以下，直流额定电压440V及以下的电气设备的金属外壳；但当有可能同时触及上述电气设备外壳和已接地的其他物体时，则仍应接地。

2）在干燥场所，交流额定电压127V及以下，直流额定电压110V及以下的电气设备的外壳。

3）安装在配电屏、控制屏和配电装置上的电气测量仪表、继电器和其他低压电器等的外壳，以及当发生绝缘损坏时不会在支持物上引起危险电压的绝缘子的金属底座等。

4）安装在已接地金属框架上的设备，如穿墙套管等（但应保证设备底座与金属框架接触良好）。

5）额定电压220V及以下的蓄电池室内的金属支架。

6）由发电厂、变电所和工业、企业区域内引出的铁路轨道。

7）与已接地的机床、机座之间有可靠电气接触的电动机和电器的外壳。此外，木结构或木杆塔上方的电气设备的金属外壳一般不应接地。

（2）保护接地的电阻值。低压设备的接地电阻，在380V不接地低压系统中，单相接地电流很小，为限制设备漏电时外壳对地电压不超过安全范围，一般要求保护接地电阻值为不超过4Ω。当配电变压器或发电机的容量不超过100kVA时，由于配电网分布范围很小，单相故障接地电流更小，可以放宽对接地电阻的要求，具体为不超过10Ω。

2. TT系统

TT系统是低压配电网直接接地、用电设备金属外壳也接地的系统。第一个大写字母“T”表示配电网直接接地、第二个大写字母“T”表示用电设备金属外壳接地。

TT系统能大幅度降低漏电设备外壳对地电压，但一般不能将其降低至安全范围以内，因此，采用TT系统时，应装设能在规定的故障持续时间内切断电源的自动化安全装置。TT系统主要用于低压共用用户，即用于未装备配电变压器，从外面引进低压电源的小型用户。采用TT系统时，被保护设备的所有外露导电部分均应与接向接地体的保护导体连接起来。

3. TN系统

TN系统即保护接零系统。保护接零和保护接地都是防止间接接触电击的安全措施，做法上又有一些相似之处。但是保护接零与保护接地在安全原理、应用范围、技术要求等方面有原则性的区别。

（1）TN系统的类别。“TN”中的“N”表示中性线。TN系统就是配电网低压中性点直接接地、电气设备接零的保护接零系统。在三相四线配电网中，应当区别工作中性线和保护中性线。前者即中性线，用N表示；后者即保护导体，用PE表示。如果一根线既是工作中性线又是保护中性线，则用PEN表示。

TN系统分为TN-S、TN-C-S、TN-C三种方式。如图4-39所

示。TN-S 系统是保护中性线与工作中性线完全分开的系统；TN-C-S 系统是干线部分的前一段保护中性线与工作中性线共用，后一段保护中性线与工作中性线分开的系统；TN-C 系统是干线部分保护中性线与工作中性线完全共用的系统。

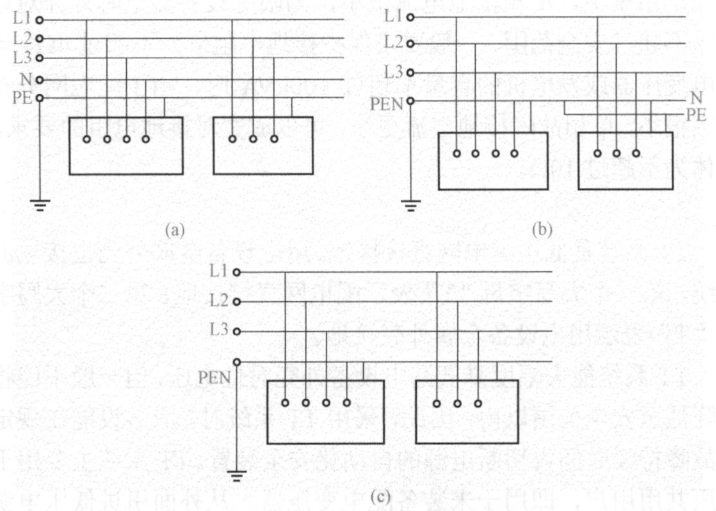

图 4-39　TN 系统的三种接线方式

（a）TN-S 系统；（b）TN-C-S 系统；（c）TN-C 系统

（2）保护接零的应用范围。保护接零用于中性点直接接地的220/380V 三相四线配电网。在这种配电网中，接地保护方式（TT 系统）难以保证充分的安全条件，不能轻易采用。在接零系统中，凡因绝缘损坏而可能呈现危险对地电压的金属部分均应接零。要求接零和不要求接零的设备和部位与保护接地的要求大致相同。

TN-S 系统可用于有爆炸危险、火灾危险性较大或安全要求较高的场所，宜用于有独立附设变电站的车间。TN-C-S 系统宜用于厂内设有总变电站，厂内低压配电的场所及民用楼房。TN-C 系统可用于无爆炸危险、火灾危险性不大、用电设备较少、用电线路简单且安全条件较好的场所。

如果将接地设备的外露金属部分再同保护中性线连接起来，

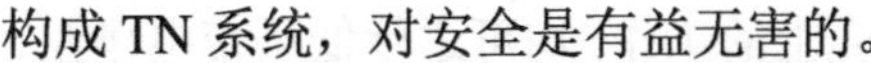

构成 TN 系统，对安全是有益无害的。

在同一建筑物内，如有中性点接地和中性点不接地两种配电方式，则应分别采取保护接零措施和保护接地措施。在这种情况下，允许二者共用一套接地装置。

（3）重复接地。重复接地指中性线上除工作接地以外其他点的再次接地。

对重复接地有如下要求：

电缆或架空线路引入车间或大型建筑物处、配电线路的最远端及每 1km 处、高低压线路同杆架设时共同敷设的两端均应做重复接地。

线路上的重复接地宜采用集中埋设的接地体。车间内宜采用环形重复接地或网络重复接地。中性线与接地装置至少有两点连接，除进线处的一点外，其对角线最远点也应连接，而且车间周围边长超过 400m 者，每 200m 应有一点连接。

一个配电系统可敷设多处重复接地，并尽量均匀分布。

每一重复接地的接地电阻不得超过 10Ω；在变压器低压工作接地的接地电阻允许不超过 10Ω的场合，每一重复接地的接地电阻允许不超过 30Ω，但不得少于 3 处。

（4）工作接地。工作接地是指配电网的一点在变压器或发电机近处的接地。

工作接地的主要作用是减轻各种过电压的危险。10kV 系统高压侧意外与低压侧发生短接时，如低压侧没有工作接地，低压系统的对地电压将上升为 5800V 左右；如低压侧有工作接地，低压系统的对地电压受到很大程度的限制。

第六节 低压带电作业的基本要求

低压带电作业是指在对地电压 250V 及以下不停电的低压设备或低压线路上的工作。对于一些可以不停电的工作，没有偶然触及带电部分的危险工作，作业人员使用绝缘辅助安全用具直接接触带电体及在带电设备外壳上的工作，均可进行低压带电作业。为防止低压带电作业对人身的触电伤害，作业人员应严格遵守低压带电作业有关规定和注意事项。

一、低压设备上进行带电作业的安全规定

（1）在带电的低压设备上工作，应使用有绝缘柄的工具，工作时应站在干燥的绝缘垫、绝缘站台或其他绝缘物上进行，严禁使用锉刀、金属尺和带有金属物的毛刷、毛掸等工具。

（2）在带电的低压设备上工作时，作业人员应穿长袖工作服，戴手套和安全帽。

（3）在带电的低压盘上工作时，应采取防止相间短路和单相接地短路的绝缘隔离措施，在作业前，将相与相间或相与地（盘构架）间用绝缘板隔离，以免作业过程中引起短路事故。

（4）严禁雷、雨、雪天气及六级以上大风天气在户外进行带电作业，也不应在雷电天气进行室内带电作业。

（5）在潮湿和潮气过大的室内禁止进行带电作业。工作位置过于狭窄的区域，禁止带电作业。

（6）低压带电作业时，必须有专人监护，监护人的技术水平应该比操作者高，监护人应始终在工作现场，并对作业人员进行认真监护，随时纠正作业人员的不正确动作。

二、低压线路上进行带电作业的安全规定

在 380V 三相四线制的线路上进行带电作业时，应遵守下列规定：

（1）线路运行维护单位或工作负责人认为有必要时，应组织有经验的人员到现场查勘。根据勘察结果判断是否进行带电作业，并确定作业方法、所需工具以及应采取的措施。

（2）上杆前应先分清相线（火线）、中性线与地线，选好工作位置，并用验电器或低压验电笔对各线路进行测试，必要时可用万用表进行电压测量。

（3）断开低压线路导线时，应先断开相线（火线），后断开零线，搭接导线时，顺序应相反。三相四线制低压线路在正常情况

下接有动力、照明等负荷，这些负荷在每一相的分布一般情况下都是不均匀的，当带电断开低压线路时，如果先断开中性线，则因各相负荷不平衡使该电源系统中性点会出现较大偏移电压，造成中性线带电，断开时会产生电弧，因此，必须严格按照规程，先断相线（火线），后断中性线，接通时先接中性线，再接相线（火线）。

（4）必须严格执行单手操作原则。

（5）高低压同杆架设的情况下，在低压带电线路上工作时，应先检查与高压线的距离，采取防止误碰带电高压线或高压设备的措施，在低压带电导线未采取绝缘措施时（裸导线），工作人员不得穿越。

（6）严禁雷、雨、雪天气及六级以上大风天气在户外低压线路上进行带电作业。

（7）低压线路带电作业，必须设专人监护，必要时设杆上专人监护。

三、低压带电作业注意事项

（1）带电作业人员必须持证上岗，工作时不少于 2 人。一人操作，一人监护。

（2）严禁穿背心、短裤、穿拖鞋进行带电作业。

（3）带电作业使用的工具应该符合要求，绝缘工具应该试验合格。

（4）带电作业时，人体对地必须保持可靠的绝缘。

（5）在低压配电盘上工作时，必须装设防止短路事故发生的隔离措施。

（6）在带电的电度表和继电器回路上工作时，电压互感器和电流互感器的二次绕组应可靠接地。断开电流回路时，应将电流互感器二次的专用端子短路，严禁带负荷拆表、接表。

（7）低压开关操作前应检查电箱内杂物是否清理，试供电后，若开关跳闸，操作人员应认真检查及测量，查出跳闸原因后再进行试供电，严禁强行供电。

（8）只能在作业人员的一侧带电，若其他还有带电部分而又无法采取安全措施的，则必须将其他侧电源切断。

（9）带电作业时，若已接触一相相线，要特别注意不要再接触其他相线或中性线、地线（或接地部分）。

（10）在高处进行带电作业，必须做好防止高处坠落的安全措施。

（11）带电作业时间不宜过长。

第五章

触电事故及现场急救

第一节　电流对人体的伤害作用

一、电流对人体的作用机理和征象

电流通过人体时破坏人体内细胞的正常工作，主要表现为生物效应。电流作用于人体还包含热效应、化学效应和机械效应。

小电流通过人体，会引起麻感、针刺压迫感、痉挛、呼吸困难、昏迷、窒息、心室颤动等症状。数安培以上的电流通过人体，还可能导致严重的烧伤。

心室颤动是小电流电击使人致命最多见和最危险的原因。心室颤动时，人体内的血液实际上已中止了循环。

在低压触电事故中，心室颤动是触电致命的主要原因。

二、电流对人体的伤害

人体触电，是因为人体构成了闭合电路的一部分，有电流从人的身体上流过，从而对人体造成伤害，电流对人体的伤害主要有两种形式，即电击和电伤。

1. 电击

电击是电流通过人体内部，直接造成对身体内部组织的损害，也是最危险的触电伤害。由于电击时电流是从人体内部通过，故触电者大都外伤不明显，多数只留下几个放电斑点，但在人体内部会引起心室颤动、心脏麻痹等反应，严重时会导致昏迷和死亡。

按照人体触及带电体的方式和电流流过人体的途径，电击可分为单相触电、两相触电和跨步电压触电。单相触电与两相触电已在本书第四章第五节防触电技术中讲过，这里需要补充的是关于跨步电压触电的内容。

当电网或电气设备发生接地故障时，流入地中的电流在土壤中形成电位，地表面也形成以接地点为圆心的径向电位差分布。如果人行走时前后两脚间（一般按 0.8m 计算）电位差达到危险电压而造成触电，称为跨步电压触电。

离接地点越近，跨步电压越高，危险性越大。一般在距离接地点 20m 以外的地方，可以认为地电位为零。

在高压故障接地处，或有大电流流过接地装置附近，都可能出现较高的跨步电压，因此要求在检查高压设备的接地故障时，室内不得接近接地故障点 4m 以内，室外不得接近故障点 8m 以内。若进入上述范围，工作人员必须穿绝缘靴。

2. 电伤

电伤是电流直接或间接对人体表面造成的局部损伤。电伤包括灼伤、电烙印和皮肤金属化等。

（1）灼伤。灼伤是因电流的热效应引起的。最严重的灼伤是电弧对人体表面直接烧伤，这种现象主要发生于高压触电。另外，常见的灼伤是由于电弧的辐射热将附近人员烧伤，或因飞溅而起的灼热熔化金属粉末或热气浪对人体造成的烧伤。

高频电流比工频电流更容易引起皮肤灼伤。这是因为高频电流的集肤效应，就是频率越高，导体表面的电流密度越大。所以，皮肤的电流热效应越强。

（2）电烙印。电烙印是人体与带电部分接触良好时，在皮肤上形成一种圆形或椭圆形的红肿。电烙印并不是由于热效应引起的，而是化学效应和机械效应引起的。

（3）皮肤金属化。皮肤金属化是电伤中最轻微的一种伤害。它是由于被电流熔化的金属微粒渗入皮肤表层所引起的，它会造成皮肤表面粗糙坚硬，使皮肤有绷紧的感觉，一般不会造成严重后果。

根据资料表明，电击多发生在低压（对地电压 250V 以下）系统。其主要原因有：一是人们接触低压电器的机会多，低压触电的可能性就增多；二是低压电往往是在触及它时才触电，触电瞬间造成的手痉挛会让触电者紧握带电体，反而更加不能摆脱，造成触电时间长、危害大。而高压电往往在人未接触到时就被电击击倒，这样反而造成自然的脱离高压电，只是可能因为跌倒而造成二次伤害。所以有人说低压比高压危险，从某种意义上来说是正确的。

据部分省市统计，农村触电事故要多于城市的触电事故，主要原因是：农村用电条件差，保护装置安装不规范，乱拉乱接较多，电工技术落后，缺乏电气知识，工作质量缺少应有的监督等。

统计资料还表明，触电事故多发生在6～9月份，主要原因是：天气火热，人体因出汗而导致人体电阻降低，危险性增大。另一个原因是多雨、潮湿，电气绝缘性能降低容易漏电。

三、影响电流对人体伤害程度的因素

触电是因为有电流从人身体上流过。高压输电线通常是裸导线，但我们平时看到小鸟驻足在高压线上没有触电，并不是小鸟不会触电，而是小鸟两脚之间的电位差很小，根据欧姆定律得出，小鸟身上的电流很微小，甚至它感觉不到。所以，电流的大小往往决定着触电的严重性，影响触电对人体伤害程度的因素除了电流大小外，还有电流的持续时间、电流的流向（途径）等。

1. 电流大小的影响

通过人体的电流越大，人的生理反应和病理反应越明显，引起心室颤动所需的时间越短，致命的危险性越大。按照通过人体电流的大小，人体反应状态的不同，可将电流划分为感知电流、摆脱电流和室颤电流。

（1）感知电流：使人体有感觉的最小电流，称为感知电流。人接触这样的电流会有轻微麻感。通过实验表明，在概率为50%时，工频（50Hz）情况下的平均感知电流，成年男性约为1.1mA，成年女性约为0.7mA；对于直流电，约为5mA。

感知电流一般不会对人造成伤害，但是接触时间长，表皮被电解后电流增大时，感觉增强，反应变大，可能造成坠落等间接事故。

（2）摆脱电流：人体发生触电后能自行摆脱带电体的最大电流称为摆脱电流。摆脱电流值与人体生理特征、带电体接触方式等有关。根据实验概率统计，工频的平均摆脱电流，成年男性为16mA以下，成年女性为10mA以下；对于直流电平均约为50mA；儿童的摆脱电流较小。

摆脱电流是人体可以忍受而一般不会造成危险的电流。若通过人体的电流超过摆脱电流且时间过长，会造成昏迷、窒息，甚至死亡。因此，人摆脱电源的能力会随着触电时间的延长而降低。

（3）室颤电流：人体发生触电后在较短时间内危及生命的最小电流称为室颤电流，也称为致命电流。一般情况下通过人体的工频电流超过50mA时，心脏就会停止跳动，出现致命的危险。大量的试验研究资料表明，当电流大于30mA时才有发生心室颤动的危险，因此可把30mA作为心室颤动电流的又一极限值，一般漏电保护装置的动作电流设定为30mA就是基于这个道理。

2. 电流持续时间的影响

通过人体的电流持续时间越长，对人的生命危害越大。其原因有：

（1）电流持续时间越长，则体内积累电荷越多，伤害越严重。

（2）心电图上心脏收缩与舒张之间约0.2s是心脏易损期（易激期）。电流持续时间长，必然重合心脏易损期，电击危险性增大。

（3）随着电击持续时间的延长，人体电阻由于出汗、击穿、电解而下降，如接触电压不变，流经人体的电流必然增加，电击危险性随之增大。

（4）电击持续时间越长，中枢神经反射越强烈，电击危险性越大。

3. 电流途径的影响

人体在电流的作用下，没有绝对安全的途径。电流通过心脏会引起心室颤动乃至心脏停止跳动而导致死亡；电流通过中枢神经及有关部位，会引起中枢神经强烈失调而导致死亡；电流通过头部，严重损伤大脑，亦可能使人昏迷不醒而死亡；电流通过脊髓会使人截瘫；电流通过人的局部肢体亦可能引起中枢神经强烈反射而导致严重后果。

流过心脏的电流越多、电流路线越短的途径是电击危险性越大的途径。

从左手到胸部以及从左手到右脚是最危险的电流途径；从右手到胸部或从右手到脚，手到手等都是很危险的电流途径，从脚到脚一般危险性较小，但可能因痉挛而摔倒，导致电流通过全身要害部位，同样会造成严重后果。

4. 电流频率的影响

电流的频率对触电的伤害程度有直接影响。50～60Hz 的交流电对人体的伤害程度最大，当低于或高于以上频率范围时它的伤害程度就会显著减轻。对于直流电来说，它的伤害程度要远比工频交流电小，人体对直流电的极限忍耐电流值约为 100mA。

5. 人体电阻及健康状况的影响

人体触电时，人体电阻值与流经人体的电流成反比。人体电阻越小，流过人体的电流越大，伤害程度也越大；人体电阻越大，流过人体的电流越小，伤害程度相对较小。

人体电阻的大小是影响触电后人体受到伤害程度的重要物理因素。人体电阻由体内电阻和皮肤组成，体内电阻基本稳定，约为 500Ω。接触电压为 220V 时，人体电阻的平均值为 1900Ω；接触电压为 380V 时，人体电阻降为 1200Ω。经过对大量实验数据的分析研究确定，人体电阻的平均值一般为 2000Ω左右，而在计算和分析时，通常取下限值 1700Ω。

人体的健康状况和精神状态正常与否对触电后果有一定的影响。如患有心脏病、神经系统疾病、结核病或醉酒的人，触电伤害的程度要比正常人严重。另外性别和年龄的不同对触电后果也有不同的程度。女性较男性敏感，小孩遭受电击较成人危险。

第二节 触电现场的处理

触电急救必须分秒必争，立即就地迅速用心肺复苏法进行抢救，并坚持不断进行，同时及早与医疗部门联系，争取医务人员接替救治。在医务人员未接替救治前，不应放弃现场抢救，更不能只根据没有呼吸或脉搏擅自判定触电者死亡，放弃抢救。只有医生才有权作出触电者死亡的诊断。

一、假死

有一些触电者的心跳、呼吸停止并非已经死亡，而只是受电流刺激所致，无严重的器质性病变发生，像这样的触电者，如果及时运用正确有效的方法进行抢救，就有可能将其救活，这类情况就称为“假死”。处于“假死”状态的触电者均已失去知觉，面色苍白、瞳孔放大、心跳和呼吸停止。

“假死”的临床表现可分为三种类型：①心跳停止，但呼吸尚存在；②呼吸停止，心跳尚存在；③心跳、呼吸均停止。

有心跳无呼吸或有呼吸无心跳的情况是暂时的，如果不及时抢救就会导致心跳、呼吸全停止。

二、心肺复苏开始时间与存活的关系

心跳和呼吸是人体存活的基本生理现象。一旦心跳和呼吸停止，血液就会停止循环，肺内的气体无法进行交换，此时，人体的各个器官的组织细胞因缺乏血液所供给的氧气和营养物质而停止了新陈代谢，走向死亡，人的生命因细胞的死亡也就终止，触电患者由“假死”迅速转变为真正的死亡。

在常温下，心跳停止3s，病人就会感觉到头昏；10～20s，病人会发生昏厥；30～40s，瞳孔散大；40s左右出现抽搐；60s后停止呼吸。脑组织对血缺氧十分敏感，在呼吸循环停止4～6min后，脑组织即可发生不可逆性的损害。

心肺复苏开始越早，存活率越高。大量资料证明：在心跳呼吸骤停4min内进行心肺复苏者可能有一半人被救活；4～6min开

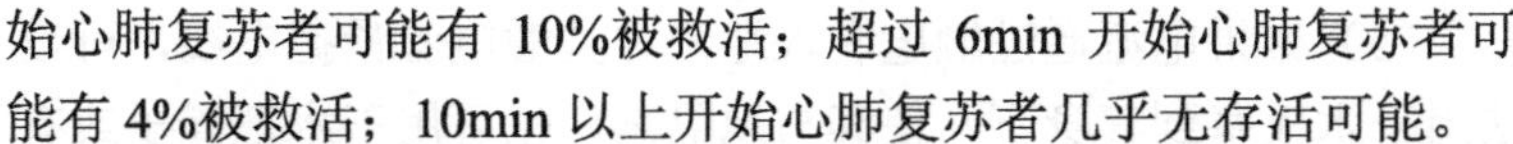

始心肺复苏者可能有 10%被救活；超过 6min 开始心肺复苏者可能有 4%被救活；10min 以上开始心肺复苏者几乎无存活可能。

三、触电现场处理

1. 迅速脱离电源

发生触电事故，首先是迅速将触电者脱离电源，越快越好，因为电流作用的时间越长，伤害越重。迅速脱离电源的方式如图 5-1 所示。

图 5-1 迅速脱离电源

（1）脱离电源就是要把触电者接触的那一部分带电设备的开关、断路器或其他断路设备断开，或设法使触电者与带电设备脱离。在脱离电源的过程中，救护人员即要救人，也要注意保护自己。

（2）触电者未脱离电源前，救护人员不准直接用手触及触电者，因为有触电的危险。

（3）如触电者处于高处，解脱电源后会自高处坠落，因此，要采取预防措施。

（4）触电者触及低压带电设备，救护人员应设法迅速切断电源，如拉开电源开关或断路器，拔除电源插头等；或使用绝缘工具、干燥的木棒、木板、绳索等不导电的东西解脱触电者；也可抓住触电者干燥不贴身的衣服，将其拖开，切记要避免碰到金属物体和触电者的裸露身躯；也可戴绝缘手套或将手用干燥衣物等包起绝缘后解救触电者；救护人员也可站在绝缘垫上或干木板上，绝缘自己进行救护。救护过程中，最好用一只手进行。

（5）如果电流通过触电者入地，并且触电者紧握电线，可设法用干木板塞到其身下，使其与地隔离，也可用干木把斧子或有绝缘柄的钳子等将电线剪断。剪断电线要分相，一根一根地剪断，并尽可能站在绝缘物体或木板上。

（6）触电者触及高压带电设备，救护人员迅速切断电源，或用适合该电压等级的绝缘工具（戴绝缘手套、穿绝缘靴并用绝缘棒）解脱触电者。救护人员在抢救过程中应注意保持自身与周围带电部分必要的安全距离。

（7）如果触电发生在架空线杆塔上，如系低压带电线路，若可能立即切断线路电源的，应迅速切断电源，或者由救护人员迅速登杆，束好自己的安全皮带后，用带绝缘胶柄的钢丝钳、干燥的不导电物体或绝缘物体将触电者拉离电源；如系高压带电线路，又不可能迅速切断电源开关的，可采用抛挂足够截面的适当长度的金属短路线方法，使电源开关跳闸。抛挂前，将短路线一端固定在铁塔或接地引线上，另一端系重物，但抛掷短路线时，应注意防止电弧伤人或断线危及人员安全。不论是何级电压线路上触电，救护人员使触电者脱离电源时要注意防止发生高处坠落的可能和再次触及其他有电线路的可能。

（8）如果触电者触及断落在地上的带电高压导线，且尚未证实线路无电，救护人员在未做好安全措施（如穿绝缘靴或临时双脚并紧跳跃地接近触电者）前，不能接近至断线点 8～10m 范围内，防止跨步电压伤人。触电者脱离带电导线后亦应迅速带至 8～10m 以外后立即开始急救。只有在证实线路已经无电，才可在触电者离开触电导线后，立即就地进行急救。

（9）救护触电伤员时，切除电源，有时会同时使照明失电，因此应考虑事故照明、应急灯等临时照明。新的照明要符合使用场所防火、防爆的要求。但不能因此延误切除电源和急救。

2. 脱离电源后的处理

如图 5-2 所示，脱离电源后，如触电者情况较好，呼吸心跳正常，应卧床观察 12～24h。如果触电者情况比较严重，应就地抢救，具体操作要领是：就近迅速把触电者移至比较通风、干燥的坚实地方，使触电者仰卧，忌头高于胸。即头下不能垫东西。解开衣服和皮带。

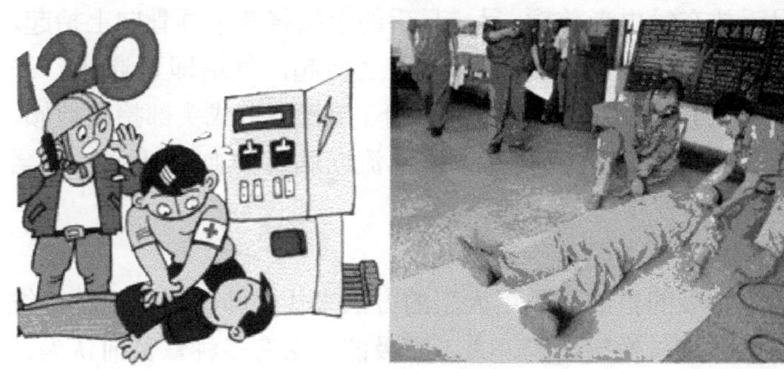

图 5-2　脱离电源后的处理

触电者如果闭目不语，出现神志不清的情况，可立即轻拍其肩部呼叫其名字，以判断触电者是否丧失意识（时间不超过 5s），如果没有意识，立即判断他是否还有呼吸与心跳，同时检查他的瞳孔是不是扩大了。若呼吸和心跳停止，应立即对其实施心肺复苏。有无呼吸的判断方法是用耳朵贴近触电者的口鼻，细听有无微弱呼吸声，或用手放在鼻孔处，感觉有无气体的流动。有无心跳的判断方法是用手摸颈动脉，或者在胸口听有否心跳声音。

第三节　心 肺 复 苏 法

触电者呼吸和心跳均停止时，应立即按心肺复苏法支持生命的三项基本措施，即通畅气道、口对口（鼻）人工呼吸、胸外按压，正确进行就地抢救。

1. 通畅气道

触电者呼吸停止，重要的是始终确保气道通畅。如发现触电者口内有异物，可将其身体及头部同时侧转，迅速用一个手指或用两手指交叉从口角处插入，取出异物。操作中要注意防止将异物推到咽喉深部。

通畅气道可采用仰头抬颏法。先将触电者仰卧，解开衣领，松开紧身衣服，放松裤带，以免影响呼吸时胸廓的自然扩张，然后用一只手放在触电者前额，另一只手的手指将其下颌骨向上抬起，两手协同将头部推向后仰，舌根随之抬起，气道即可通畅。严禁用枕头或其他物品垫在触电者头下，那样会造成头部抬高前倾，会加重气道阻塞，且使胸外按压时流向脑部的血流减少，甚至消失。

2. 人工呼吸

人工呼吸的目的，是用人工的方法来代替肺的呼吸活动，维持正常的通气与换气功能，人工呼吸的方法有多种，目前认为口对口人工呼吸法效果最好。具体方法是：

（1）在保持触电者气道通畅的同时，施救者跪在触电者的一边，以近其头部的一手紧捏他的鼻子（避免漏气），并将手掌外缘压住其额头，另一只手托在其颈后，将颈部上抬，使其头部充分后仰，以解除舌头下坠导致的呼吸道梗阻。

（2）施救者先深吸一口气，然后用嘴紧贴触电者的嘴大口吹气，同时观察胸部是否隆起，以确定吹气是否有效。

（3）吹气停止后，施救者头稍侧转，并立即放松捏紧鼻孔的手，让气体从其肺部排出。

（4）如此反复进行，每分钟吹气 12～14 次，即吹气 2s，放气 3s，5s 左右一个循环。

口对口人工呼吸的口诀是：清口捏鼻手抬颌，深吸缓吹口对紧，张口困难吹鼻孔，5s 一次不放松。人工呼吸方式如图 5-3 所示。

3. 胸外按压

胸外按压又称为体外心脏挤压，是指有节律地以手掌心对心脏挤压，用人工的方法代替心脏的自然收缩，从而达到维持血液循环的目的。具体方法是：

（1）使触电者仰卧于硬板上或平地上，以保证挤压效果。

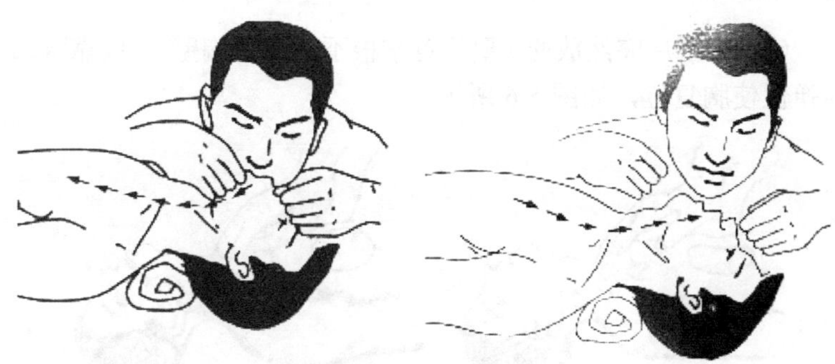

图 5-3 人工呼吸

（2）施救者跪在触电者的胸侧。

（3）施救者以一手掌根部按于触电者胸骨下二分之一处，即中指指尖对准其颈部凹陷的边缘，沿胸一手掌，掌根即为“压区”，如图 5-4 所示。

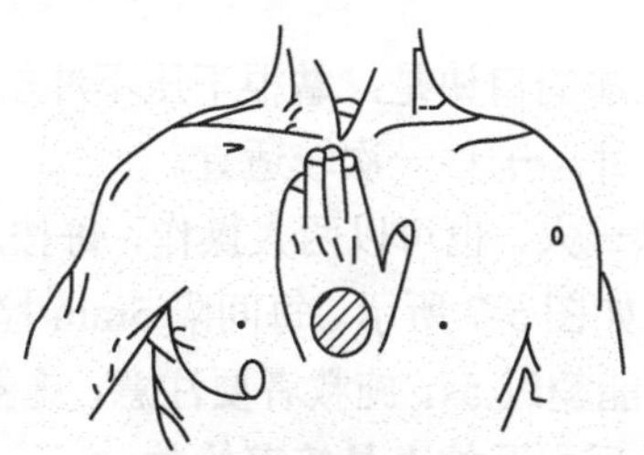

图 5-4 心脏位置判断

（4）将另一只手压在该手的手背上，手指向上方翘起，肘关节伸直，依靠体重和臂、肩部肌肉的力量，垂直用力，如图 5-5 所示。

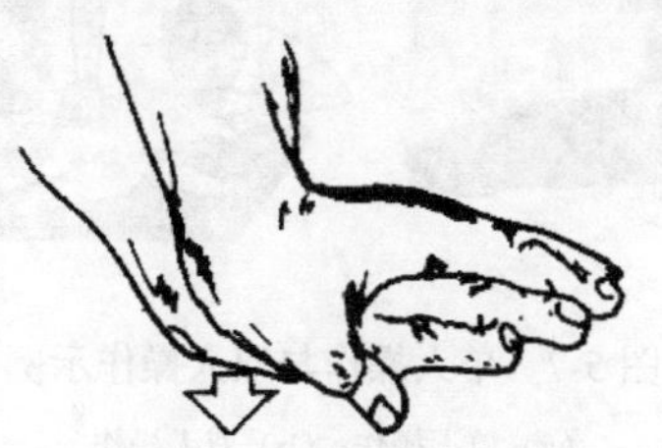

图 5-5 手掌安放位置

（5）挤压后突然放松（要注意掌根不能离开胸壁），依靠胸廓的弹性使胸复位，如图 5-6 所示。

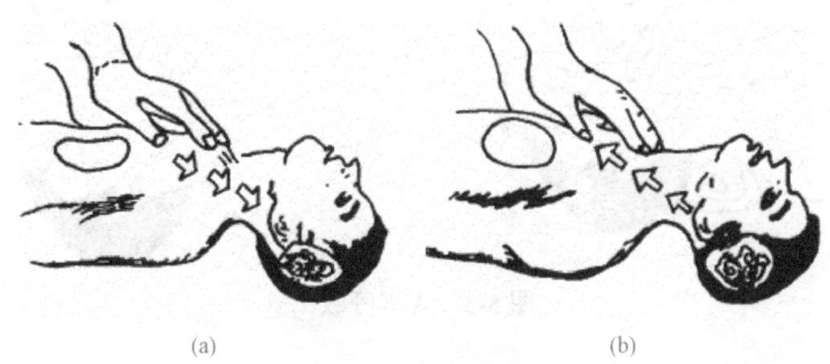

(a) (b)

图 5-6 按压要求

（a）慢慢向下；（b）突然放

（6）按照上述步骤，连续操作每分钟需进行 80～100 次以上，每秒至少一次。

人工心脏挤压法的口诀是：掌根下压不冲击，突然放松手不离，手腕略弯压一寸，一秒一次较适宜。

触电急救可以一人，也可以两人操作，每按压心脏 30 次，进行人工呼吸 2 次，如图 5-7 所示。每间隔 5min 检查一次心肺复苏效果，检查时间不能超过 5s，施救者要注意，施救不要中途停止，等医护人员到现场后由医护人员接着抢救。

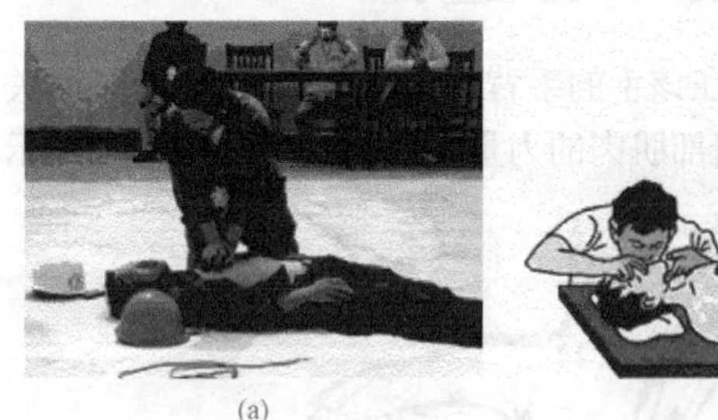

(a) (b)

图 5-7 单人操作与双人操作示例

（a）单人操作；（b）双人操作

第六章

电气防火与防爆技术

第一节　电气火灾与爆炸的原因

引起电气火灾和爆炸的原因是多方面的，但电气设备在运行过程中，由电流产生的热量、电火花或电弧是引起电气火灾和爆炸的直接原因。

一、电流产生的热量造成线路或设备过热

一般来说，电气设备正常工作时产生热量是正常的。因为电流通过导体，由于电阻的存在而发热；导磁材料由于变化的磁场引起磁滞和涡流作用而发热；绝缘材料由于泄漏电流增加也可能导致温度升高。这些发热在设计、施工时都已经被考虑到了，发热所造成的后果都在控制范围内，一般不会产生危害。但过热是一种故障现象，会酿成事故。引起电气设备过热的原因，主要有短路、过载、接触不良和散热不良四大原因。

1. 短路

短路就是相线与中性线直接相接或者不同的相线相碰。发生短路时，线路中的电流提升为正常时的几倍甚至几十倍，而热量的产生又和电流平方成正比，使得温度急剧上升，大大超过允许范围。如果温度达到可燃物的燃点，即会引起燃烧，导致火灾。容易发生短路的情况有：

（1）电气设备的绝缘老化、受机械损伤，在高温、潮湿或腐蚀的作用下使绝缘破坏。

（2）由雷击等过电压的作用，使绝缘击穿。

（3）安装和检修工作中，由于接线和操作的错误。

（4）由于管理不严或维修不及时，有污物聚积、小动物钻入等。

此外，雷电放电电流极大，比短路电流大得多，以致可能引起火灾和爆炸。

2. 过载

线路上的电流超过规定允许值时就会产生过载，过载会使线路温度明显升高。开关、触点上的电流超过允许值时，同样会造成过载。过载的原因主要有以下几种：

（1）设计、选用的线路或设备不合理，以致在额定负载下出现过热。

（2）使用不合理。如超载运行，连续使用时间超过线路或设备的设计值，造成过载。

（3）设备故障运行造成设备和线路过载。如三相电动机缺相运行，三相变压器不对称运行，均可造成过载。

3. 接触不良

接触不良时，接触电阻增大，此部分发热量会大大增加，其原因主要有：

（1）不可拆卸的接头连接不牢、焊接不良，或接头处混有杂质，都会增加接触电阻而导致接头过热。

（2）可拆卸的接头连接不密，或由于振动而松动也会导致过热。

（3）活动触点，如刀开关的触点、接触器的触点、插入式熔断器的触点等活动触点，没有足够的接触压力或接触表面粗糙不平，都会导致触点过热。

（4）电刷的滑动接触处没有足够的压力或接触表面脏污、不光滑，也会导致过热。

（5）对于铜铝接头，由于铜和铝的性质不同，接头处易受电解作用而腐蚀，从而导致过热。

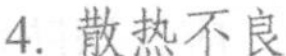

4. 散热不良

各种电气设备在设计和安装时都考虑有一定的散热或通风措施，如果这些措施受到破坏，也会造成设备过热。

除上述原因外，电灯和电炉等直接利用电流产生的热能进行工作的电气设备，工作温度都比较高，如安装或使用不当，也可能引起火灾。

二、电火花和电弧

电火花是击穿放电现象，而大量的电火花汇集形成电弧。电火花和电弧都会产生很高的温度，在易燃易爆场所它是一个极大的祸根。

有些电器正常工作时就产生火花，如触点闭合和断开过程、电机的整流子和滑环的碳刷处、插销的插入和拔出、按钮和开关的断合过程等都会产生火花。这些都是工作火花。

有些则是线路、电器故障引起的火花，如熔断器熔断时的火花、过电压火花、电动机扫膛火花、静电火花、带电作业失误操作引起的火花等。这些属于事故火花。

无论是工作火花还是事故火花，在防火防爆环境中都必须限制和避免。

应当指出，电气设备本身事故一般不会出现爆炸事故，但在以下场合可能引起空间爆炸：周围空间有爆炸性混合物，在危险温度或电火花作用下引起空间爆炸；充油设备的绝缘油在电弧作用下分解和汽化，喷出大量油雾和可燃气体引起空间爆炸；发电机氢冷装置漏气、酸性蓄电池排出氢气等都会形成爆炸性混合物，从而引起空间爆炸。

第二节 防火与防爆措施

一、易燃易爆场所对电气设备的要求

正确选择和使用电气设备是防火防爆的一项重要措施。在有爆炸和火灾危险的场所，应尽量少用或不用携带式、移动式的电气设备。为了防止电气火花、电弧等引燃爆炸物，应选用防爆电气级别和温度组别与环境相适应的防爆电气设备。所使用的照明灯具应采用防爆型灯具。供电线路应采用单相三线制、三相五线制方式供电。还要注意电气设备通电导线的截面选择，由于导线截面选择过小，当电流较大时也会因发热过大而引发火灾。

在易燃、易爆危险场所的接地与接零较一般场所要求高，除生产上有特殊要求以外，电气设备包括一般场所不要求接地接零的部分与场所内所有金属部分均应接地接零。

二、电气灭火知识

电气火灾事故与一般火灾事故有不同的特点：一是起火后电气设备可能仍带电，若不注意，可能引起触电事故；二是有的电气设备充有大量的油，容易引发爆炸。因此在对电气灭火时应特别注意有关要求，以免引起人员触电和设备损坏。

1. 采取断电措施，防止灭火人员触电

火灾发生时，要尽快通知供电部门，切断着火区域的电源。在现场切断电源时，应就近将电源开关拉开，或使用绝缘工具切断电源线路。切断非同相低压配电线路时，不要选择同一地点剪断，以防止相间短路；选择断电位置要适当，不要影响灭火工作的进行，不能让不懂电气知识的人员切断电源。

2. 掌握带电灭火的安全技术要求

为了争取灭火时间，或因特殊情况不允许断电时，则应进行带电灭火，以减少事故损失，但必须注意以下几点：

（1）选择使用不导电的灭火器具，如二氧化碳、“1211”或干粉等灭火器，不得使用水溶液或泡沫灭火器具。旋转电器设备着火时不能用干粉灭火器灭火。二氧化碳灭火器带电灭火只适用于600V 以下的线路，如果是 10kV 或者 35kV 线路，则必须选择干粉灭火器。500V 低压配电柜灭火可选用二氧化碳灭火器。

（2）如采用水枪灭火时，宜用喷雾水枪，其泄漏电流小，对灭火人员比较安全；在不得已的情况下采用水枪灭火时，水枪的喷头必须用软铜线接地；灭火人员应穿绝缘靴、戴绝缘手套，以

防止水柱泄漏电流使人体触电。

（3）使用水枪灭火，喷头与110kV带电体之间的距离要大于3m，220kV要大于5m。使用不导电的灭火器材，机体喷嘴距带电体的距离为10kV时要大于0.4m，35kV时要大于0.6m。

（4）若架空线路着火，在空中进行灭火时，人体位置与带电体之间的仰角不超过45°。带电导线断落接地时，应立即划定警戒区，人员不得靠近，需保持距离8m以上，防止跨步电压触电。

三、灭火器的使用

在电工操作证实操考试中，灭火器的使用也是经常要考到的项目。灭火器安全操作步骤（见图6-1）如下：

（1）准备工作。检查灭火器压力、铅封、出厂合格证、有效期、瓶体、喷管。

（2）火情判断。根据火情，选择合适灭火器迅速赶赴火场，正确判断风向。

（3）灭火操作。站在火源上风口，离火源3～5m距离迅速拉下安全环，手握喷嘴对准着火点，压下手柄，侧身对准火源根部由近及远扫射灭火，在干粉将喷完前（3s）迅速撤离火场，火未熄灭应更换后继续操作。

（4）检查确认。检查灭火效果，确认火源熄灭后，将使用过的灭火器放到指定位置，注明已使用，报告灭火情况。

（5）清点、收拾工具，清理现场。

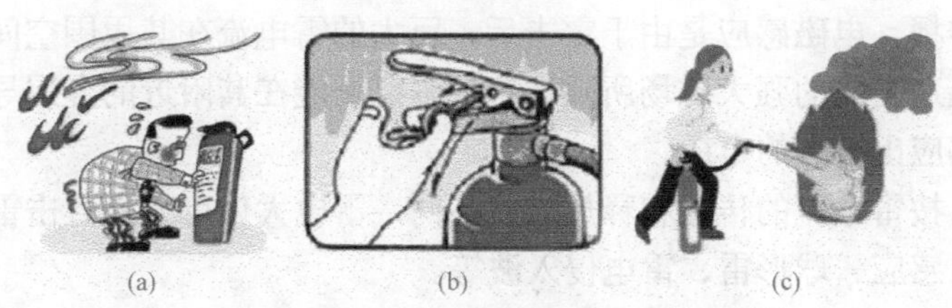

(a) (b) (c)

图6-1 灭火器的使用方法示意图

（a）准备工作；（b）拉下安全环；（c）灭火操作

第七章

防雷防静电安全技术

第一节 雷电的危害及防雷装置

当带不同电荷的两朵云接近时，就会产生强烈的放电现象，放电时温度可达到 20000℃，空气受热急剧膨胀，在短时间内要释放如此巨大的热量，其结果一定是爆炸。爆炸不仅把云团炸裂变成雨滴，同时也产生闪电和雷鸣。有时，带电云很低，周围又没有带异性电荷的云团，这时就会在地面凸出物上感应出异性电荷，继之造成与地面凸出物之间的放电，这就是通常所说的直击雷。

在带电云团放电的附近，还存在雷电感应。雷电感应分为静电感应和电磁感应两种。静电感应是由于带电云接近地面在地面凸出物顶部感应大量异性电荷，在带电云与其他部位放电后，凸出物顶部的感应电荷失去束缚，以雷电波的形式，沿凸出物很快地传播。电磁感应是由于雷击后，巨大的雷电流在其周围空间产生迅速变化的强大磁场所致，这种强磁场能在其附近的金属导体上感应出很高的电压。

按雷电流的传播和释放方式不同，雷电大体可分为直击雷、雷电感应、球形雷、雷电侵入波等。

一、雷电的危害

雷电有电性质、热性质、机械性质等多方面的破坏作用，雷电数十乃至百万伏的冲击电压可能毁坏电气设备的绝缘，造成大面积、长时间的停电事故，绝缘损坏引起的短路火花和雷电的放

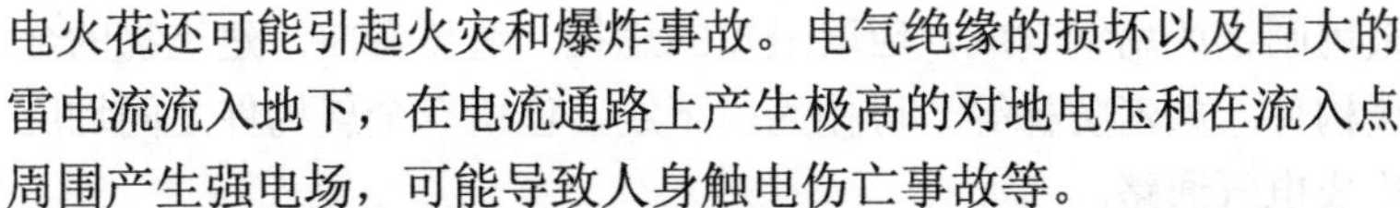

电火花还可能引起火灾和爆炸事故。电气绝缘的损坏以及巨大的雷电流流入地下，在电流通路上产生极高的对地电压和在流入点周围产生强电场，可能导致人身触电伤亡事故等。

总之，雷电的危害主要有火灾和爆炸、触电、设备和设施毁坏及大规模停电等。

二、防雷装置

避雷针、避雷线、避雷网、避雷带、避雷器都是经常采用的防雷装置。一套完整的防雷装置包括接闪器、引下线和接地装置。避雷针、避雷线、避雷网、避雷带是防护直击雷的主要措施，避雷器是防护雷电冲击波的主要措施。

1. 接闪器

避雷针、避雷线、避雷网和避雷带都可作为接闪器，这些接闪器都是利用其高出被保护物的突出地位，把雷电引向自身，然后，通过引下线和接地装置，把雷电流泄入大地，以此保护被保护物免受雷击。

接闪器所用的材料应能满足机械强度和耐腐蚀的要求，还应有足够的热稳定性。接闪器焊接处应涂防腐漆。接闪器截面锈蚀30%以上时应予以更换。

2. 避雷器

避雷器有阀型避雷器、管型避雷器等，是用来保护电力设备，防止高电压冲击波侵入的安全措施。

避雷器的保护动作原理是将避雷器装设在被保护物的引入端，其上端接在线路上，下端接地，正常时避雷器的间隙保持绝缘状态，不影响系统运行。当雷击的高压冲击波袭来时，避雷器因间隙击穿而接地，从而强行切断高压冲击波。雷电流通过后，避雷器间隙又恢复绝缘状态，以使系统正常运行。避雷器的结构与接线图如图 7-1 所示。

3. 引下线

引下线为避雷器与接地装置的连接线，对它的要求主要是足够的机械强度、较高的耐腐蚀特性和较好的热稳定性。引下线常采用圆钢或扁钢制成，应取最短的途径，避免弯曲。建筑物的金属构件（如消防梯等）可作为引下线，但所有金属构件之间均应连成电气通路。

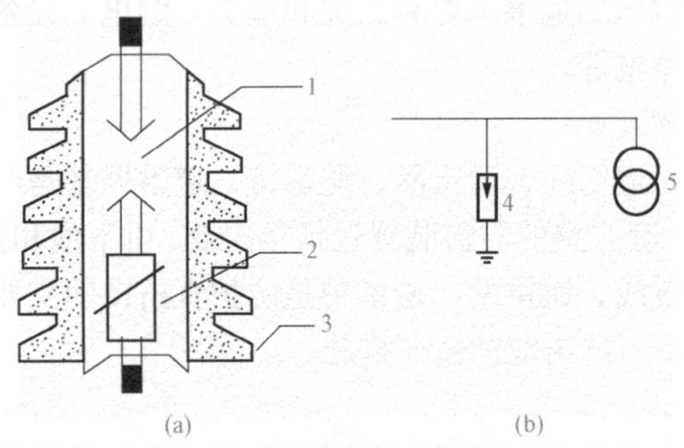

图 7-1　避雷器的结构与接线图

（a）避雷器的结构图；（b）避雷器的接线图

1—间隙；2—可变电阻；3—绝缘子；4—避雷器；5—变压器

地面上 1.7m 至地面下 0.3m 的一段引下线应加保护管，采用金属保护管时，应与引下线连接起来，以减小通过雷电流时的电抗。

如果建筑物屋顶没有多支互相连接的避雷针、线、网、带，其引下线不得少于两根，其间距不得大于 18～30m。

为了便于测量接地电阻和检查引下线，在各引下线距地面 1.8m 以下的一处应设置断接卡。

引下线应进行防腐处理，禁止使用铝导线作引下线。引下线截面锈蚀超过 30%时应更换。

4. 接地装置

防雷接地装置与一般接地装置的要求大体相同，但所用材料尺寸应稍大于其他接地装置的尺寸。接地电阻要求不大于 10Ω。

三、人身防雷的措施

雷暴天气时，由于带电云可能直接对人体放电，或者雷电流入地产生接触电压和跨步电压，以及由于二次放电（通过其他带电体放电）等都可能对人造成致命的电击，因此，应注意必要的人身防雷安全要求。

雷雨天气，非工作必须，应尽量减少在户外或野外逗留；在户外或野外最好穿塑料等不浸水的雨衣；如有条件，可进入有宽大金属构架或有防雷设施的建筑物、汽车或船只内；如依靠建筑屏蔽的街道或高大树木屏蔽的街道躲避，要注意离开墙壁或树干8m以外。

雷雨天气，禁止在室外进行高空检修、试验等作业，即使在室内也不要修理家中的电气线路、开关、插座等，有人认为拉开总开关后就可以作业了，这是很危险的。因为，雷电产生的高电压冲击波很可能把总开关击穿，导致线路带电。

雷雨天气，应将门和窗户等关闭，防止球形雷侵入屋内，造成火灾、爆炸或人员伤亡。

第二节　静电的产生及防护措施

与电流相比，静电是相对静止的电荷，它广泛存在于生产、生活和自然界中，如油箱外壳、衣物表面、所有相互摩擦的绝缘体上都有静电，静电有害也有益，害处是易造成爆炸与火灾，益处是人们利用静电现象进行电喷漆、电除尘、静电复印等。

一、静电产生的原因

大多数静电都是由于不同物质的接触和分离或相互摩擦而产生的。常见的有：

（1）固体物质大面积摩擦。如纸张与辊轴摩擦，传动皮带与皮带轮或辊油摩擦等。固体物质在压力下接触而后分离，如塑料压制、上光等；固体物质在挤出、过滤时，与管道、过滤器等发生摩擦，如塑料的挤出、赛璐璐的过滤等。

（2）高电阻液体在管道中流动且流速超过1m/s时；液体喷出管口时；液体注入容器发生冲击、冲刷或飞溅时等。

（3）液化气体或压缩气体在管道中流动和由管口喷出时，如从气瓶放出压缩气体、喷漆等。

（4）固体物质的粉碎、研磨过程，悬浮粉尘的高速运动等。

（5）在混合器中搅拌各种高电阻物质，如纺织品的涂胶过程等。

产生静电电荷的多少与生产物料的性质和物料量、摩擦力大小和摩擦长度、液体和气体的分离或喷射强度、粉体粒度等因素有关。

二、静电的危害

静电电量虽然不大，但其电压可能很高，固体静电可达200kV以上，人体静电也可达 10kV 以上。当静电的放电火花能量足够大时，能引起火灾和爆炸事故，在生产过程中静电还会妨碍生产和降低产品质量。

（1）静电的最大危害是造成爆炸和火灾。在可燃液体、气体的输送和贮存，面粉、锯末、煤粉、纺织等作业的场所都有静电产生，而这些场所空气中常有气体、蒸气爆炸混合物或有粉尘、纤维爆炸混合物，静电火花有可能导致火灾甚至爆炸。

（2）静电会导致电击。生产过程中产生的静电能量不大，电击不至于直接使人致命，但人体可能因电击引起惊慌而造成坠落、摔倒等二次事故，电击还可能使工作人员精神紧张而引起操作事故。

（3）静电会妨碍生产。除造成不安全因素外，静电还可能直接影响生产，降低产品质量。例如，静电使粉体吸附于设备，影响粉体的过滤和输送；在纺织行业，静电使纤维缠结，吸附尘土，降低纺织品质量；在印刷行业，静电使纸张不齐、不能分开，影响印刷速度和降低印刷品质量；静电还可能引起电力、电子元件性能改变而误动作，等等。

三、消除静电危害的措施

（1）静电接地、泄漏法：采取接地、增湿、加入抗静电添加剂等措施使静电电荷比较容易泄漏、消散，以避免静电的积累。

1）静电接地。接地是消除导体上静电的最基本、最简单、最有效的方法。例如：为了避免静电火花造成爆炸事故，凡是在加工运输、储存等各种易燃液体气体时，要将这些设备的金属等电位联结，并接地，去除局部电荷积累，避免与附近设备或导电部件产生电位差，以免放电产生火花。又如运输液化气、石油等的槽车在行驶时，在槽车底部采用金属链条或导电橡胶使之与大地接触，其目的也是为了泄漏槽车行驶过程中产生的静电荷。

一般情况下静电接地的接地电阻应小于 100Ω。接地是不能用来消除绝缘体上的静电，如果绝缘体上带有静电，将绝缘体直接接地反而容易发生火花放电，这时，宜在绝缘体与大地之间保持 10^6～10^9Ω的电阻。

2）泄漏法。采取增湿措施和采用抗静电添加剂，促使静电电荷从绝缘体上自行消散，这种方法称为泄漏法。

增湿就是提高空气的湿度，这种消除静电的方法应用比较广。增湿的主要作用是降低带静电绝缘体的绝缘性，增加其导电性，使静电有泄漏的通路可走。所以，对于容易产生静电的场所，应保持地面潮湿（环境湿度在 70%以上）或者铺设导电性能较好的地板。

（2）静电中和法：采用静电中和器或其他方式产生与原有静电极性相反的电荷，使原有静电得到中和而消除，避免静电的积累。根据产生带电离子的方式不同，静电中和法分为感应中和法、外接电源中和法、放射线中和法以及离子风中和法四种。

（3）工艺控制法：从材料选择、工艺设计、设备结构等方面采取措施，控制静电的产生，使之不超过危险程度。

四、防止人体带静电的措施

（1）人体接地。人体接地就是使人体与大地之间不出现绝缘现象。将工作地面制成导电性地面，同时操作人员穿防静电鞋，利用接地用具使人体接地。凡有爆炸和火灾危险区域的操作区，应敷设导电性地面，导电地面对地电阻应低于 10^6Ω。

（2）防止劳保用品带电。对于在易燃、易爆、易灼伤及有静电发生的场所作业的工作人员，不可以发放和使用化纤防护用品。

工作人员应穿用导电性纤维制成的防静电工作服、工作鞋。

（3）认真执行安全作业规程。操作人员应严格遵守操作规程，工作尽量标准化。操作人员应使用规定的劳动保护用品和工具，应尽可能不进行与人体带电有关的动作，如接近和接触带电量大的物体、工作时处于绝缘状态的物体等。

第八章

电工安全生产知识

第一节 安 全 标 识

一、安全色

安全色是表达安全信息含义的颜色，表示禁止、警告、指令、提示等。国家规定的安全色有红、蓝、黄、绿四种颜色。

1. 红色

红色表示禁止、停止、消防和危险的意思。禁止、停止和有危险的器件设备或环境涂以红色的标记。

2. 蓝色

蓝色表示指令、必须遵守的意思。如必须佩戴个人防护用具以蓝色表示。

3. 黄色

黄色表示注意、警告的意思。需警告人们注意的器件、设备或环境涂以黄色标记。

4. 绿色

绿色表示通行、安全和提供信息的意思。可以通行或安全情况涂以绿色标记。如表示通行、机器启动按钮、安全信号旗等。

为了使安全色更加醒目的反衬色称为对比色。国家规定的对比色是黑白两种颜色。安全色与其对应的对比色是：红—白；黄—黑；蓝—白；绿—白。

黑色用于安全标志的文字、图形符号和警告标志的几何图形。白色作为安全标志红、蓝、绿色的背景色，也可用于安全标志的文字和图形符号。

在电气上涂成红色的电器外壳是表示外壳带电；灰色的电器外壳是表示其外壳接地或接零；线路上黑色（或蓝色）代表工作零线；明铺接地扁钢或圆钢涂成黑色。用黄绿双色绝缘导线代表保护零线。直流中棕色代表正极，蓝色代表负极，信号或警告回路用白色。

二、安全标志

安全标志是由安全色、几何图形和图形符号构成，用以表达特定的安全信息的标记。它一般分为禁止标志、警告标志、指令标志和提示标志四大类型。

1. 禁止标志

禁止标志是指禁止或制止人们不安全行为的图形标志，其基本形状为带斜杠的圆边框。圆环和斜杠为红色，图形符号为黑色，衬底为白色。禁止标志如图 8-1 所示。

图 8-1　禁止标志图例

2. 警告标志

警告标志是提醒人们对周围环境引起注意，以避免可能发生危险的图形标志，其基本形状为正三角形边框，顶角朝上。正三角形边框及图形符号为黑色，衬底为黄色。警告标志如图 8-2 所示。

图 8-2　警告标志图例

3. 指令标志

指令标志是强制人们必须做出某种动作或采取某种防范措施的图形标志，其基本形状为圆形图案。图形符号为白色，衬底为蓝色。指令标志如图 8-3 所示。

图 8-3　指令标志图例

4. 提示标志

提示标志是向人们提供某种信息的图形标志，其基本形状是方形边框。图形符号为白色，衬底为绿色。提示标志如图 8-4 所示。

图 8-4　提示标志图例

第二节　电工作业人员的基本要求和安全职责

一、电工作业人员的基本要求

《特种作业人员安全技术培训考核管理规定》明确规定了电工作业是指对电气设备进行运行、维护、安装、检修、改造、施工、调试等作业（电力系统进网作业除外）。

电工作业人员是指直接从事电工作业的专业人员。包括直接从事电工作业的技术人员、工程技术人员及生产管理人员。

根据《特种作业人员安全技术培训考核管理规定》规定，电工作业人员应符合下列条件：

（1）年满 18 周岁，且不超过国家法定退休年龄；

（2）经社区或者县级以上医疗机构体检健康合格，并无妨碍从事相应特种作业的器质性心脏病、癫痫病、美尼尔氏症、眩晕症、癔病、震颤麻痹症、精神病、痴呆症以及其他疾病和生理缺陷；

（3）具有初中及以上文化程度；

（4）具备必要的安全技术知识与技能；

（5）相应特种作业规定的其他条件。

此外，特种作业人员必须经专门的安全技术培训并考核合格，取得“中华人民共和国特种作业操作证”后，方可上岗作业。

电工作业人员必须符合以上条件和具备以上基本要求，方可从事电工作业。新参加电气工作的人员、实习人员和临时参加劳动的人员，必须经过安全知识教育后，方可参加指定的工作，但不得单独工作。

二、电工作业人员的基本职责

电工是特殊工种，又是危险工种。首先，其作业过程和工作质量不但关系到自身安全，还关系到他人和周围设施的安全；其次，专业电工工作点分散、工作性质不专一，不便于跟班检查和追踪检查，因此，专业电工必须掌握必要的电气安全技能，必须具备良好的电气安全意识。

专业电工应当了解生产与安全的辩证统一关系，把生产和安全看作是一个整体，充分理解“生产必须安全，安全促进生产”的基本原则，不断提高安全意识。

就岗位安全职责而言，专业电工应该做到以下几点：

（1）严格执行各项安全标准、法规、制度和规程。包括各种电气标准、电气安装规范和验收规范、电气运行管理规程、电气安全操作规程及其他规定。

（2）遵守劳动纪律，忠于职责，做好本职工作，认真执行电工岗位安全责任制。

（3）正确使用各种工具和劳动保护用品，安全地完成各项生产任务。

（4）努力学习安全规程、电气专业技术和电气安全技术；参加各项有关安全活动；宣传电气安全；参加安全检查，并提出意见和建议等。

专业电工应树立良好的职业道德。除前面提到的忠于职责、遵守纪律、努力学习外，还应注意互相配合，共同完成生产任务。应特别注意杜绝以电谋私、制造电气故障等违法行为。

培训和考核是提高专业电工安全技术水平，使之获得独立操作能力的基本途径。通过培训和考核，最大限度地提高专业电工的技术水平和安全意识。

第三节 电气安全的组织措施和技术措施

一、电气安全的组织措施

保障安全的组织措施有：工作票制度，工作许可制度，工作监护制度和工作间断、转移和终结制度。

1. 工作票制度

在电气设备上工作，应填用工作票或按命令执行，其方式有下列三种：

（1）第一种工作票。填用第一种工作票的工作为：高压设备上工作需要全部停电或部分停电的；高压室内的二次接线和照明等回路上的工作，需要将高压设备停电或采取安全措施的。

（2）第二种工作票。填用第二种工作票的工作为：带电作业和在带电设备外壳上的工作；在控制盘和低压配电盘、配电箱、电源干线上的工作；在二次接线回路上的工作；无须将高压设备停电的工作；在转动中的发电机、同期调相机的励磁回路或高压电动机转子电阻回路上的工作；非当班值班人员用绝缘棒和电压互感器定相或用钳形电流表测量高压回路的电流。

工作票一式填写两份，一份必须经常保存在工作地点，由工作负责人收执，另一份由值班员收执，按值移交，在无人值班的设备上工作时，第二份工作票由工作许可人收执。

一个工作负责人只能发一张工作票。工作票上所列的工作地点，以一个电气连接部分为限。如施工设备属于同一电压、位于同一楼层、同时停送电，且不会触及带电导体时，可允许几个电气连接部分共用一张工作票。在几个电气连接部分上，依次进行不停电的同一类型的工作，可以发给一张第二种工作票。若一个电气连接部分或一个配电装置全部停电，则所有不同地点的工作，可以发给一张工作票，但要详细填明主要工作内容。几个班同时进行工作时，工作票可发给一个总的负责人。若至预定时间，一部分工作尚未完成，仍须继续工作而不妨碍送电者，在送电前，应按照送电后现场设备带电情况，办理新的工作票，布置好安全措施后，方可继续工作。第一、第二种工作票的有效时间，以批准的检修期为限。第一种工作票至预定时间，工作尚未完成，应由工作负责人办理延期手续。

（3）口头或电话命令。用于第一种和第二种工作票以外的其他工作。口头或电话命令，必须清楚正确，值班员应将发令人、负责人及工作任务详细记入操作记录簿中，并向发令人复诵核对一遍。

2. 工作许可制度

工作许可制度是许可人（值班员）协同工作负责人检查实施的安全措施、下达开始作业命令、工作中互相监督配合、保证安全、完成任务的一项重要措施。

（1）工作许可人应负责审查工作票中所列的安全措施是否正确、完备，是否符合现场条件，并完成施工现场的安全措施。

（2）在变配电所工作时，工作许可人会同工作负责人检查在停电范围内所做的安全措施，并指明邻近带电部位，验明检修设备确无电压（以手触试，证明检修设备确无电压）后，双方在工作票上签字。

（3）在变配电所出线电缆的另一端（或线路上的电缆头）的

停电工作，应得到送电端的值班员或调度员的许可后，方可进行工作。

（4）工作负责人及工作许可人，任何一方不得擅自变更安全措施及工作项目，工作许可人不得改变检修设备的运行接线方式，如需改变时，应事先得到工作负责人的同意。

（5）在工作过程中，当工作许可人发现有违反安全工作规程规定时，或拆除某些安全设施时，应立即命令工作人员停止工作，并进行更正。

工作票签发人由车间或工区熟悉所在部门人员技术水平、设备情况、安全工作规程的生产领导人或技术人员担任。工作许可人（值班员）不得签发工作票。

3. 工作监护制度

工作监护制度是保证工作人员人身安全和操作正确性的主要组织措施。

监护人应有一定的安全技术经验，能掌握工作现场的安全、技术、工艺质量、进度等要求，有处理应急问题的能力。一般监护人的安全技术等级应高于操作人。

监护人的工作职责为：

（1）部分停电工作时，监护人应始终不间断地监护工作人员的最大活动范围，使其保持在规定的安全距离内工作。

（2）带电工作时，监护人应监护所有工作人员的活动范围，工作人员与带电部分的距离不应小于安全距离。查看工作位置是否安全，工具使用以及操作方法是否正确等。若发现某些工作人员有不正确动作时，应及时提出纠正，必要时命令其停止工作。

（3）监护人在执行监护工作中，应注意力集中，不得兼任其他工作，如需要离开工作现场时，应另行指派监护人，并通知被监护的工作人员。

4. 工作间断、转移和终结制度

工作间断时，工作班人员应从工作现场撤出，所有安全措施保持不动，工作票仍由工作负责人执存。每日收工，将工作票交给值班员。次日复工时，应征得值班员许可，取回工作票，工作负责人必须首先重新检查安全措施，确定符合工作票的要求后，方可开始工作。

全部工作完毕后，工作班人员应清扫、整理现场。工作负责人应先周密检查，待全体工作人员撤离工作地点后，再向值班人员讲清所修项目、发现的问题、试验结果和存在的问题等，并与值班人员共同检查设备状态、有无遗留物件、是否清洁等，然后工作票上填明工作终结时间，经双方签名后，工作票方告终结。

只有在同一停电系统的所有工作票结束，拆除所有接地线、临时遮栏和标示牌，恢复常设遮栏，并得到值班调度员或值班负责人的许可命令后，方可合闸送电。

已经结束的工作票，保存 3 个月。

二、电气安全的技术措施

在全部停电或部分停电的电气设备上工作，必须完成停电、验电、装设接地线、悬挂标示牌和装设遮栏后，方能开始工作。上述安全措施由值班员实施，无值班人员的电气设备，由断开电源人执行，并应有监护人在场。

1. 停电

工作地点必须停电的设备如下：

（1）待检修的设备。

（2）工作人员在工作中正常活动范围的距离小于规定的设备（如与 10kV 及以下的不停电设备要求距离不少于 0.7m）。

（3）带电部分在工作人员后面或两侧无可靠安全措施的设备。

2. 验电

验电时，必须用电压等级合适而且合格的验电器。在检修设备的进出线两侧分别验电。验电前，应先在确认有电的设备上进行试验，以确认验电器良好。如果在木杆、木梯或木架上验电，不接地线不能指示时，可在验电器上接地线，但必须经值班负责人许可。

高压验电必须戴绝缘手套。35kV 以上的电气设备，在没有专用验电器的特殊情况下，可以使用绝缘棒代替验电器，根据绝缘棒端有无火花和放电声音来判断有无电压。

表示设备断开和允许进入间隔的信号，日常测量用的电压表的指示等，不得作为无电压的依据，但如果指示有电，则禁止在该设备上工作。

3. 装设接地线

当验定无电压后，应立即将检修设备接地并三相短路。这是保证工作人员在工作地点防止突然来电的可靠安全措施，同时设备中如果留有剩余电荷，也可因此而放尽。

对于可能送电至停电设备的各部位或可能产生感应电压的停电设备都要装设接地线，所装接地线与带电部分应符合规定的安全距离。

装设接地线必须两人进行。若为单人值班，只允许使用接地开关接地，或使用绝缘棒操作接地开关。装设接地线必须先接接地端，后接导体端，并应接触良好。拆接地线的顺序与此相反。装、拆接地线均应使用绝缘棒或戴绝缘手套。

接地线应用多股软裸铜线，其截面应符合短路电流的要求，但不得小于 $25mm^2$。接地线在每次装设前应经过详细检查，损坏的接地线应及时修理或更换。禁止使用不符合规定的导线作接地或短路用。接地线必须用专用线夹固定在导体上，严禁用缠绕的方法进行接地或短路。

需要拆除全部或一部分接地线后才能进行的高压回路上的工作（如测量母线和电缆的绝缘电阻，检查开关触点是否同时接触等）需经特别许可。拆除一相接地线、拆除接地线而保留短路线、将接地线全部拆除或拉开接地开关等工作必须征得值班员的许可（根据调度命令装设的接地线，必须征得调度员的许可）。工作完毕后立即恢复。

4. 悬挂标示牌和装设遮栏

在工作地点、施工设备和一经合闸即可送电到工作点或施工设备的断路器和隔离开关的操作把手上，均应悬挂“禁止合闸，有人工作！”的标示牌。

如果线路上有人工作，应在线路断路器和隔离开关操作把手上悬挂：“禁止合闸，线路上有人工作！”的标示牌。

标示牌的悬挂和拆除，应按调度员的指令执行。

部分停电的工作，安全距离小于规定值的未停电设备，应装设临时遮栏，临时遮栏与带电部分的距离，不得小于规定值。临时遮栏可用干燥木材、橡胶或其他坚韧绝缘材料制成，装设应牢固，并悬挂“止步，高压危险！”的标示牌。

35kV及以下设备的临时遮栏，如因特殊工作需要，可用绝缘挡板与带电部分直接接触。但此种挡板必须具有高度的绝缘性能，符合耐电压试验要求。

在室内高压设备上工作，应在工作地点两旁间隔和对面间隔的遮栏上和禁止通行的过道上悬挂“止步，高压危险！”的标示牌。

在室外构架上工作，应在工作地点邻近带电部分的横梁上，悬挂“止步，高压危险！”的标示牌，此标示牌在值班人员的监护下，由工作人员悬挂。在工作人员上下用的铁架和梯子上，应悬挂“从此上下！”的标示牌，在邻近其他可能误登的带电构架上，应悬挂“禁止攀登，高压危险！”的标示牌。

严禁工作人员在工作中移动或拆除遮栏、接地线和标示牌。

5. 在高压设备上工作的情况

在运行中的高压设备上工作，有以下三种情况：

（1）全部停电的工作。室内高压设备（包括架空线路与电缆引入线在内）全部停电，通至邻接高压室的门全部闭锁，室外高压设备（包括架空线路与电缆引入线在内）全部停电。

（2）部分停电的工作。高压设备部分停电，或室内虽全部停电，但通至邻接高压室的门并未全部闭锁。

（3）不停电工作。包括不需要停电和没有偶然触及导电部分危险的工作，允许在带电设备外壳上或导电部分上进行的工作。

在高压设备上工作，必须遵守：填用工作票或口头、电话命令；至少应有2人在一起工作；完成保证工作人员安全的组织措

施和技术措施。

6. 电气线路的安全检查

电气线路是电力系统的重要组成部分，担负着输送电能的重要任务，但目前在部分工厂中，往往对电力线路的安全检查和运行维护重视不够，导致个别区段的电力线路的安全性降低，增大了发生电气事故的可能性，因此，加强工厂电气线路的安全检查是非常必要的，电气线路检查包括：

（1）架空线路的安全检查。对厂区架空线路，一般要求每月进行 1 次安全检查。如遇大风大雨及发生故障等特殊情况时，还需临时增加安全检查次数。

（2）电缆线路的安全检查。电缆线路一般是敷设在地下的，要做好电缆的安全运行与检查工作，就必须全面了解电缆的敷设方式、结构布置、走线方向及电缆头位置等。对电缆线路一般要求每季度进行 1 次安全检查，并应经常监视其负荷大小和发热情况。如遇大雨、洪水等特殊情况及发生故障时，还需临时增加安全检查次数。

（3）车间配电线路的安全检查。要搞好车间配电线路的安全检查工作，也必须全面了解车间配电线路的布线情况、结构形式、导线型号规格及配电箱和开关的位置等，并了解车间负荷的大小及车间变电室的情况。对车间配电线路，有专门的维护电工时，一般要求每周进行 1 次安全检查。

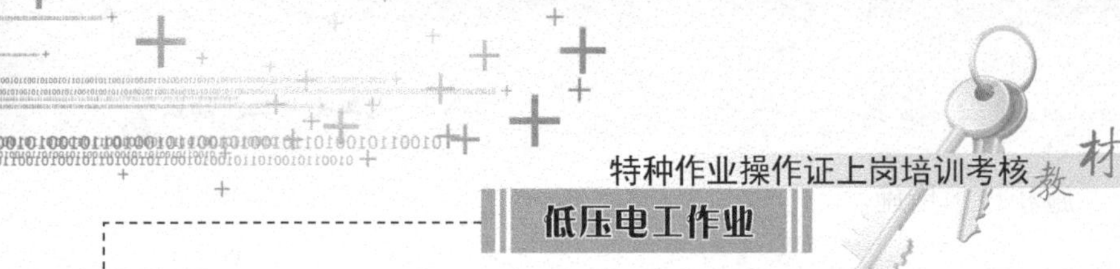

第九章

理 论 考 试

特种作业操作证资格考试包括安全技术理论考试和实际操作考试两部分，理论考试实行计算机考试，特殊情况经考试机构同意可采用计算机生成的纸质试卷考试。考试时间为120分钟，满分为100分，80分以上（包括80分）为合格。考试不合格的，允许补考一次。

考试试题要求采用全国统一考试题库试题，国家总局考试机构统一制定安全生产资格考试试题组卷规则。理论考试试题由70个判断题和30个选择题（单选题）组成，由计算机在考试题库中随机生成。

本章详细介绍低压电工作业理论考试题库内容，并对判断题中的错题进行逐条讲解，为了让读者了解自己对理论知识的掌握情况，专门编制了3套理论模拟试卷，供读者模拟考试用。

第一节 判断题及答案

一、判断题

1. 电工特种作业人员应当具备高中或相当于高中以上文化程度。

2. 电工作业分为高压电工和低压电工。

3. 取得高级电工证的人员就可以从事电工作业。

4. 特种作业操作证每1年由考核发证部门复审一次。

5. 特种作业人员必须年满20周岁，且不超过国家法定退休年龄。

6.《中华人民共和国安全生产法》第二十七条规定：生产经营单位的特种作业人员必须按照国家有关规定经专门的安全作业培训，取得相应资格，方可上岗作业。

7. 企业、事业单位的职工无特种作业操作证从事特种作业，属违章作业。

8. 特种作业人员未经专门的安全作业培训，未取得相应资格，上岗作业导致事故的，应追究生产经营单位有关人员的责任。

9. 有美尼尔氏症的人不得从事电工作业。

10. 220V 的交流电压的最大值为 380V。

11. PN 结正向导通时，其内外电场方向一致。

12. 并联电路的总电压等于各支路电压之和。

13. 电动势的正方向规定为从低电位指向高电位，所以测量时电压表应正极接电源负极. 而电压表负极接电源正极。

14. 对称的三相电源是由振幅相同、初相依次相差 120°的正弦电源连接组成的供电系统。

15. 二极管只要工作在反向击穿区，一定会被击穿。

16. 符号“A”表示交流电源。

17. 改革开放前我国强调以铝代铜作导线，以减轻导线的重量。

18. 几个电阻并联后的总电阻等于各并联电阻的倒数之和。

19. 绝缘材料就是指绝对不导电的材料。

20. 绝缘老化只是一种化学变化。

21. 欧姆定律指出：在一个闭合电路中，当导体温度不变时，通过导体的电流与加在导体两端的电压成反比，与其电阻成正比。

22. 水和金属比较，水的导电性能更好。

23. 无论在任何情况下，三极管都具有电流放大功能。

24. 载流导体在磁场中一定受到磁场力的作用。

25. 在三相交流电路中，负载为星形接法时，其相电压等于三相电源的线电压。

26. 正弦交流电的周期与角频率的关系互为倒数的。

27. 并联电路中各支路上的电流不一定相等。

28. 并联电容器有减少电压损失的作用。

29. 磁力线是一种闭合曲线。

30. 当导体温度不变时，通过导体的电流与导体两端的电压成正比，与其电阻成反比。

31. 导电性能介于导体和绝缘体之间的物体称为半导体。

32. 低压绝缘材料的耐压等级一般为500V。

33. 电解电容器的电工符号如图—|+|—所示。

34. 电流和磁场密不可分，磁场总是伴随着电流而存在，而电流永远被磁场所包围。

35. 电子镇流器的功率因数高于电感式镇流器。

36. 额定电压为380V的熔断器可用在220V的线路中。

37. 规定小磁针的北极所指的方向是磁力线的方向。

38. 过载是指线路中的电流大于线路的计算电流或允许载流量。

39. 基尔霍夫第一定律是节点电流定律，是用来证明电路上各电流之间关系的定律。

40. 交流电流表和电压表测量所测得的值都是有效值。

41. 交流电每交变一周所需的时间叫作周期 T。

42. 交流发电机是应用电磁感应的原理发电的。

43. 绝缘体被击穿时的电压称为击穿电压。

44. 三相异步电动机的转子导体中会形成电流，其电流方向可用右手定则判定。

45. 我国正弦交流电的频率为50Hz。

46. 右手定则是判定直导体做切割磁力线运动时所产生的感生电流方向。

47. 在串联电路中，电流处处相等。

48. 在串联电路中，电路总电压等于各电阻的分电压之和。

49. 在三相交流电路中，负载为三角形接法时，其相电压等于三相电源的线电压。

50. 在直流电路中，常用棕色表示正极。

51. 测量电动机的对地绝缘电阻和相间绝缘电阻，常使用兆欧表，而不宜使用万用表。

52. 测量交流电路的有功电能时，因是交流电，故其电压线圈、电流线圈和各两个端可任意接在线路上。

53. 电能表是专门用来测量设备功率的装置。

54. 电流的大小用电流表来测量，测量时将其并联在电路中。

55. 电压的大小用电压表来测量，测量时将其串联在电路中。

56. 交流钳形电流表可测量交直流电流。

57. 接地电阻测试仪就是测量线路的绝缘电阻的仪器。

58. 使用万用表电阻挡能够测量变压器的线圈电阻。

59. 使用兆欧表前不必切断被测设备的电源。

60. 万用表使用后，转换开关可置于任意位置。

61. 摇表在使用前，无须先检查摇表是否完好，可直接对被测设备进行绝缘测量。

62. 用钳形电流表测量电动机空转电流时，无须挡位变换可直接进行测量。

63. 用钳形电流表测量电动机空转电流时，可直接用小电流挡一次测量出来。

64. 直流电流表可以用于交流电路测量。

65. 测量电流时应把电流表串联在被测电路中。

66. 当电容器测量时万用表指针摆动后停止不动，说明电容器短路。

67. 电流表的内阻越小越好。

68. 电压表的内阻越大越好。

69. 电压表在测量时，量程要大于等于被测线路电压。

70. 接地电阻表主要由手摇发电机、电流互感器、电位器以及检流计组成。

71. 钳形电流表可做成既能测量交流电流，也能测量直流电流。

72. 使用万用表测量电阻，每换一次欧姆挡都要进行欧姆调零。

73. 万用表在测量电阻时，指针指在刻度盘中间最准确。

74. 吸收比是用兆欧表测定。

75. 摇测大容量设备吸收比是测量(60s)时的绝缘电阻与(15s)时的绝缘电阻之比。

76. 用钳形电流表测量电流时，尽量将导线置于钳口铁芯中间，以减小测量误差。

77. 用万用表 $R\times1\mathrm{k}\Omega$挡测量二极管时，红表笔接一只脚，黑表笔接另一只脚，测得的电阻值为几百欧姆，反向测量时电阻值很大，则该二极管是好的。

78. 危险场所室内的吊灯与地面距离不少于 3m。

79. 导线的工作电压应大于其额定电压。

80. 10kV 以下运行的阀型避雷器的绝缘电阻应每年测量一次。

81. 30～40Hz 的电流危险性最大。

82. 当灯具达不到最小高度时，应采用 24V 以下电压。

83. 当电气火灾发生时，如果无法切断电源，就只能带电灭火，并选择干粉或者二氧化碳灭火器，尽量少用水基式灭火器。

84. 当电容器爆炸时，应立即检查。

85. 当拉下总开关后，线路即视为无电。

86. 电容器室内要有良好的天然采光。

87. 吊灯安装在桌子上方时，与桌子的垂直距离不少于 1.5m。

88. 摆脱电流的概率为 50%时，成年男性的平均感知电流值约为 1.1mA，最小为 0.5mA，成年女性约为 0.6mA。

89. 工频电流比高频电流更容易引起皮肤灼伤。

90. 机关、学校、企业、住宅等建筑物内的插座回路不需要安装漏电保护装置。

91. 接了漏电开关之后，设备外壳就不需要再接地或接零了。

92. 据部分省市统计，农村触电事故要少于城市的触电事故。

93. 可以用相线碰地线的方法检查地线是否接地良好。

94. 雷电按其传播方式可分为直击雷和感应雷两种。

95. 雷电后造成架空线路产生高电压冲击波，这种雷电称为直击雷。

96. 雷雨天气，即使在室内也不要修理家中的电气线路、开关、插座等。如果一定要修要把家中电源总开关拉开。

97. 两相触电危险性比单相触电小。

98. 通电时间增加，人体电阻因出汗而增加，导致通过人体的电流减小。

99. 铜线与铝线在需要时可以直接连接。

100. 为安全起见，更换熔断器时，最好断开负载。

101. 为保证零线安全，三相四线的零线必须加装熔断器。

102. 为了安全可靠，所有开关均应同时控制相线和零线。

103. 为了避免静电火花造成爆炸事故，凡在加工、运输、储存各种易燃液体、气体时，设备都要分别隔离。

104. 一般情况下，接地电网的单相触电比不接地电网的危险性小。

105. 用避雷针、避雷带是防止雷电破坏电力设备的主要措施。

106. 用电笔检查时，电笔发光就说明线路一定有电。

107. 用电笔验电时，应赤脚站立，保证与大地有良好的接触。

108. 在爆炸危险场所，应采用三相四线制、单相三线制方式供电。

109. 在高压线路发生火灾时，应采用有相应绝缘等级的绝缘工具迅速拉开隔离开关切断电源，选择二氧化碳或者干粉灭火器进行灭火。

110. 在设备运行中，发生起火的原因：电流热量是间接原因，而火花或电弧则是直接原因。

111. TT 系统是配电网中性点直接接地，用电设备外壳也采用接地措施的系统。

112. 按照通过人体电流的大小，人体反应状态的不同，可将电流划分为感知电流、摆脱电流和室颤电流。

113. 保护接零适用于中性点直接接地的配电系统中。

114. 变配电设备应有完善的屏护装置。

115. 除独立避雷针之外，在接地电阻满足要求的前提下，防雷接地装置可以和其他接地装置共用。

116. 触电分为电击和电伤。

117. 触电事故是由电能以电流形式作用于人体造成的事故。

118. 当采用安全特低电压作直接电击防护时，应选用 25V 及以下的安全电压。

119. 当静电的放电火花能量足够大时，能引起火灾和爆炸事故；在生产过程中静电还会妨碍生产和降低产品质量等。

120. 对于容易产生静电的场所，应保持地面潮湿或者铺设导电性能较好的地板。

121. 对于在易燃、易爆、易灼烧及有静电发生的场所作业的工作人员，不可以发放和使用化纤防护用品。

122. 二氧化碳灭火器带电灭火只适用于 600V 以下的线路，如果是 10kV 或者 35kV 线路，需要带电灭火时只能选择干粉灭火器。

123. 防雷装置应沿建筑物的外墙敷设，并经最短途径接地，如有特殊要求可以暗设。

124. 黄绿双色的导线只能用于保护线。

125. 临时接地线是为了在已停电的设备和线路上意外地出现电压时保证工作人员的重要工具。按规定：接地线必须是截面积 $25mm^2$ 以上裸铜软线制成。

126. 静电现象是很普遍的电现象，其危害不小，固体静电可达 200kV 以上，人体静电也可达 10KV 以上。

127. 雷电可通过其他带电体或直接对人体放电，使人的身体遭到巨大的破坏直至死亡。

128. 雷电时，应禁止在屋外高空检修、试验和屋内验电等作业。

129. 使用电气设备时，由于导线截面选择过小，当电流较大时也会因发热过大而引发火灾。

130. 为了防止电气火花、电弧等引燃爆炸物，应选用防爆电气级别和温度组别与环境相适应的防爆电气设备。

131. 相同条件下，交流电比直流电对人体危害更大。

132. 旋转电器设备着火时不宜用干粉灭火器灭火。

133. 验电是保证电气作业安全的技术措施之一。

134. 幼儿园及小学等儿童活动场所插座安装高度不宜小于1.8m。

135. 在带电灭火时，如果用喷雾水枪，应将水枪喷嘴接地，并穿上绝缘靴和戴上绝缘手套，才可进行灭火操作。

136. 在带电维修线路时，应站在绝缘垫上。

137. 在高压操作中，无遮栏作业时，人体或其所携带工具与带电体之间的距离应不少于0.7m。

138. 在没有用验电器验电前，线路应视为有电。

139. 在有爆炸和火灾危险的场所，应尽量少用或不用携带式、移动式的电气设备。

140. 日常电气设备的维护和保养应由设备管理人员负责。

141. 使用竹梯作业时，梯子放置与地面以50°左右为宜。

142. 同一电器元件的各部件分散地画在原理图中，必须按顺序标注文字符号。

143. 为了有明显区别，并列安装的同型号开关应不同高度，错落有致。

144. “止步，高压危险！”标志牌的式样是白底、红边，有红色箭头。

145. 常用绝缘安全防护用具有绝缘手套、绝缘靴、绝缘隔板、绝缘垫、绝缘站台等。

146. 电工刀的手柄是无绝缘保护的，不能在带电导线或器材上剖切，以免触电。

147. 电工钳、电工刀、螺丝刀是常用电工基本工具。

148. 电工应严格按照操作规程进行作业。

149. 电工应做好用电人员在特殊场所作业的监护作业。

150. 电气设备缺陷、设计不合理、安装不当等都是引发火灾的重要原因。

151. 多用螺丝刀的规格是以它的全长（手柄加旋杆）表示。

152. 挂登高板时，应钩口向外并且向上。

153. 绝缘棒在闭合或拉开高压隔离开关和跌落式熔断器、装拆携带式接地线，以及进行辅助测量和试验时使用。

154. 触电者神志不清，有心跳，但呼吸停止，应立即进行口对口人工呼吸。

155. 使用脚扣进行登杆作业时，上、下杆的每一步必须使脚扣环完全套入并可靠地扣住电杆，才能移动身体，否则会造成事故。

156. 一号电工刀比二号电工刀的刀柄长度长。

157. 在安全色标中用红色表示禁止、停止或消防。

158. 在安全色标中用绿色表示安全、通过、允许、工作。

159. 遮栏是为防止工作人员无意碰到带电设备部分而装设的屏护，分临时遮栏和常设遮栏两种。

160. 导线接头的抗拉强度必须与原导线的抗拉强度相同。

161. 导线接头位置应尽量在绝缘子固定处，以方便统一扎线。

162. 根据用电性质，电力线路可分为动力线路和配电线路。

163. 为了安全，高压线路通常采用绝缘导线。

164. 导线连接后接头与绝缘层的距离越小越好。

165. 导线连接时必须注意做好防腐措施。

166. 电缆保护层的作用是保护电缆。

167. 电力线路敷设时严禁采用突然剪断导线的办法松线。

168. 横截面积较小的单股导线平接时可采用绞接法。

169. 在我国，超高压送电线路基本上是架空敷设。

170. 在选择导线时必须考虑线路投资，但导线截面积不能太小。

171. RCD 后的中性线可以接地。

172. Ⅱ类设备和Ⅲ类设备都要采取接地或接零措施。

173. RCD 的额定动作电流是指能使 RCD 动作的最大电流。

174. 组合开关在选作直接控制电机时，要求其额定电流为电动机额定电流的 2～3 倍。

175. SELV 只作为接地系统的电击保护。

176. 并联补偿电容器主要用在直流电路中。

177. 补偿电容器的容量越大越好。

178. 从过载角度出发，规定了熔断器的额定电压。

179. 单相 220V 电源供电的电气设备，应选用三极式漏电保护装置。

180. 刀开关在作隔离开关选用时，要求刀开关的额定电流要大于或等于线路实际的故障电流。

181. 低压验电器可以验出 500V 以下的电压。

182. 电动机运行时发出沉闷声是电动机在正常运行的声音。

183. 电动机在正常运行时，如闻到焦臭味，则说明电动机速度过快。

184. 电容器放电的方法就是将其两端用导线连接。

185. 断路器在选用时，要求断路器的额定通断能力要大于或等于被保护线路中可能出现的最大负载电流。

186. 对电动机轴承润滑的检查，可通电转动电动机转轴，看是否转动灵活，听有无异声。

187. 对于异步电动机，国家标准规定 3kW 以下的电动机均采用三角形联结。

188. 高压水银灯的电压比较高，所以称为高压水银灯。

189. 隔离开关是指承担接通和断开电流任务，将电路与电源隔开。

190. 检查电容器时，只要检查电压是否符合要求即可。

191. 交流接触器常见的额定最高工作电压达到 6000V。

192. 转子串频敏变阻器启动的转矩大，适合重载启动。

193. 漏电开关只有在有人触电时才会动作。

194. 目前，我国生产的接触器额定电流一般大于或等于630A。

195. 频率的自动调节补偿是热继电器的一个功能。

196. 热继电器的双金属片弯曲的速度与电流大小有关，电流越大，速度越快，这种特性称正比时限特性。

197. 热继电器是利用双金属片受热弯曲而推动触点动作的一种保护电器，它主要用于线路的速断保护。

198. 熔断器的特性，是通过熔体的电压值越高，熔断时间越短。

199. 熔断器在所有电路中，都能起到过载保护。

200. 如果电容器运行时，检查发现温度过高，应加强通风。

201. 三相电动机的转子和定子要同时通电才能工作。

202. 剩余动作电流小于或等于 0.3A 的 RCD 属于高灵敏度RCD。

203. 自动开关属于手动电器。

204. 使用改变磁极对数来调速的电动机一般都是绕线型转子电动机。

205. 试验对地电压为 50V 以上的带电设备时，氖泡式低压验电器应显示有电。

206. 手持电动工具有两种分类方式，即按工作电压分类和按防潮程度分类。

207. 手持式电动工具接线可以随意加长。

208. 万能转换开关的定位结构一般采用滚轮卡转轴辐射型结构。

209. 为改善电动机的启动及运行性能，笼型异步电动机转子铁芯一般采用直槽结构。

210. 锡焊晶体管等弱电元件应用 100W 的电烙铁。

211. 行程开关的作用是将机械行走的长度用电信号传出。

212. 移动电气设备电源应采用高强度铜芯橡皮护套硬绝缘电缆。

213. 在采用多级熔断器保护中，后级熔体的额定电流比前级大，以电源端为最前端。

214. 在断电之后，电动机停转，当电网再次来电，电动机能自行启动的运行方式称为失压保护。

215. 中间继电器的动作值与释放值可调节。

216. 中间继电器实际上是一种动作与释放值可调节的电压继电器。

217. 接触器的文字符号为KM。

218. 时间继电器的文字符号为KT。

219. Ⅱ类手持电动工具比Ⅰ类工具安全可靠。

220. Ⅲ类电动工具的工作电压不超过50V。

221. RCD的选择，必须考虑用电设备和电路正常泄漏电流的影响。

222. 安全可靠是对任何开关电器的基本要求。

223. 按钮的文字符号为SB。

224. 按钮根据使用场合，可选的种类有开启式、防水式、防腐式、保护式等。

225. 白炽灯属热辐射光源。

226. 并联电容器所接的线停电后，必须断开电容器组。

227. 剥线钳是用来剥削小导线头部表面绝缘层的专用工具。

228. 不同电压的插座应有明显区别。

229. 低压断路器是一种重要的控制和保护电器，断路器都装有灭弧装置，因此可以安全地带负荷合、分闸。

230. 低压配电屏是按一定的接线方案将有关低压一、二次设备组装起来，每一个主电路方案对应一个或多个辅助方案，从而简化了工程设计。

231. 电动机按铭牌数值工作时，短时运行的定额工作制用S2表示。

232. 电动式时间继电器的延时时间不受电源电压波动及环境温度变化的影响。

233. 电动机异常发响发热的同时，转速急速下降，应立即切断电源，停机检查。

234. 电动机在检修后，经各项检查合格后，就可对电动机进行空载试验和短路试验。

235. 电气安装接线图中，同一电器元件的各部分必须画在一起。

236. 电气控制系统图包括电气原理图和电气安装图。

237. 电气原理图中的所有元件均按未通电状态或无外力作用时的状态画出。

238. 电容器的放电负载不能装设熔断器或开关。

239. 电容器室内应有良好的通风。

240. 断路器可分为框架式和塑料外壳式。

241. 对电机各绕组的绝缘检查，如测出绝缘电阻不合格，不允许通电运行。

242. 对绕线型异步电动机，应经常检查电刷与集电环的接触及电刷的磨损、压力、火花等情况。

243. 对于开关频繁的场所应采用白炽灯照明。

244. 对于转子有绕组的电动机，将外电阻串入转子电路中启动，并随电动机转速升高而逐渐地将电阻值减小并最终切除，叫转子串电阻启动。

245. 脱离电源后，触电者神志清醒，应让触电者来回走动，加强血液循环。

246. 分断电流能力是各类刀开关的主要技术参数之一。

247. 改变转子电阻调速这种方法只适用于绕线型异步电动机。

248. 交流电动机铭牌上的频率是此电机使用的交流电源的频率。

249. 交流接触器的额定电流，是在额定的工作条件下所决定的电流值。

250. 胶壳开关不适合用于直接控制 5.5kW 以上的交流电动机。

251. 漏电断路器在被保护电路中有漏电或有人触电时，零序电流互感器就产生感应电流，经放大使脱扣器动作，从而切断电路。

252. 漏电开关跳闸后，允许采用分路停电再送电的方式检查线路。

253. 路灯的各回路应有保护，每一灯具宜设单独熔断器。

254. 螺口灯头的台灯应采用三孔插座。

255. 民用住宅严禁装设床头开关。

256. 能耗制动这种方法是将转子的动能转化为电能，并消耗在转子回路的电阻上。

257. 热继电器的保护特性在保护电动机时，应尽可能与电动机过载特性贴近。

258. 日光灯点亮后，镇流器起降压限流作用。

259. 熔断器的文字符号为FU。

260. 熔体的额定电流不可大于熔断器的额定电流。

261. 剩余电流动作保护装置主要用于1000V以下的低压系统。

262. 使用手持式电动工具应当检查电源开关是否失灵、是否破损、是否牢固、接线是否松动。

263. 事故照明不允许和其他照明共用同一线路。

264. 铁壳开关安装时外壳必须可靠接地。

265. 通用继电器是可以更换不同性质的线圈，从而将其制成各种继电器。

266. 验电器在使用前必须确认验电器良好。

267. 移动电气设备可以参考手持电动工具的有关要求进行使用。

268. 异步电动机的转差率是旋转磁场的转速与电动机转速之差与旋转磁场的转速之比。

269. 因闻到焦臭味而停止运行的电动机，必须找出原因后才能再通电使用。

270. 用星-三角降压启动时，启动转矩为直接采用三角形联结时启动转矩的 1/3。

271. 再生发电制动只用于电动机转速高于同步转速的场合。

272. 在电气原理图中，当触点图形垂直放置时，以“左开右闭”原则绘制。

273. 在电压低于额定值的一定比例后能自动断电的称为欠电压保护。

274. 在供配电系统和设备自动系统中，刀开关通常用于电源隔离。

275. 自动空气开关具有过载、短路和欠电压保护。

276. 自动切换电器是依靠本身参数的变化或外来信号而自动进行工作的。

277. 组合开关可直接启动 5kW 以下的电动机。

278. 复合按钮的电工符号是SB。

279. 选用电器应遵循的经济原则是本身的经济价值和使用价值，不致因运行不可靠而产生损失。

280.《安全生产法》所说的“负有安全生产监督管理职责的部门”就是指各级安全生产监督管理部门。

281. 在高压线路发生火灾时，应迅速撤离现场，并拨打火警电话 119 报警。

282. 不可用万用表欧姆挡直接测量微安表、检流计或电池的内阻。

283. 电机在短时定额运行时，我国规定的短时运行时间有 6 种。

284. 对于容易产生静电的场所，应保持环境湿度在 70%以上。

285. 视在功率就是无功功率加上有功功率。

286. 时间继电器的文字符号为 KM。

287. 接触器的文字符号为 FR。

288. 停电作业安全措施按保安作用依据，安全措施分为预见性措施和防护性措施。

二、判断题答案

判断题参考答案

1	错	2	错	3	错	4	错	5	错
6	对	7	对	8	对	9	对	10	错
11	错	12	错	13	错	14	错	15	错
16	错	17	错	18	错	19	错	20	错
21	错	22	错	23	错	24	错	25	错
26	错	27	对	28	对	29	对	30	对
31	对	32	对	33	对	34	对	35	对
36	对	37	对	38	对	39	对	40	对
41	对	42	对	43	对	44	对	45	对
46	对	47	对	48	对	49	对	50	对
51	错	52	错	53	错	54	错	55	错
56	错	57	错	58	错	59	错	60	错
61	错	62	错	63	错	64	错	65	对
66	对	67	对	68	对	69	对	70	对
71	对	72	对	73	对	74	对	75	对
76	对	77	对	78	错	79	错	80	错
81	错	82	错	83	错	84	错	85	错
86	错	87	错	88	错	89	错	90	错
91	错	92	错	93	错	94	错	95	错
96	错	97	错	98	错	99	错	100	错
101	错	102	错	103	错	104	错	105	错
106	错	107	错	108	错	109	错	110	错
111	对	112	对	113	对	114	对	115	对
116	对	117	对	118	对	119	对	120	对
121	对	122	对	123	对	124	对	125	对
126	对	127	对	128	对	129	对	130	对
131	对	132	对	133	对	134	对	135	对
136	对	137	对	138	对	139	对	140	错
141	错	142	错	143	错	144	对	145	对
146	对	147	对	148	对	149	对	150	对
151	对	152	对	153	对	154	对	155	对
156	对	157	对	158	对	159	对	160	错

161	错	162	错	163	错	164	对	165	对
166	对	167	对	168	对	169	对	170	对
171	错	172	错	173	错	174	对	175	错
176	错	177	错	178	错	179	错	180	错
181	错	182	错	183	错	184	错	185	错
186	错	187	错	188	错	189	错	190	错
191	错	192	错	193	错	194	错	195	错
196	错	197	错	198	错	199	错	200	错
201	错	202	错	203	错	204	错	205	对
206	错	207	错	208	错	209	错	210	错
211	错	212	错	213	错	214	错	215	错
216	错	217	对	218	对	219	对	220	对
221	对	222	对	223	对	224	对	225	对
226	对	227	对	228	对	229	对	230	对
231	对	232	对	233	对	234	对	235	对
236	对	237	对	238	对	239	对	240	对
241	对	242	对	243	对	244	对	245	错
246	对	247	对	248	对	249	对	250	对
251	对	252	对	253	对	254	对	255	对
256	对	257	对	258	对	259	对	260	对
261	对	262	对	263	对	264	对	265	对
266	对	267	对	268	对	269	对	270	对
271	对	272	对	273	对	274	对	275	对
276	对	277	对	278	对	279	对	280	错
281	错	282	对	283	错	284	对	285	错
286	错	287	错	288	对				

第二节 选择题及答案

一、选择题：

1. 异步电动机在启动瞬间，转子绕组中感应的电流很大，使定子流过的启动电流也很大，约为额定电流的（　　）倍。

A. 2　　B. 4～7　　C. 9～10

2.（　　）的电动机，在通电前，必须先做各绕组的绝缘电阻检查，合格后才可通电。

A. 一直在用，停止没超过一天

B. 不常用，但电动机刚停止不超过一天

C. 新装或未用过的

3.（　　）可用于操作高压跌落式熔断器、单极隔离开关及装设临时接地线等。

A. 绝缘手套　B. 绝缘鞋　C. 绝缘棒

4.（　　）是保证电气作业安全的技术措施之一。

A. 工作票制度　B. 验电

C. 工作许可制度

5.（　　）是登杆作业时必备的保护用具，无论用登高板或脚扣都要用其配合使用。

A. 安全带　B. 梯子　C. 手套

6.（　）仪表可直接用于交、直流测量，但精确度低。

A. 电磁式　B. 磁电式　C. 电动式

7.（　　）仪表由固定的线圈，可转动的线圈及转轴、游丝、指针、机械调零机构等组成。

A. 电磁式　B. 磁电式　C. 电动式

8. GB/T 3805—2008《特低电压（ELV）限值》中规定，在正常环境下，正常工作时工频电压有效值的限值为（　　）V。

A. 33　B. 70　C. 55

9.“禁止攀登，高压危险!”的标志牌应制作为（　　）。

A. 红底白字　B. 白底红字　C. 白底红边黑字

10. 铁壳开关在作控制电机启动和停止时，要求额定电流要大于或等于（　　）倍电动机额定电流。

A. 一　B. 二　C. 三

11. 在采用多级熔断器保护中，后级的熔体额定电流比前级大，目的是防止熔断器越级熔断而（　　）。

A. 减少停电范围　B. 查障困难

C. 扩大停电范围

12. 6～10kV 架空线路的导线经过居民区时线路与地面的最小距离为（　　）m。

A. 6　　B. 5　　C. 6.5

13. Ⅱ类手持电动工具是带有（　　）绝缘的设备。

A. 防护　　B. 基本　　C. 双重

14. PE 线或 PEN 线上除工作接地外其他接地点的再次接地称为（　　）接地。

A. 直接　　B. 间接　　C. 重复

15. PN 结两端加正向电压时，其正向电阻（　　）。

A. 小　　B. 大　　C. 不变

16. TN-S 俗称（　　）制。

A. 三相五线　　B. 三相四线　　C. 三相三线

17. 安培定则也叫（　　）。

A. 左手定则　　B. 右手定则　　C. 右手螺旋法则

18. 按国际和我国标准，（　　）线只能用做保护接地或保护接零线。

A. 黑色　　B. 蓝色　　C. 黄绿双色

19. 按照计数方法，电工仪表主要分为指针式仪表和（　　）式仪表。

A. 比较　　B. 电动　　C. 数字

20. 暗装的开关及插座应有（　　）。

A. 明显标志　B. 盖板　　C. 警示标志

21. 保护线（接地或接零线）的颜色按标准应采用（　　）。

A. 蓝色　　B. 红色　　C. 黄绿双色

22. 保险绳的使用应（　　）。

A. 高挂低用　　B. 低挂高用

C. 保证安全

23. 变压器和高压开关柜，防止雷电侵入产生破坏的主要措施是（　　）。

A. 安装避雷线　　B. 安装避雷器

C. 安装避雷网

24. 并联电力电容器的作用是（　　）。

A. 降低功率因数　　　　　B. 提高功率因数

C. 维持电流

25. 不接地系统中，如发生单相接地故障时，其他相线对地电压会（　　）。

A. 升高　　B. 降低　　C. 不变

26. 测量电动机线圈对地的绝缘电阻时，摇表的“L”“E”两个接线柱应（　　）。

A. “E”接电动机出线的端子，“L”接电动机的外壳

B. “L”接电动机出线的端子，“E”接电动机的外壳

C. 随便接，没有规定

27. 测量电压时，电压表应与被测电路（　　）。

A. 并联　　B. 串联　　C. 正接

28. 测量接地电阻时，电位探针应接在距接地端（　　）m 的地方。

A. 20　　B. 5　　C. 40

29. 穿管导线内最多允许（　　）个导线接头。

A. 2　　B. 1　　C. 0

30. 串联电路中各电阻两端电压的关系是（　　）。

A. 各电阻两端电压相等　　B. 阻值越小两端电压越高

C. 阻值越大两端电压越高

31. 从制造角度考虑，低压电器是指在交流 50Hz、额定电压（　　）V 或直流额定电压 1500V 及以下电气设备。

A. 400　　B. 800　　C. 1000

32. 带电体的工作电压越高，要求其间的空气距离（　　）。

A. 越大　　B. 一样　　C. 越小

33. 单极型半导体器件是（　　）。

A. 二极管　　　　　B. 双极性二极管

C. 场效应管

34. 单相电能表主要由一个可转动铝盘和分别绕在不同铁芯上的一个（　　）和一个电流线圈组成。

A. 电压互感器　　　　B. 电压线圈

C. 电阻

35. 单相三孔插座的上孔接（　　）。

A. 零线　　B. 相线　　C. 地线

36. 当低压电气火灾发生时，首先应做的是（　　）。

A. 迅速离开现场去报告领导

B. 迅速设法切断电源

C. 迅速用干粉或者二氧化碳灭火器灭火

37. 当电气火灾发生时，应首先切断电源再灭火，但当电源无法切断时，只能带电灭火，500V 低压配电柜灭火可选用的灭火器是（　　）。

A. 二氧化碳灭火器　　　　B. 泡沫灭火器

C. 水基式灭火器

38. 当电气设备发生接地故障，接地电流通过接地体向大地流散，若人在接地短路点周围行走，其两脚间的电位差引起的触电叫（　　）触电。

A. 单相　　B. 跨步电压　　C. 感应电

39. 当电压为 5V 时，导体的电阻值为 5Ω，那么当电阻两端电压为 2V 时，导体的电阻值为（　　）Ω。

A. 10　　B. 5　　C. 2

40. 当空气开关动作后，用手触摸其外壳，发现开关外壳较热，则动作的可能是（　　）。

A. 短路　　B. 过载　　C. 欠电压

41. 当一个熔断器保护一只灯时，熔断器应串联在开关（　　）。

A. 前　　B. 后　　C. 中

42. 导线的中间接头采用铰接时，先在中间互绞（　　）圈。

A. 1　　B. 2　　C. 3

43. 导线接头缠绝缘胶布时，后一圈压在前一圈胶布宽度的（　　）。

A. 1/2　　B. 1/3　　C. 1

44. 导线接头的机械强度不小于原导线机械强度的（　　）%。

A. 80　　B. 90　　C. 95

45. 导线接头的绝缘强度应（　　）原导线的绝缘强度。

A. 大于　　B. 等于　　C. 小于

46. 导线接头电阻要足够小，与同长度同截面导线的电阻比不大于（　　）。

A. 1.5　　B. 1　　C. 2

47. 导线接头连接不紧密，会造成接头（　　）。

A. 发热　　B. 绝缘不够　　C. 不导电

48. 导线接头要求应接触紧密和（　　）等。

A. 拉不断　　B. 牢固可靠　　C. 不会发热

49. 登杆前，应对脚扣进行（　　）。

A. 人体载荷冲击试验　　B. 人体静载荷试验

C. 人体载荷拉伸试验

50. 低压电工作业是指对（　　）V 以下的电气设备进行安装、调试、运行操作等的作业。

A. 500　　B. 250　　C. 1000

51、低压电器按其动作方式可分为自动切换电器和（　　）电器。

A. 非电动　　B. 非自动切换

C. 非机械

52. 低压电器可分为低压配电电器和（　　）电器。

A. 低压控制　　B. 电压控制

C. 低压电动

53. 低压电容器的放电负载通常用（　　）。

A. 灯泡　　B. 线圈　　C. 互感器

54. 低压断路器也称为（　　）。

A. 闸刀　B. 总开关　C. 自动空气开关

55. 低压熔断器广泛应用于低压供配电系统和控制系统中，主要用于（　　）保护，有时也可用于过载保护。

A. 速断　B. 短路　C. 过流

56. 低压线路中的零线采用的颜色是（　　）。

A. 深蓝色　B. 淡蓝色　C. 黄绿双色

57. 碘钨灯属于（　　）光源。

A. 气体放电　B. 电弧　C. 热辐射

58. 电磁力的大小与导体的有效长度（　　）。

A. 成反比　B. 成正比　C. 无关

59. 电动机（　　）作为电动机磁通的通路，要求材料有良好的导磁性能。

A. 端盖　B. 机座　C. 定子铁心

60. 电动机定子三相绕组与交流电源的连接叫接法，其中Y为（　　）。

A. 星形接法　B. 三角形接法

C. 延边三角形接法

61. 电动机在额定工作状态下运行时，（　　）的机械功率叫额定功率。

A. 允许输出　B. 允许输入　C. 推动电动机

62. 电动机在额定工作状态下运行时，定子电路所加的（　　）叫额定电压。

A. 相电压　B. 线电压　C. 额定电压

63. 电动势的方向是（　　）。

A. 从正极指向负极　B. 从负极指向正极

C. 与电压方向相同

64. 电感式日光灯镇流器的内部是（　　）。

A. 电子电路　B. 线圈

C. 振荡电路

65. 电动机在运行时，要通过（　　）、看、闻等方法即时监视电动机。

A. 听　　B. 记录　　C. 吹风

66. 电机在正常运行时的声音是平稳、轻快、（　　）和有节奏的。

A. 尖叫　　B. 均匀　　C. 摩擦

67. 电烙铁用于（　　）导线接头等。

A. 锡焊　　B. 铜焊　　C. 铁焊

68. 电流表的符号是（　　）。

A. A　　B. Ω　　C. V

69. 电流从左手到双脚引起心室颤动效应，一般认为通电时间与电流的乘积大于（　　）mA・s 时就有生命危险。

A. 30　　B. 16　　C. 50

70. 电流对人体的热效应造成的伤害是（　　）。

A. 电烧伤　　B. 电烙印　　C. 皮肤金属化

71. 电流继电器使用时，其吸引线圈直接或通过电流互感器（　　）在被控电路中。

A. 串联　　B. 并联　　C. 串联或并联

72. 电能表是测量（　）用的仪器。

A. 电压　　B. 电流　　C. 电能

73. 电气火灾的引发是由于危险温度的存在，危险温度的引发主要是由于（　　）。

A. 设备负载轻　　B. 电压波动

C. 电流过大

74. 电气火灾发生时，应先切断电源再扑救，但不知或不清楚开关在何处时，应剪断电线，剪切时要（　　）。

A. 几根线迅速同时剪断

B. 不同相线在不同位置剪断

C. 在同一位置一根一根剪断

75. 电容量的单位是（　　）。

A. 法　　B. 乏　　C. 安时

76. 电容器可用万用表（　　）挡进行检查。

A. 电压　　B. 电流　　C. 电阻

77. 电容器属于（　　）设备。

A. 危险　　B. 运动　　C. 静止

78. 电容器在用万用表检查时指针摆动后应该（　　）。

A. 保持不动　　B. 逐渐回摆

C. 来回摆动

79. 电容器组禁止（　　）。

A. 带电合闸　　B. 带电荷合闸

C. 停电合闸

80. 电伤是由电流的（　　）效应对人体所造成的伤害。

A. 化学　　B. 热　　C. 热、化学与机械

81. 电压继电器使用时其吸引线圈直接或通过电压互感器（　　）在被控电路中。

A. 并联　　B. 串联　　C. 串联或并联

82. 电业安全工作规程上规定，对地电压为（　　）V 及以下的设备为低压设备。

A. 400　　B. 380　　C. 250

83. 断路器的选用，应先确定断路器的（　　），然后才进行具体的参数确定。

A. 额定电流　　B. 类型

C. 额定电压

84. 断路器是通过手动或电动等操作机构使断路器合闸，通过（　　）装置使断路器自动跳闸，达到故障保护目的。

A. 活动　　B. 自动　　C. 脱扣

85. 对电机各绕组的绝缘检查，如测出绝缘电阻为零，在发现无明显烧毁的现象时，则可进行烘干处理，这时（　　）通电运行。

A. 允许　　B. 不允许　　C. 烘干好后就可

86. 对电机各绕组的绝缘检查，要求是：电动机每 1kV 工作

电压，绝缘电阻（　　）。

A. 大于等于 1MΩ　　B. 小于 0.5MΩ

C. 等于 0.5MΩ

87. 对电机内部的脏物及灰尘清理，应用（　　）。

A. 布上蘸汽油、煤油等抹擦

B. 湿布抹擦

C. 用压缩空气吹或用干布抹擦

88. 对电机轴承润滑的检查，（　　）电动机转轴，看是否转动灵活，听有无异声。

A. 用手转动　　B．通电转动

C. 用其他设备带动

89. 对颜色有较高区别要求的场所，宜采用（　　）。

A. 彩灯　　B. 白炽灯　　C. 紫色灯

90. 对于低压配电网，配电容量在 100kW 以下时，设备保护接地的接地电阻不应超过（　　）Ω。

A. 6　　B. 10　　C. 4

91. 对照电动机与其铭牌检查，主要有（　　）、频率、定子绕组的连接方法。

A. 电源电流　　B. 电源电压

C. 工作制

92. 防静电的接地电阻要求不大于（　　）Ω。

A. 40　　B. 10　　C. 100

93. 非自动切换电器是依靠（　　）直接操作来进行工作的。

A. 电动　　B. 外力（如手控）

C. 感应

94. 感应电流的方向总是使感应电流的磁场阻碍引起感应电流的磁通的变化，这一定律称为（　　）。

A. 特斯拉定律　　B. 法拉第定律

C. 楞次定律

95. 高压验电器的发光电压不应高于额定电压的（　　）%。

A. 50　　B. 25　　C. 75

96. 根据线路电压等级和用户对象，电力线路可分为配电线路和（　　）线路。

A. 动力　B. 照明　C. 送电

97. 更换和检修用电设备时，最好的安全措施是（　　）。

A. 切断电源　B. 站在凳子上操作

C. 戴橡皮手套操作

98. 更换熔体时，原则上新熔体与旧熔体的规格要（　　）。

A. 相同　B. 不同　C. 更新

99. 国家标准规定，凡（　　）kW 以上的电动机均采用三角形接法。

A. 4　　B. 3　　C. 7.5

100. 行程开关的组成包括有（　　）。

A. 线圈部分　B. 保护系统

C. 反力系统

101. 合上电源开关，熔丝立即烧断，则线路（　　）。

A. 短路　B. 漏电　C. 电压太高

102. 几种线路同杆架设时，必须保证高压线路在低压线路（　　）。

A. 右方　B. 左方　C. 上方

103. 继电器是一种根据（　　）来控制电路"接通"或"断开"的一种自动电器。

A. 电信号　B. 外界输入信号（电信号或非电信号）

C. 非电信号

104. 尖嘴钳 150mm 是指（　　）。

A. 其总长度为 150mm　B. 其绝缘手柄为 150mm

C. 其开口为 150mm

105. 建筑施工工地的用电机械设备（　　）安装漏电保护装置。

A. 应　B. 不应　C. 没规定

106. 将一根导线均匀拉长为原长的 2 倍，则它的阻值为原阻值的（　　）倍。

A. 1　　B. 2　　C. 4

107. 降压启动是指启动时降低加在电动机（　　）绕组上的电压，启动运转后，再使其电压恢复到额定电压正常运行。

A. 定子　　B. 转子　　C. 定子及转子

108. 交流 10kV 母线电压是指交流三相三线制的（　　）。

A. 线电压　　B. 相电压　　C. 线路电压

109. 交流电路中电流比电压滞后 90°，该电路属于（　　）电路。

A. 纯电阻　　B. 纯电感　　C. 纯电容

110. 交流接触器的电寿命约为机械寿命的（　　）倍。

A. 1　　B. 10　　C. 1/20

111. 交流接触器的额定工作电压，是指在规定条件下，能保证电器正常工作的（　　）电压。

A. 最高　　B. 最低　　C. 平均

112. 交流接触器的机械寿命是指在不带负载的操作次数，一般达（　　）。

A. 600 万～1000 万次　　B. 10 万次以下

C. 10000 万次以上

113. 胶壳刀开关在接线时，电源线接在（　　）。

A. 下端（动触点）　　B. 上端（静触点）

C. 两端都可

114. 接地电阻测量仪是测量（　　）的装置。

A. 绝缘电阻　　B. 直流电阻

C. 接地电阻

115. 接地电阻测量仪主要由手摇发电机、（　　）、电位器，以及检流计组成。

A. 电压互感器　　B. 电流互感器

C. 变压器

116. 临时接地线应用多股软裸铜线，其截面积不得小于（　　）mm^2。

A. 10　　B. 6　　C. 25

117. 静电防护的措施比较多，下面常用又行之有效的可消除设备外壳静电的方法是（　　）。

A. 接零　　B. 接地　　C. 串接

118. 静电现象是十分普遍的电现象，（　　）是它的最大危害。

A. 高电压击穿绝缘

B. 对人体放电，直接置人于死地

C. 易引发火灾

119. 据一些资料表明，心跳呼吸停止，在（　　）min 内进行抢救，约 80%可以救活。

A. 1　　B. 2　　C. 3

120. 绝缘安全用具分为（　　）安全用具和辅助安全用具。

A. 直接　　B. 间接　　C. 基本

121. 绝缘材料的耐热等级为 E 级时，其极限工作温度为（　　）℃。

A. 90　　B. 105　　C. 120

122. 绝缘手套属于（　　）安全用具。

A. 辅助　　B. 直接　　C. 基本

123. 拉开闸刀时，如果出现电弧，应（　　）。

A. 立即合闸　　B. 迅速拉开

C. 缓慢拉开

124. 雷电流产生的（　　）电压和跨步电压可直接使人触电死亡。

A. 接触　　B. 感应　　C. 直击

125. 利用（　　）来降低加在定子三相绕组上的电压的启动叫自耦降压启动。

A. 频敏变压器　　B. 自耦变压器

C. 电阻器

126. 利用交流接触器作欠电压保护的原理是当电压不足时，线圈产生的（　　）不足，触点分断。

A. 磁力　　B. 涡流　　C. 热量

127. 笼型异步电动机采用电阻降压启动时，启动次数（　　）。

A. 不允许超过 3 次/小时　　B. 不宜太少

C. 不宜过于频繁

128. 笼型异步电动机常用的降压启动有（　　）启动、自耦变压器降压启动、星-三角降压启动。

A. 串电阻降压　　B. 转子串电阻

C. 转子串频敏

129. 笼型异步电动机降压启动能减少启动电流，但由于电机的转矩与电压的平方成（　　），因此降压启动时转矩减少较多。

A. 正比　　B. 反比　　C. 对应

130. 漏电保护断路器在设备正常工作时，电路电流的相量和（　　），开关保持闭合状态。

A. 为负　　B. 为正　　C. 为零

131. 螺口灯头的螺纹应与（　　）相接。

A. 零线　　B. 相线　　C. 地线

132. 螺丝刀的规格是以柄部外面的杆身长度和（　　）表示。

A. 厚度　　B. 半径　　C. 直径

133. 螺旋式熔断器的电源进线应接在（　　）。

A. 下端　　B. 上端　　C. 前端

134. 落地插座应具有牢固可靠的（　　）。

A. 标志牌　　B. 保护盖板　　C. 开关

135. 每一照明（包括风扇）支路总容量一般不大于（　　）kW。

A. 3　　B. 2　　C. 4

136. 某四极电动机的转速为 1440r/min，则这台电动机的转差率为（　　）%。

A. 4　　B. 2　　C. 6

137. 脑细胞对缺氧最敏感，一般缺氧超过（　　）min 就会造成不可逆转的损害导致脑死亡。

A. 8　　B. 5　　C. 12

138. 频敏变阻器其构造与三相电抗相似，即由三个铁芯柱和（　　）绕组组成。

A. 二个　　B. 一个　　C. 三个

139. 钳形电流表测量电流时，可以在（　　）电路的情况下进行。

A. 短接　　B. 断开　　C. 不断开

140. 钳形电流表使用时应先用较大量程，然后再视被测电流的大小变换量程。切换量程时应（　　）。

A. 先退出导线，再转动量程开关

B. 直接转动量程开关

C. 一边进线一边换挡

141. 钳形电流表是利用（　　）的原理制造的。

A. 电压互感器 B. 电流互感器

C. 变压器

142. 钳形电流表由电流互感器和带（　　）的磁电式表头组成。

A. 整流装置　B. 测量电路

C. 指针

143. 墙边开关安装时距离地面的高度为（　）m。

A. 1.3　　B. 1.5　　C. 2

144. 确定正弦量的三要素为（　　）。

A. 相位、初相位、相位差

B. 最大值、频率、初相角

C. 周期、频率、角频率

145. 热继电器的保护特性与电动机过载特性贴近，是为了充分发挥电机的（　　）能力。

A. 过载　　B. 控制　　C. 节流

146. 热继电器的整定电流为电动机额定电流的（　　）%。

A. 120　　B. 100　　C. 130

147. 热继电器具有一定的（　　）自动调节补偿功能。

A. 时间　　B. 频率　　C. 温度

148. 人的室颤电流约为（　　）mA。

A. 30　　B. 16　　C. 50

149. 人体体内电阻约为（　　）Ω。

A. 300　　B. 200　　C. 500

150. 人体同时接触带电设备或线路中的两相导体时，电流从一相通过人体流入另一相，这种触电现象称为（　　）触电。

A. 单相　　B. 两相　　C. 感应电

151. 人体直接接触带电设备或线路中的一相时，电流通过人体流入大地，这种触电现象称为（　　）触电。

A. 单相　　B. 两相　　C. 三相

152. 日光灯属于（　　）光源。

A. 气体放电　　B. 热辐射

C. 生物放电

153. 熔断器的保护特性又称为（　　）。

A. 安秒特性　　B. 灭弧特性

C. 时间性

154. 熔断器在电动机的电路中起（　　）保护作用。

A. 过载　　B. 短路　　C. 过载和短路

155. 如果触电者心跳停止，有呼吸，应立即对触电者施行（　　）急救。

A. 仰卧压胸法 B. 胸外心脏按压法

C. 俯卧压背法

156. 三个阻值相等的电阻串联时的总电阻是并联时总电阻的（　　）倍。

A. 6　　B. 9　　C. 3

157. 三相对称负载接成星形时，三相总电流（　　）。

A. 等于零　　　　　　　　B. 等于其中一相电流的三倍

C. 等于其中一相电流

158. 三相交流电路中，A 相用（　　）颜色标记。

A. 黄色　　B. 红色　　C. 绿色

159. 三相笼型异步电动机的启动方式有两类，即在额定电压下的直接启动和（　　）启动。

A. 转子串频敏　　　　　　B. 转子串电阻

C. 降低启动电压

160. 三相四线制的零线的截面积一般（　　）相线截面积。

A. 大于　　B. 小于　　C. 等于

161. 三相异步电动机按其（　　）的不同可分为开启式、防护式、封闭式三大类。

A. 外壳保护方式　　　　　B. 供电电源的方式

C. 结构型式

162. 三相异步电动机虽然种类繁多，但基本结构均由（　　）和转子两大部分组成。

A. 定子　　B. 外壳　　C. 罩壳及机座

163. 三相异步电动机一般可直接启动的功率为（　　）kW 以下。

A. 10　　B. 7　　C. 16

164. 生产经营单位的主要负责人在本单位发生重大生产安全事故后逃匿的，由（　　）处 15 日以下拘留。

A. 检察机关　　B. 公安机关

C. 安全生产监督管理部门

165. 使用剥线钳时应选用比导线直径（　　）的刃口。

A. 稍大　　B. 相同　　C. 较大

166. 使用竹梯时，梯子与地面的夹角以（　　）° 为宜。

A. 60　　B. 50　　C. 70

167. 事故照明一般采用（　　）。

A. 日光灯　　B. 白炽灯　　C. 高压汞灯

168. 属于配电电器的有（　　）。

A. 接触器　　B. 熔断器　　C. 电阻器

169. 碳在自然界中有金刚石和石墨两种存在形式，其中石墨是（　　）。

A. 绝缘体　　B. 导体　　C. 半导体

170. 特别潮湿的场所应采用（　　）V 的安全特低电压。

A. 24　　B. 42　　C. 12

171. 特低电压限值是指在任何条件下，任意两导体之间出现的（　　）电压值。

A. 最小　　B. 最大　　C. 中间

172. 特种作业操作证每（　　）年复审 1 次。

A. 4　　B. 5　　C. 3

173. 特种作业操作证有效期为（　　）年。

A. 8　　B. 12　　C. 6

174. 特种作业人员必须年满（　　）周岁。

A. 19　　B. 18　　C. 20

175. 特种作业人员在操作证有效期内，连续从事本工种 10 年以上，无违法行为，经考核发证机关同意，操作证复审时间可延长至（　　）年。

A. 6　　B. 4　　C. 10

176. 装设接地线，当检验明确无电压后，应立即将检修设备接地并（　　）短路。

A. 两相　　B. 单相　　C. 三相

177. 通电线圈产生的磁场方向不但与电流方向有关，而且还与线圈（　　）有关。

A. 长度　　B. 绕向　　C. 体积

178. 万能转换开关的基本结构内有（　　）。

A. 触点系统　　B. 反力系统

C. 线圈部分

179. 万用表实质是一个带有整流器的（　　）仪表。

A. 电磁式　　B. 磁电式　　C. 电动式

180. 万用表由表头、（　　）及转换开关三个主要部分组成。

A. 测量电路　B. 线圈

C. 指针

181. 为避免高压变配电站遭受直击雷，引发大面积停电事故，一般可用（　）来防雷。

A. 阀型避雷器　　B. 接闪杆

C. 接闪网

182. 为了检查可以短时停电，在触及电容器前必须（　　）。

A. 充分放电　　B. 长时间停电

C. 冷却之后

183. 稳压二极管的正常工作状态是（　　）。

A. 截止状态　　B. 导通状态

C. 反向击穿状态

184. 我们平时称的瓷瓶，在电工专业中称为（　　）。

A. 隔离体　　B. 绝缘瓶　　C. 绝缘子

185. 我们使用的照明电压为 220V，这个值是交流电的（　）。

A. 最大值　　B. 有效值　　C. 恒定值

186. 锡焊晶体管等弱电元件应用（　　）W 的电烙铁为宜。

A. 75　　B. 25　　C.100

187. 下列（　　）是保证电气作业安全的组织措施。

A. 停电　　B. 工作许可制度

C. 悬挂接地线

188. 下列材料不能作为导线使用的是（　　）。

A. 钢绞线　　B. 铜绞线　　C. 铝绞线

189. 下列材料中，导电性能最好的是（　　）。

A. 铜　　B. 铝　　C. 铁

190. 下列灯具中功率因数最高的是（　）。

A. 节能灯　　B. 白炽灯　　C. 日光灯

191. 下列现象中，可判定是接触不良的是（ ）。

A. 日光灯启动困难 B. 灯泡忽明忽暗

C. 灯泡不亮

192. 下面（ ）属于顺磁性材料。

A. 水 B. 铜 C. 空气

193. 线路单相短路是指（ ）。

A. 电流太大 B. 功率太大

C. 零火线直接接通

194. 线路或设备的绝缘电阻测量是用（ ）测量。

A. 万用表的电阻挡 B. 兆欧表

C. 接地摇表

195. 相线应接在螺口灯头的（ ）。

A. 螺纹端子 B. 中心端子

C. 外壳

196. 新装和大修后的低压线路和设备，要求绝缘电阻不低于（ ）MΩ。

A. 1 B. 0.5 C. 1.5

197. 旋转磁场的旋转方向决定于通入定子绕组中的三相交流电源的相序，只要任意调换电动机（ ）所接交流电源的相序，旋转磁场即反转。

A. 两相绕组 B. 一相绕组

C. 三相绕组

198. 选择电压表时，其内阻（ ）被测负载的电阻为好。

A. 远大于 B. 远小于 C. 等于

199. 摇表的两个主要组成部分是手摇（ ）和磁电式流比计。

A. 电流互感器 B. 直流发电机

C. 交流发电机

200. 一般电器所标或仪表所指示的交流电压、电流的数值是（ ）。

A. 最大值 B. 有效值 C. 平均值

201. 一般情况下 220V 工频电压作用下人体的电阻为（　　）Ω。

A. 500～1000　　B. 800～1600

C. 1000～2000

202. 一般线路中的熔断器有（　　）保护。

A. 过载　　B. 短路　　C. 过载或短路

203. 一般照明场所的线路允许电压损失为额定电压的（　　）。

A. ±5%　　B. ±10%　　C. ±15%

204. 一般照明的电源优先选用（　　）V。

A. 220　　B. 380　　C. 36

205. 一般照明线路中，无电的依据是（　　）。

A. 用摇表测量　　B. 用电笔验电

C. 用电流表测量

206. 引起电光性眼炎的主要原因是（　　）。

A. 可见光　　B. 红外线　　C. 紫外线

207. 应装设报警式漏电保护器而不自动切断电源的是（　　）。

A. 招待所插座回路　　B. 生产用的电气设备

C. 消防用电梯

208. 用万用表测量电阻时，黑表笔接表内电源的（　　）。

A. 负极　　B. 两极　　C. 正极

209. 用摇表测量电阻的单位是（　　）。

A. 千欧　　B. 欧姆　　C. 兆欧

210. 用于电气作业书面依据的工作票应一式（　　）份。

A. 3　　B. 2　　C. 4

211. 运输液化气、石油等的槽车在行驶时，在槽车底部应采用金属链条或导电橡胶使之与大地接触，其目的是（　　）。

A. 泄漏槽车行驶中产生的静电荷

B. 中和槽车行驶中产生的静电荷

C. 使槽车与大地等电位

212. 载流导体在磁场中将会受到（　　）的作用。

A. 电磁力　　B. 磁通　　C. 电动势

213. 在半导体电路中，主要选用快速熔断器做（　　）保护。

A. 短路　　B. 过电压　　C. 过热

214. 组合开关用于电动机可逆控制时，（　　）允许反向接通。

A. 可在电动机停后就

B. 不必在电动机完全停转后就

C. 必须在电动机完全停转后才

215. 主令电器很多，其中有（　　）。

A. 行程开关　　B. 接触器

C. 热继电器

216. 在电力控制系统中，使用最广泛的是（　　）式交流接触器。

A. 电磁　　B. 气动　　C. 液动

217. 在电路中，开关应控制（　　）。

A. 相线　　B. 零线　　C. 地线

218. 在电气线路安装时，导线与导线或导线与电气螺栓之间的连接最易引发火灾的连接工艺是（　　）。

A. 铜线和铝线绞接　　B. 铝线和铝线绞接

C. 铜铝过渡接头压接

219. 在对 380V 电动机各绕组的绝缘检查中，发现绝缘电阻（　　），则可初步判定为电动机受潮所致，应对电动机进行烘干处理。

A. 大于 0.5MΩ B. 小于 10MΩ

C. 小于 0.5MΩ

220. 在对可能存在较高跨步电压的接地故障点进行检查时，室内不得接近故障点（　　）m 以内。

A. 3　　B. 2　　C. 4

221. 在检查插座时，电笔在插座的两个孔均不亮，首先判断是（　　）。

A. 相线断线　　　　　　　　B. 短路

C. 零线断线

222. 在均匀磁场中，通过某一平面的磁通量为最大时，这个平面就和磁力线（　　）。

A. 平行　　B. 垂直　　C. 斜交

223. 在雷暴天气，应将门和窗户等关闭，其目的是为了防止（　　）侵入屋内，造成火灾、爆炸或人员伤亡。

A. 感应雷　　B. 球形雷　　C. 直接雷

224. 在铝绞线中加入钢芯的作用是（　　）。

A. 提高导电能力　　　　　　B. 增大导线面积

C. 提高机械强度

225. 在民用建筑物的配电系统中，一般采用（　　）断路器。

A. 框架式　　B. 电动式　　C. 漏电保护

226. 在三相对称交流电源星形连接中，线电压超前于所对应的相电压（　　）°。

A. 120　　B. 30　　C. 60

227. 在狭窄场所如锅炉、金属容器、管道内作业时应使用（　　）工具。

A. Ⅱ类　　B. Ⅰ类　　C. Ⅲ类

228. 在选择漏电保护装置的灵敏度时，要避免由于正常（　　）引起的不必要的动作而影响正常供电。

A. 泄漏电压　　　　　　　　B. 泄漏电流

C. 泄漏功率

229. 在一般场所，为保证使用安全，应选用（　　）电动工具。

A. Ⅱ类　　B. Ⅰ类　　C. Ⅲ类

230. 在一个闭合回路中，电流强度与电源电动势成正比，与电路中内电阻和外电阻之和成反比，这一定律称（　　）。

A. 全电路欧姆定律　　　　　B. 全电路电流定律

C. 部分电路欧姆定律

231. 在易燃、易爆危险场所，电气设备应安装（　　）的电气设备。

A. 安全电压　　B. 密封性好

C. 防爆型

232. 在易燃、易爆危险场所，供电线路应采用（　　）方式供电。

A. 单相三线制，三相四线制

B. 单相三线制，三相五线制

C. 单相两线制，三相五线制

233. 在易燃易爆场所使用的照明灯具应采用（　　）灯具。

A. 防爆型　　B. 防潮型　　C. 普通型

234. 照明系统中的每一单相回路上，灯具与插座的数量不宜超过（　　）个。

A. 20　　B. 25　　C. 30

235. 照明线路熔断器的熔体的额定电流取线路计算电流的（　　）倍。

A. 0.9　　B. 1.1　　C. 1.5

236. 正确选用电器应遵循的两个基本原则是安全原则和（　　）原则。

A. 经济　　B. 性能　　C. 功能

237. 指针式万用表测量电阻时标度尺最右侧是（　　）。

A. 0　　B. ∞　　C. 不确定

238. 指针式万用表一般可以测量交直流电压、（　　）电流和电阻。

A. 交流　　B. 交直流　　C. 直流

239. 连接电容器的导线长期允许电流不应小于电容器额定电流的（　　）%。

A. 110　　B. 120　　C. 130

240. 当发现电容器有损伤或缺陷时，应该（　　）。

A. 自行修理　　B. 送回修理

C. 丢弃

241. 干粉灭火器可适用于（　　）kV 以下线路带电灭火。

A. 10　　B. 35　　C. 50

242. 1kV 以上的电容器组采用（　　）接成三角形作为放电装置。

A. 白炽灯　　B. 电流互感器

C. 电压互感器

243. 纯电容元件在电路中（　　）电能。

A. 储存　　B. 分配　　C. 消耗

244. 为了防止跨步电压对人造成伤害，要求防雷接地装置距离建筑物出入口、人行道最小距离不应小于（　　）m。

A. 2.5　　B. 3　　C. 4

245. 自耦变压器二次有 2～3 组抽头，其电压可以分别为一次电压 U_1 的 80%、40%、（　　）%。

A. 10　　B. 60　　C. 20

246. 铁壳开关的电气图形为（　　），文字符号为 QS。

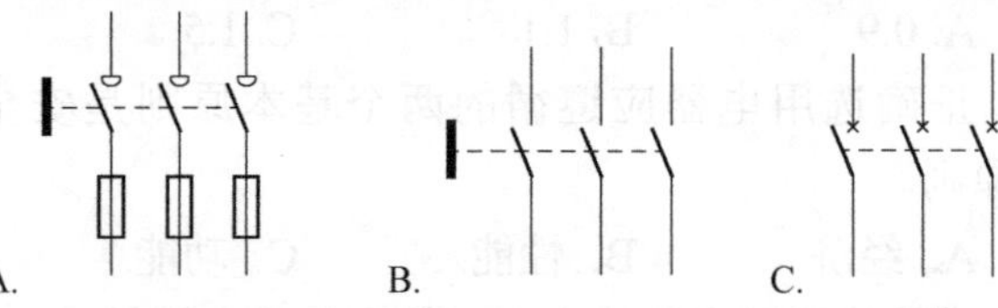

A.　　B.　　C.

247. 图是（　　）触点。

A. 延时断开动合　　B. 延时闭合动合

C. 延时断开动断

248. 特种作业人员未按规定经专门的安全作业培训并取得相应资格，上岗作业，责令生产经营单位（　　）。

A. 停产停业整顿　　B. 罚款

C. 限期改正

249. 工作人员在 10kV 及以下电气设备上工作时，正常活动范围与带电设备的安全距离为（　　）m。

A. 0.2　　B. 0.35　　C. 0.5

250. 低压带电作业时，（　　）。

A. 既要戴绝缘手套，又要有人监护

B. 戴绝缘手套，不要有人监护

C. 有人监护，不必戴绝缘手套

251. 下图的电工元件符号中属于电容器的电工符号是（　　）。

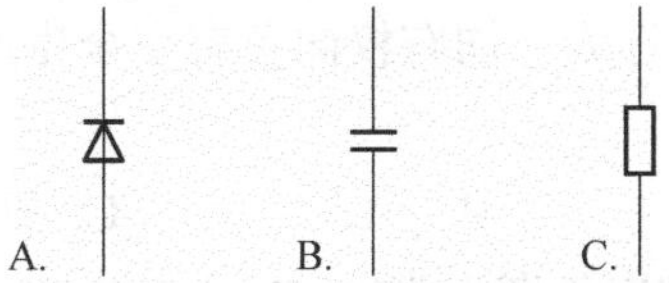

A.　B.　C.

252. 国家规定了（　　）个作业类别为特种作业。

A. 20　　B. 15　　C. 11

253. 在建筑物、电气设备和构筑物上能产生电效应、热效应和机械效应，具有较大的破坏作用的雷属于（　　）。

A. 球形雷　　B. 感应雷　　C. 直击雷

254. 以下图形，（　　）是按钮的电气图形。

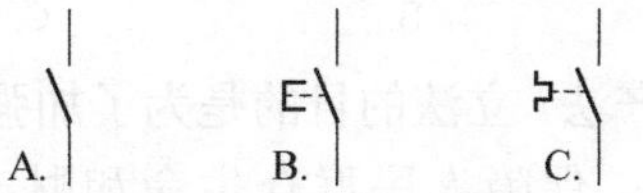

A.　B.　C.

255. 电工使用的带塑料套柄的钢丝钳，其耐压为（　　）V以上。

A. 380　　B. 500　　C. 1000

256. 接闪线属于避雷装置中的一种，它主要用来保护（　　）。

A. 变配电设备　　B. 房顶较大面积的建筑物

C. 高压输电线路

257. 避雷针是常用的避雷装置，安装时，避雷针宜设独立的接地装置，如果在非高电阻率地区，其接地电阻不宜超过（　　）Ω。

A. 2　　B. 4　　C. 10

258.（　　）仪表由固定的线圈，可转动的铁芯及转轴、游丝、指针、机械调零机构等组成。

A. 电磁式　　B. 磁电式　　C. 感应式

259.（　　）仪表由固定的永久磁铁，可转动的线圈及转轴、游丝、指针、机械调零机构等组成。

A. 电磁式　　B. 磁电式　　C. 感应式

260.《安全生产法》规定，任何单位或者（　　）对事故隐患或者安全生产违法行为，均有权向负有安全生产监督管理职责的部门报告或者举报。

A. 职工　　B. 个人　　C. 管理人员

261. 接触器的电气图形为（　　）。

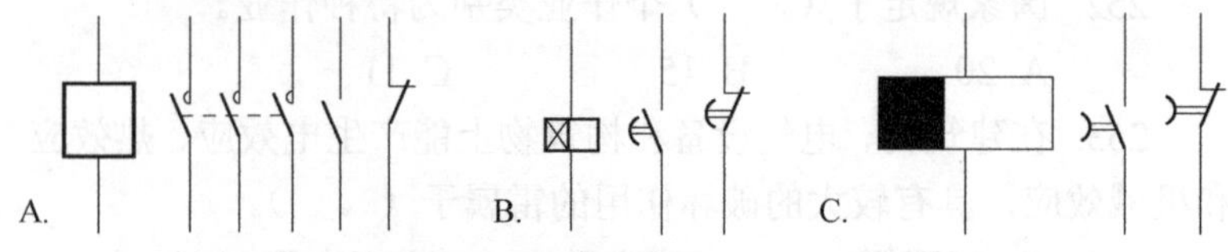

262. 熔断器的图形符号是（　　）。

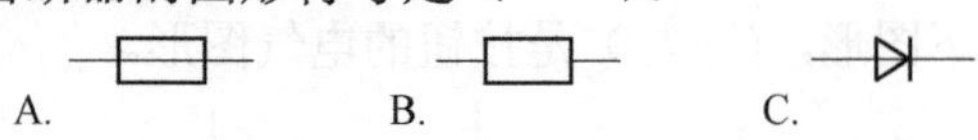

263.《安全生产法》立法的目的是为了加强安全生产工作，防止和减少（　　），保障人民群众生命和财产安全，促进经济发展。

A. 生产安全事故　　B. 火灾、交通事故

C. 重大、特大事故

264. 断路器的电气图形为（　　）。

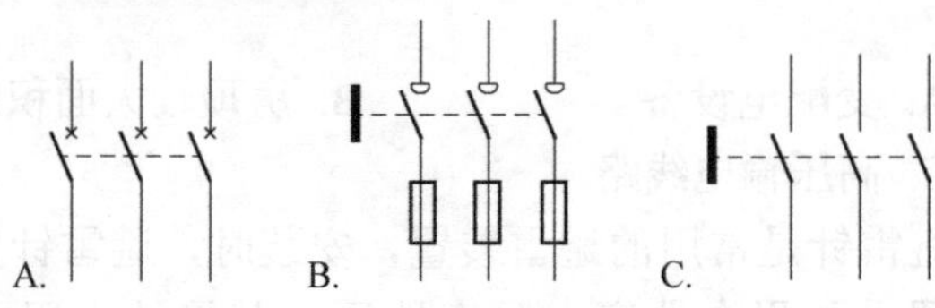

265. 运行中的线路的绝缘电阻每伏工作电压为（　　）Ω。

A. 500　　　B. 1000　　　C. 200

266. 图示的电路中，在开关 S1 和 S2 都合上后，可触摸的是（　　）。

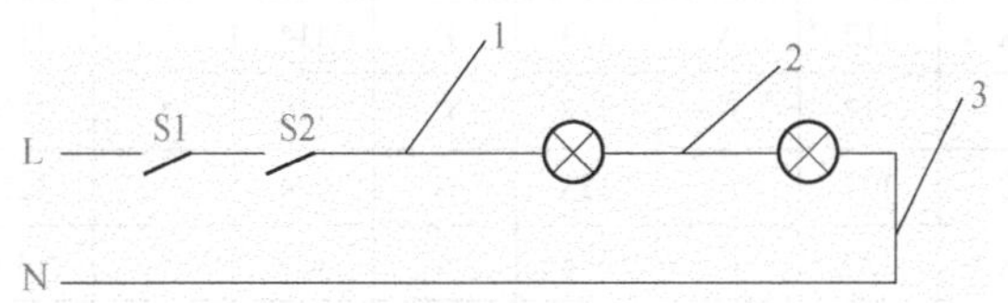

A. 第 2 段　　B. 第 3 段　　C. 无

二、选择题答案

选择题参考答案

1	B	2	C	3	C	4	B	5	A
6	A	7	C	8	A	9	C	10	B
11	C	12	C	13	C	14	C	15	A
16	A	17	C	18	C	19	C	20	B
21	C	22	A	23	B	24	B	25	A
26	B	27	A	28	A	29	C	30	C
31	C	32	A	33	C	34	B	35	C
36	B	37	A	38	B	39	B	40	B
41	B	42	C	43	A	44	B	45	B
46	B	47	A	48	B	49	A	50	C
51	B	52	A	53	A	54	C	55	B
56	B	57	C	58	B	59	C	60	A
61	A	62	B	63	B	64	B	65	A
66	B	67	A	68	A	69	C	70	A
71	A	72	C	73	C	74	B	75	A
76	C	77	C	78	B	79	B	80	C
81	A	82	C	83	B	84	C	85	B
86	A	87	C	88	A	89	B	90	B
91	B	92	C	93	B	94	C	95	B

96	C	97	A	98	A	99	A	100	C
101	A	102	C	103	B	104	A	105	A
106	C	107	A	108	A	109	B	110	C
111	A	112	A	113	B	114	C	115	B
116	C	117	B	118	C	119	A	120	C
121	C	122	A	123	B	124	A	125	B
126	A	127	C	128	A	129	A	130	C
131	A	132	C	133	A	134	B	135	A
136	A	137	A	138	C	139	C	140	A
141	B	142	A	143	A	144	B	145	A
146	B	147	C	148	C	149	C	150	B
151	A	152	A	153	A	154	B	155	B
156	B	157	A	158	A	159	C	160	B
161	A	162	A	163	B	164	B	165	A
166	A	167	B	168	B	169	B	170	C
171	B	172	C	173	C	174	B	175	A
176	C	177	B	178	A	179	B	180	A
181	B	182	A	183	C	184	C	185	B
186	B	187	B	188	A	189	A	190	B
191	B	192	C	193	C	194	B	195	B
196	B	197	A	198	A	199	B	200	B
201	C	202	C	203	A	204	A	205	B
206	C	207	C	208	C	209	C	210	B
211	A	212	A	213	A	214	C	215	A
216	A	217	A	218	A	219	C	220	C
221	A	222	B	223	B	224	C	225	C
226	B	227	C	228	B	229	A	230	A
231	C	232	B	233	A	234	B	235	B
236	A	237	A	238	C	239	C	240	B
241	C	242	C	243	A	244	B	245	B

246	A	247	A	248	C	249	B	250	A
251	B	252	C	253	C	254	B	255	B
256	C	257	C	258	A	259	B	260	B
261	A	262	A	263	A	264	A	265	B
266	B								

第三节 错 题 解 析

低压电工特种作业操作证取证（复审）考试理论试题中，共有 70 个判断题，占总分的 70%，对最终考试能否通过起着决定性的作用。为了帮助读者顺利作答判断题，减少该项的扣分，提高通过率，此处罗列了国家题库中判断题中的错误题目，并进行逐个讲解，以便读者理解与记忆。

1. 电工特种作业人员应当具备高中或相当于高中以上文化程度。

错误解析：《特种作业人员安全技术培训考核管理规定》中规定，电工特种作业人员应当具备初中及以上文化程度。

2. 电工作业分为高压电工和低压电工。

错误解析：电工作业分为高压电工作业、低压电工作业和防爆电气作业。

3. 取得高级电工证的人员就可以从事电工作业。

错误解析：电工特种作业操作证是从事电工作业的资格证，做电工必须持有电工特种作业操作证才能上岗，而高级电工证是人社部门颁发的代表持证者电工技能水平的等级技能证，两者不可互相替代。电工特种作业操作证需要按照规定进行定期复审，而高级电工证是终身有效，不需要复审。一般招工广告上写的“需要有电工证”指的是电工特种作业操作证，而不是技能等级证。

4. 特种作业操作证每 1 年由考核发证部门复审一次。

错误解析：《特种作业人员安全技术培训考核管理规定》中规

定，特种作业操作证每 3 年复审 1 次。如果特种作业人员在特种作业证有效期内，连续从事本工种 10 年以上，严格遵守有关安全生产法律法规，经原考核发证机关或者从业所在地考核发证机关同意，特种作业操作证的复审时间可以延长至每 6 年 1 次。

5. 特种作业人员必须年满 20 周岁，且不超过国家法定退休年龄。

错误解析：《特种作业人员安全技术培训考核管理规定》中规定，电工特种作业人员必须年满 18 周岁，且不超过国家法定退休年龄。

6. 220V 的交流电压的最大值为 380V。

错误解析：220V 是有效值，有效值比最大值小，是最大值的 $1/\sqrt{2}$ 倍。例如：220V 的交流电压其最大值是 $220\times\sqrt{2}=311$V。

7. PN 结正向导通时，其内外电场方向一致。

错误解析：PN 结内电场的方向是从带正电的 N 区指向带负电的 P 区，这个电场的方向与载流子扩散运动的方向相反，阻止扩散，所以，PN 结正向导通时，其内外电场的方向是相反的。

8. 并联电路的总电压等于各支路电压之和。

错误解析：并联电路的总电压等于各支路的电压。如图 9-1 所示。各电阻两端的电压都相等，且等于电路两端的总电压。即 $U=U_1=U_2=U_3$。

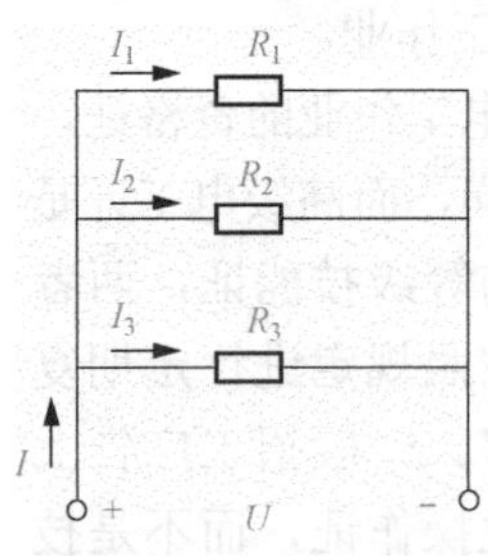

图 9-1　并联电路

9. 电动势的正方向规定为从低电位指向高电位，所以测量时电压表应正极接电源负极、而电压表负极接电源正极。

错误解析：此题前半句是对的，后半句电压表的接线应该是正极去接正极，负极去接负极，即应该改成：电动势的正方向规定为从低电位指向高电位，所以测量时电压表应正极接电源正极、而电压表负极接电源负极。平时我们就是这样用电压表去测量电源的。

10. 对称的三相电源是由振幅相同、初相依次相差 120°的正弦电源连接组成的供电系统。

错误解析：交流电的三要素是频率、振幅和初相，缺一不可，否则不能称为“对称”了。所以，这里少写了“频率”，应该是：对称的三相电源是由频率相同、振幅相同、初相依次相差 120°的正弦电源，连接组成的供电系统。

11. 二极管只要工作在反向击穿区，一定会被击穿。

错误解析：首先要说明一下，此题中最后 2 个字说的击穿是指类似于绝缘击穿，即元件坏掉了，不能用了。此题的错误就在于最后 2 个字。二极管除了单向导电性外，还有一个重要的特性，即 PN 结一旦击穿后，尽管反向电流急剧变化，但其端电压几乎不变，只要限制它的反向电流，PN 结就不会烧坏，利用这一特性可制成稳压二极管。所以，从这个意义上去理解，二极管即使工作在反向击穿处，也是可以正常工作的，不会导致击穿损坏。

12. 符号“A”表示交流电源。

错误解析：交流电源用“AC”表示，直流电源用“DC”表示。而“A”常表示电流单位“安培”。

13. 改革开放前我国强调以铝代铜作导线，以减轻导线的重量。

错误解析：作为导线的材料，铜肯定比铝好，铜的导电性能好，而且机械强度比铝高。改革开放前，我们国家比较穷，经济条件不是很好，所以，以铝代铜，不是因为铝的重量比铜轻而是因为铜线比铝线贵了许多。现在，经济条件好了，铝线很少用了，一般都是用铜做导线了。

14. 几个电阻并联后的总电阻等于各并联电阻的倒数之和。

错误解析：并联电路总电阻（等效电阻）的计算公式为$\frac{1}{R}=\frac{1}{R_1}+\frac{1}{R_2}+\frac{1}{R_3}$。所以，此句应改成：几个电阻并联后的总电阻的倒数等于各并联电阻的倒数之和。

15. 绝缘材料就是指绝对不导电的材料。

错误解析：绝缘材料不是绝对不导电的材料，只是它的电阻率很高，通常在 10^9～$10^{22}\Omega\cdot m$ 的范围内。再说绝缘材料在一定的高电压（击穿电压）下会被击穿，击穿后的绝缘材料就变成导体了，不再是绝缘的材料了。

16. 绝缘老化只是一种化学变化。

错误解析：引起绝缘老化的原因有电、热、化学和机械力作用等。绝缘老化的过程是在发生化学变化的同时也可能伴随着物理变化，所以，绝缘老化不只是一种化学变化。

17. 欧姆定律指出：在一个闭合电路中，当导体温度不变时，通过导体的电流与加在导体两端的电压成反比，与其电阻成正比。

错误解析：此题中的正比与反比调换一下就对了。欧姆定律告诉我们，在一个闭合电路中，当导体温度不变时，通过导体的电流与加在导体两端的电压成正比，与其电阻成反比。

18. 水和金属比较，水的导电性能更好。

错误解析：金属是良好的导体。纯净的水是绝缘体，含有矿物质的水可以导电，水越不纯所含的矿物质就越多，导电性就越好，但不可能比金属好。

19. 无论在任何情况下，三极管都具有电流放大功能。

错误解析：三极管在模拟电路中，一般起到电流放大作用，但在数字电路中，它常起到开关作用。所以，这个题是错的。

20. 载流导体在磁场中一定受到磁场力的作用。

错误解析：根据电磁力的计算公式 $F=IBL\sin\alpha$，当电流和磁力线垂直时，$\alpha=90°$，$\sin\alpha=1$，载流导体在磁场中受到的磁场力最大：$F=IBL$。当电流和磁力线平行时，$\alpha=0°$，$\sin\alpha=0$，载流导体在磁场中受到磁场力为 0，所以，载流导体在磁场中一定受磁场力的作用的说法是错的。

21. 在三相交流电路中，负载为星形接法时，其相电压等于三相电源的线电压。

错误解析：在三相交流电路中，负载为三角形接法时，其相电压等于线电压；负载为星形接法时，其相电压等于线电压的

$1/\sqrt{3}$倍。

22. 正弦交流电的周期与角频率的关系互为倒数的。

错误解析：正弦交流电的周期与频率是互为倒数的关系，频率与角频率是两个概念，角频率与频率的关系为：$\omega=2\pi f$。

23. 测量电动机的对地绝缘电阻和相间绝缘电阻，常使用兆欧表，而不宜使用万用表。

错误解析：测量绝缘电阻的专用仪表是兆欧表，兆欧表能发出电压为500V、1000V的电动势，而万用表表内的电压很低，不能模拟正常电器在高压情况下的状况。所以，此句应改成：测量电动机的对地绝缘电阻和相间绝缘电阻，常使用兆欧表，而不能使用万用表。

24. 测量交流电路的有功电能时，因是交流电，故其电压线圈、电流线圈和各两个端可任意接在线路上。

错误解析：在单相交流电路中，有功电能表接线是有严格规定的，第一根必须是进线的相线，第二根是出线的相线，第三根是进线的中性线，第四根是出线的中性线。这与电能表内部的电压线圈与电流线圈的结构有关，是不能任意接的，否则易造成计量不准确或仪表损坏。

25. 电能表是专门用来测量设备功率的装置。

错误解析：测量设备功率的仪表称为功率表，电能表是用来测量电能的仪表，两者不能互换。

26. 电流的大小用电流表来测量，测量时将其并联在电路中。

错误解析：电流表要串联，电压表要并联，这个读者一定要记住。因为电流表的内阻很小，如果并联到电路中，相当于把被测电路短路了，是绝对不允许的。

27. 电压的大小用电压表来测量，测量时将其串联在电路中。

错误解析：电压表的内阻很大，如果串联到电路中，则会大大改变原来电路的工作情况，所以，电压表必须与被测电路并联，而不是串联。

28. 交流钳形电流表可测量交直流电流。

错误解析： 交流钳形电流表只能测量交流，不能测量直流。因为交流钳形电流表与直流钳形电流表的结构不一样，工作原理也不一样。交流钳形表是利用电磁感应原理，相当于电流互感器，而直流钳形电流表是利用霍尔元件的工作原理。

29. 接地电阻测试仪就是测量线路的绝缘电阻的仪器。

错误解析： 接地电阻测试仪是测量接地电阻的，而绝缘电阻是要用兆欧表来测量的，此题其实是送分题，很简单。

30. 使用万用表电阻挡能够测量变压器的线圈电阻。

错误解析： 指针式万用电表电阻挡无法精确测量低阻值的变压器线圈电阻。变压器的线圈电阻最好用电桥测量。因为指针式万用表的电阻挡测量范围是有限的，一般为电表中心电阻的 0.1～10 倍。而变压器的线圈电阻通常很小，比如小型降压变压器的次级线圈的电阻阻值不到 1Ω，用指针式万用表只能判断是不是“通的”，而无法精确测量出其电阻值。

31. 使用兆欧表前不必切断被测设备的电源。

错误解析： 用兆欧表测量设备的绝缘电阻时，必须切断被测设备的电源。如果被测设备断电后可能继续带有剩余电荷，则还需要充分放电后才能进行测量，这样要求的目的，一方面是为了保障人身与设备的安全，另一方面也是为了达到精确测量的目的。

32. 万用表使用后，转换开关可置于任意位置。

错误解析： 万用表使用后，转换开关应放在交流电压最高挡。如果万用表挡位上有 OFF 挡，则应放置在该 OFF 挡。这样要求的目的是为了防止因挡位放置不当造成测量时烧坏万用表。例如：用电流挡去测电压，用电阻挡去测电压，都容易烧坏万用表。万用表放在电流挡时，内阻很小，测量电压的话，容易因流过万用表的电流过大而烧坏万用表。

33. 摇表在使用前，无须先检查摇表是否完好，可直接对被测设备进行绝缘测量。

错误解析： 其实，所有仪表在使用前都要检查一下仪表本身是否完好，否则，用坏的仪表如何能达到准确测量的目的。摇表在使用前，先要对其进行短路试验与开路试验，以确认其是否完好。

34. 用钳形电流表测量电动机空转电流时，无须挡位变换可直接进行测量。

错误解析：小型异步电动机的空载电流一般为额定电流的30%～70%，大中型异步电动机的空载电流为额定电流的 20%～40%。所以，用钳形电流表测量电动机的空载电流时，要根据空载电流的估值进行挡位设置。如果不知道具体的电流估值，就先用最大挡位测量，后根据测得的数值进行挡位调整，以达到精确测量的目的。

35. 用钳形电流表测量电动机空转电流时，可直接用小电流挡一次测量出来。

错误解析：用钳形电流表测量电动机的空载电流时，需要分别测量三根相线的电流，后再取平均值，此平均值即为电动机的空载电流。

36. 直流电流表可以用于交流电路测量。

错误解析：直流电流表只能测量直流电路的电流，不能用于测量交流电路。因为交流电流的大小与方向都在改变，而直流电流的大小与方向都保持不变，是两个概念。

37. 危险场所室内的吊灯与地面距离不少于 3m。

错误解析：危险场所室内的吊灯与地面的距离要求不少于2.5m。

38. 导线的工作电压应大于其额定电压。

错误解析：导线的工作电压应小于或等于其额定电压。一般导线的额定电压都会在导线的绝缘层外面标注。低压导线的额定电压一般为 500V。

39. 10kV 以下运行的阀型避雷器的绝缘电阻应每年测量一次。

错误解析：10kV 以下运行的阀型避雷器的绝缘电阻应每半年测量一次。如果运行工况复杂，可以每一季度测量一次。

40. 30～40Hz 的电流危险性最大。

错误解析：根据实验数据得出：50～60Hz 的交流电对人体的伤害程度最大，当低于或高于以上频率范围时它的伤害程度就会显著减轻。

41. 当灯具达不到最小高度时，应采用 24V 以下电压。

错误解析：当灯具达不到最小高度时，应采用 36V 及以下电压。也可以把灯具做成安全灯具，使人无法接触到其可能带电的部位。

42. 当电气火灾发生时，如果无法切断电源，就只能带电灭火，并选择干粉或者二氧化碳灭火器，尽量少用水基式灭火器。

错误解析：最后那句应该改成“禁止使用水基式灭火器”。水基式灭火器用于电气火灾时，会导致人员触电，造成伤亡，严禁使用。

43. 当电容器爆炸时，应立即检查。

错误解析：电容器特别是电力电容器爆炸时，不可立即检查，防止其他有故障电容再发生爆炸事故。应立即将电容器组主电源彻底切断，并做系统接地，过 5min 以上时间，等电容器已经充分放电后再进行检查。

44. 当拉下总开关后，线路即视为无电。

错误解析：线路是否无电要以验电器验电后为准，不能以拉下总开关为依据。万一线路上有剩余电荷形成的高压，或者线路上有双路供电，都有可能造成触电事故。

45. 电容器室内要有良好的天然采光。

错误解析：所谓良好的天然采光，即要求门窗敞亮，而电容器室内只对良好的通风有要求，对采光没有特别的要求。

46. 吊灯安装在桌子上方时，与桌子的垂直距离不少于 1.5m。

错误解析：吊灯安装在桌子上方时，与桌子的垂直距离应不少于 50cm 至 2.2m，如果是使用 50～60cm 的距离，则适用于小型的吊灯或者吸顶灯 。若是餐厅或者客厅的吊灯，安装高度一般与地面的垂直距离不小于 2.2m 最为合适。

47. 摆脱电流概率为 50%时，成年男性的平均感知电流值约为 1.1mA，最小为 0.5mA，成年女性约为 0.6mA。

错误解析：使人体有感觉的最小电流，称为感知电流。人接触这样的电流会有轻微麻感。通过实验表明，在摆脱电流概率为 50%时，工频（50Hz）情况下的平均感知电流，成年男性约为 1.1mA，成年女性约为 0.7mA。

48. 工频电流比高频电流更容易引起皮肤灼伤。

错误解析：高频电流比工频电流更容易引起皮肤灼伤。这是因为高频电流的集肤效应，就是频率越高，导体表面的电流密度越大，所以，皮肤的电流热效应越强。

49. 机关、学校、企业、住宅等建筑物内的插座回路不需要安装漏电保护装置。

错误解析：从用电安全角度出发，机关、学校、企业、住宅等建筑物内的插座回路都要安装漏电保护装置。

50. 接了漏电开关之后，设备外壳就不需要再接地或接零了。

错误解析：接了漏电开关之后，设备外壳仍要接地或接零，就像我们家里的洗衣机与冰箱等电器，虽然线路配电箱上安装了漏电开关，但这些拥有金属外壳的家用电器还是要进行接地或接零，以确保用电安全。

51. 据部分省市统计，农村触电事故要少于城市的触电事故。

错误解析：据部分省市统计，农村触电事故要多于城市的触电事故，主要原因是：农村用电条件差、保护装置安装不规范、乱拉乱接较多、电工技术落后、缺乏电气知识、工作质量缺少应有的监督等。

52. 可以用相线碰地线的方法检查地线是否接地良好。

错误解析：这个方法是很危险的，禁止用，因为相线碰地线直接形成短路，会造成事故。正确检查地线接地是否良好的方法有许多，如用万用表 250V 挡位来检测。如果是对插座的地线进行检测，则应先确定零线和相线的插孔，一般三孔插座是左零右相上地，分别测量相线与零线、相线与地线之间的电压，如果相线与地线之间的电压等于相线与零线之间的电压，说明接地良好；如果为零，说明地线空接，如果电压小于相线与零线之间的电压。说明接地不实，存在接地电阻。

53. 雷电按其传播方式可分为直击雷和感应雷两种。

错误解析：按雷电流的传播和释放方式不同，雷电大体可分为直击雷、雷电感应、球形雷、雷电侵入波等。

54. 雷电后造成架空线路产生高电压冲击波，这种雷电称为直击雷。

错误解析：雷电后造成架空线路产生高电压冲击波，这种雷电不是直击雷，应该是雷电感应。直击雷通常是指带电雷云直接对地面凸出物进行放电。

55. 雷雨天气，即使在室内也不要修理家中的电气线路、开关、插座等。如果一定要修要把家中电源总开关拉开。

错误解析：对于安全是不能讲条件的，不能讨价还价。雷雨天气，禁止修理家中的电气线路、开关、插座等，即便把总开关拉开后也不能去修理，因为万一雷电引起的高电压冲击波把总开关击穿，仍会造成设备或线路带电。

56. 两相触电危险性比单相触电小。

错误解析：两相触电时，人体承受的电压通常为380V，而单相触电时承受的电压为220V。如果工作人员穿电工鞋，单相触电时因为电流流过人体的通路被截断，能起到一定的安全保护功能，而两相触电时，穿电工鞋对工作人员是没有保护作用的。两相触电时，人体在两相之间形成一个相当于负载的东西，漏电保护器也不会动作。所以，两相触电危险性比单相触电大。

57. 通电时间增加，人体电阻因出汗而增加，导致通过人体的电流减小。

错误解析：通电时间增加，人体电阻因出汗而减小，不是增加。

58. 铜线与铝线在需要时可以直接连接。

错误解析：铜线与铝线直接连接的话，会产生化学反应，使连接处电阻增加，从而容易发热。正解的方法是通过铜铝过渡接头连接，这样做才安全。

59. 为安全起见，更换熔断器时，最好断开负载。

错误解析：更换熔断器时，最好断开电源。停电是最安全的方法。

60. 为保证零线安全，三相四线的零线必须加装熔断器。

错误解析：三相四线制供电线路中的零线承担着保障每相电压都为220V的作用，如果零线上装熔断器，一旦熔断器熔断，则会因为三相负载不对称而导致某一相负载上的电压升高，另外相的电压降低，从而造成电器因过电压或欠电压而损坏，所以，三相四线的零线上是绝对不能加装熔断器的。

61. 为了安全可靠，所有开关均应同时控制相线和零线。

错误解析：开关接相线，开关断开后，电器就会停电，而且电器上是没有电的，所以，没有必要把相线与零线同时接开关。

62. 为了避免静电火花造成爆炸事故，凡在加工、运输、储存各种易燃液体、气体时，设备都要分别隔离。

错误解析：为了避免静电火花造成爆炸事故，凡在加工、运输、储存各种易燃液体、气体时，最重要的是将这些设备的金属等电位联结，并接地，去除局部电荷积累，避免与附近设备或导电部件产生电位差，从而放电产生火花。

63. 一般情况下，接地电网的单相触电比不接地电网的危险性小。

错误解析：一般情况下，接地电网的单相触电比不接地电网的危险性大。因为在变压器中性点绝缘（中性点不接地）的供电系统中，当人体触及一相带电导体时，只能通过电网的对地电容构成回路，所以通过人体的电流要比中性点接地的供电系统小得多，人也就安全得多。所以，不接地电网的危险性小。我们平时接触到的电网都是接地电网，零线就是变压器中性点的接地线，这种电网中，万一人体触及一相带电导体，电流就会通过大地与人体构成回路，从而导致触电，避免这种触电事故的方法主要有穿绝缘鞋、站在绝缘垫上，或者装设漏电开关等。

64. 用避雷针、避雷带是防止雷电破坏电力设备的主要措施。

错误解析： 防止雷电破坏电力设备的主要措施是装避雷器。避雷针主要是用在尖塔、烟囱等场合；避雷带与避雷网主要用于建筑物的屋顶四周；避雷线主要用于高压线的上方。

65. 用电笔检查时，电笔发光就说明线路一定有电。

错误解析： 不一定，有可能是线路带有的感应电使验电笔发光。

66. 用电笔验电时，应赤脚站立，保证与大地有良好的接触。

错误解析： 电笔本身的电阻很大，是不是赤脚对验电结果没有任何影响，所以，这个题目是错误的。

67. 在爆炸危险场所，应采用三相四线制、单相三线制方式供电。

错误解析： 在爆炸危险场所，应采用三相五线制、单相三线制方式供电。三相五线制即为 TN-S 系统，即零线与地线完全分开，这是国际上公认的最安全的低压供电方式。

68. 在高压线路发生火灾时，应采用有相应绝缘等级的绝缘工具迅速拉开隔离开关切断电源，选择二氧化碳或者干粉灭火器进行灭火。

错误解析： 此题中的“隔离开关”应改为“断路器”。因为隔离开关不具备灭弧功能，只能在断电时或者电流很小时才能操作，而断路器具备较好的灭弧能力。在进行高压线路倒闸操作时，要求先断开断路器，再断开隔离开关，合闸时要求先合隔离开关，再合上断路器，这个顺序绝对不能颠倒。

69. 在设备运行中，发生起火的原因：电流热量是间接原因，而火花或电弧则是直接原因。

错误解析： 除电气线路或设备的自身缺陷、安装不当等原因外，在运行中，电流的热量和因电流产生的火花或电弧都是引起火灾、爆炸的直接原因。

70. 日常电气设备的维护和保养应由设备管理人员负责。

错误解析： 设备管理人员如果懂电，具有电工特种作业人员操作证，做电气设备的日常维护和保养应该没有问题。如果没有相应的资质，则不能从事这项工作。

71. 使用竹梯作业时，梯子放置与地面以 50°左右为宜。

错误解析：使用竹梯作业时，梯子放置与地面以 60°～70°的夹角为宜。

72. 同一电器元件的各部件分散地画在原理图中，必须按顺序标注文字符号。

错误解析：同一电器元件，例如接触器 KM，正确的做法是，在原理图中其线圈与触点都标注为 KM，不能按顺序标注文字符号。如果在原理图中按顺序标注文字符号，如线圈标 KM1、其动合触点标 KM2、另一个触点标 KM3，则变成不同的元器件了。

73. 为了有明显区别，并列安装的同型号开关应不同高度，错落有致。

错误解析：并列安装的同型号开关应该是同等高度平行排列，

74. 导线接头的抗拉强度必须与原导线的抗拉强度相同。

错误解析：导线接头的抗拉强度不必做到与原导线的抗拉强度相同，只需做到不低于原抗拉强度的 90%就行。

75. 导线接头位置应尽量在绝缘子固定处，以方便统一扎线。

错误解析：导线的接头位置不应在绝缘子固定处，接头位置距离绝缘子固定处应在 0.5m 以上，以免妨碍扎线。另外，绝缘子固定处易受风力等影响产生摩擦，而接头处一旦摩擦则易断裂，所以，导线接头的位置不应在绝缘子固定处。

76. 根据用电性质，电力线路可分为动力线路和配电线路。

错误解析：根据用电性质，电力线路可分为送电线路和配电线路。送电线路也称输电线路。

77. 为了安全，高压线路通常采用绝缘导线。

错误解析：高压线路通常采用裸导线。在我国，高压输电线路基本上是架空敷设，为了提高导线的载流量，采用裸导线比绝缘导线有更好的经济性，因为裸导线散热性能好。

78. RCD 后的中性线可以接地。

错误解析：不可以接地，会造成漏电、开关跳闸等后果。剩余电流装置 Residual Current Device（RCD）是一种漏电保护装置。在被保护电路中有漏电或有人触电时，零序电流互感器就产生感应电流，经放大使脱扣器动作，从而切断电路。如果中性线接地，零序电流互感器就会使脱扣器误动作，造成线路断电。

79. Ⅱ类设备和Ⅲ类设备都要采取接地或接零措施。

错误解析：Ⅱ类设备是采用双重绝缘的设备，Ⅲ类设备使用的电压低于 50V，所以，它们均不需要接地或接零。

80. RCD 的额定动作电流是指能使 RCD 动作的最大电流。

错误解析：RCD 的额定动作电流是指能使 RCD 动作的最小电流。当泄漏电流小于此值时被认为是正常的泄漏电流，RCD 不会动作。一旦泄漏电流大于此值，则 RCD 动作以切断电源或报警。额定动作电流越小，漏电保护动作的灵敏度就越高，提供的保护也越安全。

81. SELV 只作为接地系统的电击保护。

错误解析：安全特低电压 SELV（Safety Extra Low Voltage）只作为不接地系统的电击保护。SELV 回路的带电部分相互之间、回路与其他回路之间应实行电气隔离，隔离水平不应低于安全隔离变压器输入与输出回路之间的电气隔离。

82. 并联补偿电容器主要用在直流电路中。

错误解析：在直流电路中，电容器相当于断路，所以，并联补偿电容器主要用在交流电路中。其目的是为了减少电网的无功损耗、提高功率因数。

83. 补偿电容器的容量越大越好。

错误解析：补偿电容器的容量不是越大越好，只要适当就行。如果电容器的容量太大，会使电网呈容性，功率因数也会降低。

84. 从过载角度出发，规定了熔断器的额定电压。

错误解析：对于熔断器而言，过载主要看它的电流，而不是电压。

85. 单相 220V 电源供电的电气设备，应选用三极式漏电保护装置。

错误解析：单相 220V 电源供电的电气设备，应选用二极式漏电保护装置。三相三线式 380V 电源供电的电气设备，应选用三极式漏电保护装置。

86. 刀开关在作隔离开关选用时，要求刀开关的额定电流要大于或等于线路实际的故障电流。

错误解析：因为隔离开关只起电源与负载之间的隔离作用，不能带电流操作，只需要能通过正常的工作电流就行。切断故障电流是断路器的任务。

87. 低压验电器可以验出 500V 以下的电压。

错误解析：正确答案应该是 500V 以下 60V 以上，因为低压验电器（俗称测电笔）只能测出 500～60V 的常用电压。60V 以下的电压测不出来。

88. 电动机运行时发出沉闷声是电动机在正常运行的声音。

错误解析：电动机运行时发出沉闷声是电动机非正常运行的声音，可能是缺相、过载或者电压过低，应该立即停电检查，否则易烧坏电动机。

89. 电动机在正常运行时，如闻到焦臭味，则说明电动机速度过快。

错误解析：正常的电动机，即便速度很快，也不应该有焦臭味。能闻到焦臭味的电动机，一定是出现了绝缘损坏或者绕组短路的故障，必须马上停电检查。

90. 电容器放电的方法就是将其两端用导线连接。

错误解析：对于容量很小的电容器，可以直接短接其两端进行放电，但如果电容器的容量比较大，譬如电力电容器，这种做法是危险的。根据电工安全规范的要求，电容器应该通过负载（电阻或者灯泡等）放电。因为电力系统的功率补偿电容器退出运行后，往往还存储了较多的电能，电压也比较高，用导线直接放电会危及人身安全。

91. 断路器在选用时，要求断路器的额定通断能力要大于或等于被保护线路中可能出现的最大负载电流。

错误解析：断路器的额定通断能力≥线路中可能出现的最大短路电流。线路中发生相线与相线或相线与中性线之间的短路电流是很大的，越是接近电源分配端的电流就越大，因为整个短路回路的阻抗小。因此要求断路器必须有一定的短路分断能力。当短路分断能力大于或等于线路中可能出现的最大短路电流时，在瞬时脱扣器的作用下，开关能瞬时熄弧断开。

92. 对电动机轴承润滑的检查，可通电转动电动机转轴，看是否转动灵活，听有无异声。

错误解析：对电动机轴承润滑的检查，不能通电转动电动机的转轴。正确的做法是用手转动电动机的转轴，看是否转动灵活。如果电动机在转轴卡住的情况下通电，很容易因为堵转烧毁电动机。

93. 对于异步电动机，国家标准规定 3kW 以下的电动机均采用三角形联结。

错误解析：功率小的电动机都采用星形（Y形）接法。因为星形联结时，电动机的每相绕组上的电压为 220V，而三角形联结时，每相绕组上的电压为 380V。同样的电动机，相电压越高，相电流越大，出力也越大，输出功率自然越大，所以，大功率的电动机（通常 4kW 以上）才采用三角形联结。

94. 高压水银灯的电压比较高，所以称为高压水银灯。

错误解析：“高压水银灯”名称中的高压，指的不是高电压，而是指该灯在工作时，灯泡内产生的高压水银蒸气，该水银蒸气是水银放电时产生的，气压很高，达 0.2～1MPa，所以，才称为高压水银灯。

95. 隔离开关是指承担接通和断开电流任务，将电路与电源隔开。

错误解析：承担接通和断开电流任务的是断路器，不是隔离开关。断电时要先拉开断路器，后再拉隔离开关，通电时要先合隔离开关，再合断路器，也就是说，隔离开关只有在线路上没有电流时才能操作，不能带电流操作，因为它本身不带灭弧装置，带大电流操作会造成烧毁触点、伤及操作人员、无法切断电路等严重后果。

96. 检查电容器时，只要检查电压是否符合要求即可。

错误解析：检查电容器时，要看其容量、耐电压。如果电容器处在工作状态，则要重点检查其外观，看它是否鼓胀变形、是否过热、是否有焦味等。如果出现上述情况，则必须马上停电检查、更换电容器。

97. 交流接触器常见的额定最高工作电压达到 6000V。

错误解析：交流接触器常见的额定工作电压为 220V、380V，也有更高的。工作电压达到 6000V 的肯定不是常见的交流接触器，所以，这句话是错的。

98. 转子串频敏变阻器启动的转矩大，适合重载启动。

错误解析：频敏变阻器是一种阻抗值随频率明显变化（敏感于频率）、静止的无触点电磁元件，它实质上是一个铁芯损耗非常大的三相电抗器。在电动机启动时，将频敏变阻器串接在转子绕组中，由于频敏变阻器的等值阻抗随转子电流频率减小而减小，从而达到自动变阻的目的，因此只需要用一级频敏变阻器就可以平稳地把电动机启动起来。

串接频敏变阻器启动的不足之处：由于有电感存在，使功率因数较低，启动转矩并不很大。因此当绕线型异步电动机在轻载启动时，采用频敏变阻器法启动优点较明显，如重载启动，一般采用串电阻启动。所以说，转子串频敏变阻器启动的转矩小，不适合重载启动。

99. 漏电开关只有在有人触电时才会动作。

错误解析：漏电开关在漏电电流超过设定值时就会动作，一般家用的漏电开关设定值为 30mA，超过此值就会动作，还有，漏电开关上有一个测试按钮，在带电的情况下，按动这个测试按钮，漏电开关也会动作，如果不动作，则说明此漏电开关坏了，应该马上更换。所以说，“漏电开关只有在有人触电时才会动作”这句话是错误的。

100. 目前，我国生产的接触器额定电流一般大于或等于630A。

错误解析：目前，我国生产的接触器额定电流一般大于或等于10A。630A的电流是一个相当大的数值，在一般的控制设备上很少见到，所以，这句话是不对的。

101. 频率的自动调节补偿是热继电器的一个功能。

错误解析：温度的自动调节补偿是热继电器的一个功能，与频率没有关系。当周围的环境温度高时，热继电器内部的双金属片动作时间会变短，温度低时，动作时间会变长，所谓的自动调节补偿就是指这个。

102. 热继电器的双金属片弯曲的速度与电流大小有关，电流越大，速度越快，这种特性称正比时限特性。

错误解析：电流越大，速度越快，时间越短。即电流越大→时间越短，这种特性称为安秒特性，它们成反比例，又称为反比时限特性。所以，句子中的“正比时限特性”是错的，应该改成“反比时限特性”。

103. 热继电器是利用双金属片受热弯曲而推动触点动作的一种保护电器，它主要用于线路的速断保护。

错误解析：速断保护一般都是指短路保护，热继电器起的作用是过载保护。所以，这句话的“它主要用于线路的速断保护”应该改成“它主要用于线路的过载保护”。

104. 熔断器的特性，是通过熔体的电压值越高，熔断时间越短。

错误解析：熔断器的特性，是通过熔体的电流值越高，熔断时间越短。

105. 熔断器在所有电路中，都能起到过载保护。

错误解析：熔断器在一般的线路中，能起到短路和过载保护，但在电动机的控制电路中，只起短路保护作用，过载保护由热继电器来承担。

106. 如果电容器运行时，检查发现温度过高，应加强通风。

错误解析：先说个比喻，如果孩子发烧了，只要给他通风降温，不用送医院就诊，这肯定是不对的。电容器也一样，如果发现它温度过高，则说明肯定有故障了，必须停电检查，光加强通风肯定是不对的，否则，会错失良机，酿成更严重的后果。

107. 三相电动机的转子和定子要同时通电才能工作。

错误解析：三相电动机的定子上需要通电，转子上不需要通电。转子上的电流是依靠电磁感应产生的，不需要外界通电。

108. 剩余动作电流小于或等于 0.3A 的 RCD 属于高灵敏度 RCD。

错误解析：剩余动作电流小于或等于 0.03A 的 RCD 属于高灵敏度的 RCD；剩余动作电流大于 0.3A 小于等于 1A 的 RCD 属于中灵敏度的 RCD；剩余动作电流大于 1A 的 RCD 属于低灵敏度的 RCD。

109. 自动开关属于手动电器。

错误解析：自动开关不属于手动电器。自动开关又称自动空气开关。当电路发生严重过载、短路以及失压等故障时，能自动切断故障电路，有效地保护串接在后面的电气设备。在正常情况下，自动开关也可以不频繁地接通和断开电路及控制电动机直接启动。因此，自动开关是低压电路常用的具有保护环节的电器。

手动电器：用手或依靠机械力进行操作的电器，如手动开关、控制按钮、行程开关等主令电器。

110. 使用改变磁极对数来调速的电动机一般都是绕线型转子电动机。

错误解析：改变磁极对数来调速的电动机不是绕线型电动机，而是笼型电动机。根据公式 $n=\dfrac{60f}{p}(1-S)$，通过改变磁极对数 P 来调速，把电动机改成双速或三速电动机。

111. 试验对地电压为 50V 以上的带电设备时，氖泡式低压验电器应显示有电。

错误解析：氖泡式低压验电器（俗称测电笔）只能测出 60～

500V 的常用电压。所以，此题应该改为“试验对地电压为 60V 以上的带电设备时，氖泡式低压验电器就应显示有电”

112. 手持电动工具有两种分类方式，即按工作电压分类和按防潮程度分类。

错误解析：手持电动工具包括电动螺丝刀、电动砂轮机、电动砂光机、电钻、冲击电钻、电镐、电锤、电剪、电刨、电动石材切割机等。它的分类方式有许多种，按触电保护措施分类、按用途分类、按工作电压分类、按电流性质（交流还是直流）分类等，但最常用的是根据《手持式电动工具的管理、使用检查和维修安全技术规程》（GB 3787—2017）规定，将手持电动工具按触电保护措施的不同分为三类：

Ⅰ类工具：靠基本绝缘外加保护接零（地）来防止触电；

Ⅱ类工具：采用双重绝缘或加强绝缘来防止触电；

Ⅲ类工具：采用安全特低电压供电且在工具内部不会产生比安全特低电压高的电压来防止触电。

据此，Ⅰ类工具的插头为三脚插头；Ⅱ类工具的插头为二脚插头；Ⅲ类工具为充电式的。

113. 手持式电动工具接线可以随意加长。

错误解析：根据《手持式电动工具的管理、使用检查和维修安全技术规程》（GB 3787—2017）规定，手持式电动工具接线不可以随意加长和拆换。

114. 万能转换开关的定位结构一般采用滚轮卡转轴辐射型结构。

错误解析：万能转换开关是一种可供两路或两路以上电源或负载转换用的开关电器。转换开关由多节触点组合而成，在电气设备中，多用于非频繁地接通和分断电路、接通电源和负载、测量三相电压以及控制小容量异步电动机的正反转和星形-三角形启动等。这些部件通过螺栓紧固为一个整体。用万能转换开关代替刀开关使用，不仅可使控制回路或测量回路简化，并能避免操作上的差错，还能够减少使用元件的数量。

转换开关的接触系统是由数个装嵌在绝缘壳体内的静触点座和可动支架中的动触点构成。动触点是双断点对接式的触桥，在附有手柄的转轴上，随转轴旋至不同位置使电路接通或断开。

定位采用滚轮卡棘轮结构，配置不同的限位件，可获得不同挡位的开关。转换开关由多层绝缘壳体组装而成，可立体布置，减小了安装面积，结构简单、紧凑，操作安全可靠。

由此，该句话应该改成“万能转换开关的定位结构一般采用滚轮卡棘轮结构”。

115. 为改善电动机的启动及运行性能，笼型异步电动机转子铁芯一般采用直槽结构。

错误解析：为改善电动机的启动及运行性能，笼型异步电动机转子铁芯一般采用斜槽结构。电动机的转子是靠切割旋转磁场的磁力线，产生电流，后再凭这个电流产生的力矩使转子旋转的。直槽在切割磁力线时容易产生空挡，而斜槽能避免这个现象，使转子处在任何位置都能有较好的启动能力。

116. 锡焊晶体管等弱电元件应用 100W 的电烙铁。

错误解析：100W 的电烙铁功率太大，在锡焊过程中易因为过热而烧坏电子元件，所以，锡焊晶体管等弱电元件应用 25~35W 的电烙铁。

117. 行程开关的作用是将机械行走的长度用电信号传出。

错误解析：行程开关的作用是将机械行走的“位置”用电信号传出。行程开关又称限位开关、位置开关，工作原理与按钮相类似，不同的是行程开关触点动作不靠手工操作，而是利用机械运动部件的碰撞使触点动作，从而将位置信号转换为电信号。

118. 移动电气设备电源应采用高强度铜芯橡皮护套硬绝缘电缆。

错误解析：移动电气设备工作时，电缆是要随时拖动、弯曲的，所以要用软线，硬线会阻碍操作，该电缆也没有“高强度”这一说法。正确说法是：移动电气设备电源应采用铜芯橡皮护套软绝缘电缆。

119. 在采用多级熔断器保护中，后级熔体的额定电流比前级大，以电源端为最前端。

错误解析：为了防止扩大停电范围，以电源端为最前端，正确的做法是：越靠近电源端（前级）的熔体应该选得越大一些，所以，在采用多级熔断器保护中，后级熔体的额定电流比前级小，以电源端为最前端。

120. 在断电之后，电动机停转，当电网再次来电，电动机能自行启动的运行方式称为失压保护。

错误解析：失电压保护是防止电动机在断电后，再次通电时自行启动而进行的保护。所以，在断电之后，当电网再次来电时，电动机能自行启动的运行方式不是失电压保护。

121. 中间继电器的动作值与释放值可调节。

错误解析：中间继电器的动作值与释放值在制造过程中已经被确定，是不能调节的。

122. 中间继电器实际上是一种动作与释放值可调节的电压继电器。

错误解析：中间继电器的动作值与释放值在制造过程中已经被确定，是不能调节的。

123. 脱离电源后，触电者神志清醒，应让触电者来回走动，加强血液循环。

错误解析：脱离电源后，触电者神志清醒，应使其就地躺平，严密观察，暂时不要站立或走动。因为受到电击后，触电者一般会出现气短心慌、手脚发软、浑身难受等现象，无法正常站立或走动，这时如果硬让他走动，很容易摔伤，造成二次伤害。

124.《安全生产法》所说的“负有安全生产监督管理职责的部门”就是指各级安全生产监督管理部门。

错误解析：《安全生产法》所说的“负有安全生产监督管理职责部门”是指县级以上地方各级人民政府负责安全生产监督管理的部门。

125. 在高压线路发生火灾时，应迅速撤离现场，并拨打火警电话 119 报警。

错误解析： 在高压线路发生火灾时，应立即通知供电部门切断着火区域的电源，同时拨打火警电话 119 报警。

126. 电机在短时定额运行时，我国规定的短时运行时间有 6 种。

错误解析： 我国规定的短时运行时间有 4 种，具体为 10、30、60、90min。

127. 视在功率就是无功功率加上有功功率。

错误解析： 视在功率是无功功率与有功功率的矢量和，不是简单的相加。

128. 时间继电器的文字符号为 KM。

错误解析： 时间继电器的文字符号为 KT。

129. 接触器的文字符号为 FR。

错误解析： 接触器的文字符号为 KM。

第四节 理论模拟试卷及答案

模拟试题一（80 分为及格分）

一、判断题（每题 1 分，共 70 分）

（ ）1. 电动势的正方向规定为从低电位指向高电位，所以测量时电压表应正极接电源负极，而电压表负极接电源正极。

（ ）2. 绝缘材料就是指绝对不导电的材料。

（ ）3. 绝缘老化只是一种化学变化。

（ ）4. 水和金属比较，水的导电性能更好。

（ ）5. 在三相交流电路中，负载为星形接法时，其相电压等于三相电源的线电压。

（ ）6. 磁力线是一种闭合曲线。

（ ）7. 电解电容器的电工符号如图所示$\stackrel{+}{-}\!\!|\,|\!\!-$。

（ ）8. 交流电流表和电压表测量所测得的值都是有效值。

(　　) 9. 三相异步电动机的转子导体中会形成电流，其电流方向可用右手定则判定。

(　　) 10. 右手定则是判定直导体做切割磁力线运动时所产生的感生电流方向。

(　　) 11. 电能表是专门用来测量设备功率的装置。

(　　) 12. 接地电阻测试仪就是测量线路的绝缘电阻的仪器。

(　　) 13. 用钳形电流表测量电动机空转电流时，可直接用小电流挡一次测量出来。

(　　) 14. 直流电流表可以用于交流电路测量。

(　　) 15. 测量电流时应把电流表串联在被测电路中。

(　　) 16. 钳形电流表可做成既能测交流电流，也能测量直流电流。

(　　) 17. 使用万用表测量电阻，每换一次欧姆挡都要进行欧姆调零。

(　　) 18. 危险场所室内的吊灯与地面距离不少于 3m。

(　　) 19. 当电容器爆炸时，应立即检查。

(　　) 20. 机关、学校、企业、住宅等建筑物内的插座回路不需要安装漏电保护装置。

(　　) 21. 接了漏电开关之后，设备外壳就不需要再接地或接零了。

(　　) 22. 据部分省市统计，农村触电事故要少于城市的触电事故。

(　　) 23. 通电时间增加，人体电阻因出汗而增加，导致通过人体的电流减小。

(　　) 24. 为安全起见，更换熔断器时，最好断开负载。

(　　) 25. 用电笔验电时，应赤脚站立，保证与大地有良好的接触。

(　　) 26. 在爆炸危险场所，应采用三相四线制、单相三线制方式供电。

(　　) 27. 在高压线路发生火灾时，应采用有相应绝缘等级的绝缘工具迅速拉开隔离开关切断电源，选择二氧化碳或者干粉灭火器进行灭火。

（ ）28. TT 系统是配电网中性点直接接地，用电设备外壳也采用接地措施的系统。

（ ）29. 当采用安全特低电压作直接电击防护时，应选用 25V 及以下的安全电压。

（ ）30. 静电现象是很普遍的电现象，其危害不小，固体静电可达 200kV 以上，人体静电也可达 10kV 以上。

（ ）31. 雷电可通过其他带电体或直接对人体放电，使人的身体遭到巨大的破坏直至死亡。

（ ）32. 使用电气设备时，由于导线截面选择过小，当电流较大时也会因发热过大而引发火灾。

（ ）33. 验电是保证电气作业安全的技术措施之一。

（ ）34. 在带电灭火时，如果用喷雾水枪应将水枪喷嘴接地，并穿上绝缘靴和戴上绝缘手套，才可进行灭火操作。

（ ）35. 电工钳、电工刀、螺丝刀是常用电工基本工具。

（ ）36. 电工应做好用电人员在特殊场所作业的监护作业。

（ ）37. 电气设备缺陷、设计不合理、安装不当等都是引发火灾的重要原因。

（ ）38. 使用脚扣进行登杆作业时，上、下杆的每一步必须使脚扣环完全套入并可靠地扣住电杆，才能移动身体，否则会造成事故。

（ ）39. 为了安全，高压线路通常采用绝缘导线。

（ ）40. 导线连接后接头与绝缘层的距离越小越好。

（ ）41. 补偿电容器的容量越大越好。

（ ）42. 单相 220V 电源供电的电气设备，应选用三极式漏电保护装置。

（ ）43. 检查电容器时，只要检查电压是否符合要求即可。

（ ）44. 交流接触器常见的额定最高工作电压达到 6000V。

（ ）45. 漏电开关只有在有人触电时才会动作。

（　　）46. 熔断器在所有电路中，都能起到过载保护。

（　　）47. 为改善电动机的启动及运行性能，笼形异步电动机转子铁芯一般采用直槽结构。

（　　）48. 锡焊晶体管等弱电元件应用 100W 的电烙铁。

（　　）49. 中间继电器实际上是一种动作与释放值可调节的电压继电器。

（　　）50. 接触器的文字符号为 KM。

（　　）51. Ⅱ类手持电动工具比Ⅰ类工具安全可靠。

（　　）52. 并联电容器所接的线停电后，必须断开电容器组。

（　　）53. 电动机按铭牌数值工作时，短时运行的定额工作制用 S2 表示。

（　　）54. 电气控制系统图包括电气原理图和电气安装图。

（　　）55. 对绕线型异步电机，应经常检查电刷与集电环的接触及电刷的磨损、压力、火花等情况。

（　　）56. 对于开关频繁的场所应采用白炽灯照明。

（　　）57. 交流接触器的额定电流，是在额定的工作条件下所决定的电流值。

（　　）58. 胶壳开关不适合用于直接控制 5.5kW 以上的交流电动机。

（　　）59. 日光灯点亮后，镇流器起降压限流作用。

（　　）60. 熔断器的文字符号为 FU。

（　　）61. 再生发电制动只用于电动机转速高于同步转速的场合。

（　　）62. 移动电气设备可以参考手持电动工具的有关要求进行使用。

（　　）63. 铁壳开关安装时外壳必须可靠接地。

（　　）64. 在电压低于额定值的一定比例后能自动断电的称为欠电压保护。

（　　）65. 组合开关可直接起动 5kW 以下的电动机。

（　　）66. 在供配电系统和设备自动系统中，刀开关通常用于电源隔离。

（ ）67. 事故照明不允许和其他照明共用同一线路。

（ ）68. 因闻到焦臭味而停止运行的电动机，必须找出原因后才能再通电使用。

（ ）69. 使用手持式电动工具应当检查电源开关是否失灵、是否破损、是否牢固、接线是否松动。

（ ）70. 自动空气开关具有过载、短路和欠电压保护。

二、选择题（每题1分，共30分）

71. 保护线（接地或接零线）的颜色按标准应采用（ ）。

A. 蓝色 B. 红色

C. 黄绿双色

72. 保险绳的使用应（ ）。

A. 高挂低用 B. 低挂调用

C. 保证安全

73. 变压器和高压开关柜，防止雷电侵入产生破坏的主要措施是（ ）。

A. 安装避雷线 B. 安装避雷器

C. 安装避雷网

74. 导线接头缠绝缘胶布时，后一圈压在前一圈胶布宽度的（ ）。

A. 1/2 B. 1/3 C. 1

75. 导线接头的机械强度不小于原导线机械强度的（ ）%。

A. 80 B. 90 C. 95

76. 低压断路器也称为（ ）。

A. 闸刀 B. 总开关 C. 自动空气开关

77. 电磁力的大小与导体的有效长度（ ）。

A. 成反比 B. 成正比 C. 无关

78. 电动机在额定工作状态下运行时，定子电路所加的（ ）叫额定电压。

A. 相电压 B. 线电压 C. 额定电压

79. 电容器属于（　　）设备。

A. 危险　B. 运动　C. 静止

80. 电容器在用万用表检查时指针摆动后应该（　　）。

A. 保持不动　B. 逐渐回摆

C. 来回摆动

81. 断路器是通过手动或电动等操作机构使断路器合闸，通过（　　）装置使断路器自动跳闸，达到故障保护目的。

A. 活动　B. 自动　C. 脱扣

82. 对于低压配电网，配电容量在100kW以下时，设备保护接地的接地电阻不应超过（　　）Ω。

A. 6　B. 10　C. 4

83. 尖嘴钳150mm是指（　　）。

A. 其总长度为150mm　B. 其绝缘手柄为150mm

C. 其开口150mm

84. 建筑施工工地的用电机械设备（　　）安装漏电保护装置。

A. 应　B. 不应　C. 没规定

85. 胶壳刀开关在接线时，电源线接在（　　）。

A. 下端（动触点）　B. 上端（静触点）

C. 两端都可

86. 静电防护的措施比较多，下面常用又行之有效的可消除设备外壳静电的方法是（　　）。

A. 接零　B. 接地　C. 串接

87. 利用交流接触器作欠电压保护的原理是当电压不足时，线圈产生的（　　）不足，触点分断。

A. 磁力　B. 涡流　C. 热量

88. 螺旋式熔断器的电源进线应接在（　　）。

A. 下端　B. 上端　C. 前端

89. 确定正弦量的三要素为（　　）。

A. 相位、初相位、相位差

B. 最大值、频率、初相角

C. 周期、频率、角频率

90. 人的室颤电流约为（　　）mA。

A. 30　　B. 16　　C. 50

91. 日光灯属于（　　）光源。

A. 气体放电　　B. 热辐射

C. 生物放电

92. 三相笼形异步电动机的启动方式有两类，即在额定电压下的直接启动和（　　）启动。

A. 转子串频敏　　B. 转子串电阻

C. 降低启动电压

93. 三相四线制的零线的截面积一般（　　）相线截面积。

A. 大于　　B. 小于　　C. 等于

94. 使用竹梯时，梯子与地面的夹角以（　　）° 为宜。

A. 60　　B. 50　　C. 70

95. 属于配电电器的有（　　）。

A. 接触器　　B. 熔断器　　C. 电阻器

96. 通电线圈产生的磁场方向不但与电流方向有关，而且还与线圈（　　）有关。

A. 长度　　B. 绕向　　C. 体积

97. 万能转换开关的基本结构内有（　　）。

A. 触点系统　　B. 反力系统

C. 线圈部分

98. 万用表由表头、（　　）及转换开关三个主要部分组成。

A. 测量电路　　B. 线圈

C. 指针

99. 我们平时称的瓷瓶，在电工专业中称为（　　）。

A. 隔离体　　B. 绝缘瓶

C. 绝缘子

100. 下列材料不能作为导线使用的是（　　）。

A. 钢绞线　　B. 铜绞线　　C. 铝绞线

参考答案（模拟试题一）

1	错	2	错	3	错	4	错	5	错
6	对	7	对	8	对	9	对	10	对
11	错	12	错	13	错	14	错	15	对
16	对	17	对	18	错	19	错	20	错
21	错	22	错	23	错	24	错	25	错
26	错	27	错	28	对	29	对	30	对
31	对	32	对	33	对	34	对	35	对
36	对	37	对	38	对	39	错	40	对
41	错	42	错	43	错	44	错	45	错
46	错	47	错	48	错	49	错	50	对
51	对	52	对	53	对	54	对	55	对
56	对	57	对	58	对	59	对	60	对
61	对	62	对	63	对	64	对	65	对
66	对	67	对	68	对	69	对	70	对
71	C	72	A	73	B	74	A	75	B
76	C	77	B	78	B	79	C	80	B
81	C	82	B	83	A	84	A	85	B
86	B	87	A	88	A	89	B	90	C
91	A	92	C	93	B	94	A	95	B
96	B	97	A	98	A	99	C	100	A

模拟试题二（80 分为及格分）

一、判断题（每题 1 分，共 70 分）

（　　）1. 电工特种作业人员应当具备高中或相当于高中以上文化程度。

（　　）2. 取得高级电工证的人员就可以从事电工作业。

（ ）3. 对称的三相电源是由振幅相同、初相依次相差 120°的正弦电源连接组成的供电系统。

（ ）4. 无论在任何情况下，三极管都具有电流放大功能。

（ ）5. 当导体温度不变时，通过导体的电流与导体两端的电压成正比，与其电阻成反比。

（ ）6. 规定小磁针的北极所指的方向是磁力线的方向。

（ ）7. 我国正弦交流电的频率为 50Hz。

（ ）8. 在串联电路中，电流处处相等。

（ ）9. 当电容器测量时万用表指针摆动后停止不动，说明电容器短路。

（ ）10. 电压表的内阻越大越好。

（ ）11. 接地电阻表主要由手摇发电机、电流互感器、电位器以及检流计组成。

（ ）12. 30～40Hz 的电流危险性最大。

（ ）13. 当电气火灾发生时，如果无法切断电源，就只能带电灭火，并选择干粉或者二氧化碳灭火器，尽量少用水基式灭火器。

（ ）14. 当拉下总开关后，线路即视为无电。

（ ）15. 可以用相线碰地线的方法检查地线是否接地良好。

（ ）16. 雷电后造成架空线路产生高电压冲击波，这种雷电称为直击雷。

（ ）17. 铜线与铝线在需要时可以直接连接。

（ ）18. 为保证零线安全，三相四线的零线必须加装熔断器。

（ ）19. 用避雷针、避雷带是防止雷电破坏电力设备的主要措施。

（ ）20. 按照通过人体电流的大小，人体反应状态的不同，可将电流划分为感知电流、摆脱电流和室颤电流。

（ ）21. 当静电的放电火花能量足够大时，能引起火灾和爆炸事故，在生产过程中静电还会妨碍生产和降低产品质量等。

（　　）22. 对于容易产生静电的场所，应保持地面潮湿或者铺设导电性能较好的地板。

（　　）23. 雷电时，应禁止在屋外高空检修、试验和屋内验电等作业。

（　　）24. 为了防止电气火花、电弧等引燃爆炸物，应选用防爆电气级别和温度组别与环境相适应的防爆电气设备。

（　　）25. 在高压操作中，无遮栏作业人体或其所携带工具与带电体之间的距离应不少于 0.7m。

（　　）26. 在没有用验电器验电前，线路应视为有电。

（　　）27. “止步，高压危险！”的标志牌的式样是白底、红边，有红色箭头。

（　　）28. 常用绝缘安全防护用具有绝缘手套、绝缘靴、绝缘隔板、绝缘垫、绝缘站台等。

（　　）29. 挂登高板时，应钩口向外并且向上。

（　　）30. 触电者神志不清，有心跳，但呼吸停止，应立即进行口对口人工呼吸。

（　　）31. 导线接头的抗拉强度必须与原导线的抗拉强度相同。

（　　）32. 电力线路敷设时严禁采用突然剪断导线的办法松线。

（　　）33. 在我国，超高压送电线路基本上是架空敷设。

（　　）34. 低压验电器可以验出 500V 以下的电压。

（　　）35. 电动机在正常运行时，如闻到焦臭味，则说明电动机速度过快。

（　　）36. 断路器在选用时，要求断路器的额定通断能力要大于或等于被保护线路中可能出现的最大负载电流。

（　　）37. 转子串频敏变阻器启动的转矩大，适合重载启动。

（　　）38. 频率的自动调节补偿是热继电器的一个功能。

（　　）39. 热继电器的双金属片弯曲的速度与电流大小有关，电流越大，速度越快，这种特性称正比时限特性。

（　　）40. 熔断器的特性，是通过熔体的电压值越高，熔断时间越短。

（　　）41. 如果电容器运行时，检查发现温度过高，应加强通风。

（　　）42. 自动开关属于手动电器。

（　　）43. 使用改变磁极对数来调速的电机一般都是绕线型转子电动机。

（　　）44. 手持式电动工具接线可以随意加长。

（　　）45. 万能转换开关的定位结构一般采用滚轮卡转轴辐射型结构。

（　　）46. 行程开关的作用是将机械行走的长度用电信号传出。

（　　）47. 在采用多级熔断器保护中，后级熔体的额定电流比前级大，以电源端为最前端。

（　　）48. 时间继电器的文字符号为KT。

（　　）49. 按钮的文字符号为SB。

（　　）50. 按钮根据使用场合，可选的种类有开启式、防水式、防腐式、保护式等。

（　　）51. 白炽灯属热辐射光源。

（　　）52. 剥线钳是用来剥削小导线头部表面绝缘层的专用工具。

（　　）53. 不同电压的插座应有明显区别。

（　　）54. 电动式时间继电器的延时时间不受电源电压波动及环境温度变化的影响。

（　　）55. 电动机异常发响发热的同时，转速急速下降，应立即切断电源，停机检查。

（　　）56. 电动机在检修后，经各项检查合格，就可对电动机进行空载试验和短路试验。

（　　）57. 电气安装接线图中，同一电器元件的各部分必须画在一起。

（　　）58. 电容器的放电负载不能装设熔断器或开关。

（　　）59. 对电动机各绕组的绝缘检查，如测出绝缘电阻不合格，不允许通电运行。

（　　）60. 脱离电源后，触电者神志清醒，应让触电者来回走动，加强血液循环。

（　　）61. 交流电动机铭牌上的频率是此电机使用的交流电源的频率。

（　　）62. 漏电断路器在被保护电路中有漏电或有人触电时，零序电流互感器就产生感应电流，经放大使脱扣器动作，从而切断电路。

（　　）63. 漏电开关跳闸后，允许采用分路停电再送电的方式检查线路。

（　　）64. 热继电器的保护特性在保护电动机时，应尽可能与电动机过载特性贴近。

（　　）65. 剩余电流动作保护装置主要用于 1000V 以下的低压系统。

（　　）66. 事故照明不允许和其他照明共用同一线路。

（　　）67. 因闻到焦臭味而停止运行的电动机，必须找出原因后才能再通电使用。

（　　）68. 再生发电制动只用于电动机转速高于同步转速的场合。

（　　）69. 自动空气开关具有过载、短路和欠电压保护。

（　　）70. 自动切换电器是依靠本身参数的变化或外来信号而自动进行工作的。

二、选择题（每题 **1** 分，共 **30** 分）

71.（　　）的电动机，在通电前，必须先做各绕组的绝缘电阻检查，合格后才可通电。

A. 一直在用，停止没超过一天

B. 不常用，但电动机刚停止不超过一天

C. 新装或未用过的

72. GB/T 3805—2008《特低电压（ELV）限值》中规定，在正常环境下，正常工作时工频电压有效值的限值为（　　）V。

A. 33　　B. 70　　C. 55

73. Ⅱ类手持电动工具是带有（　　）绝缘的设备。

A. 防护　B. 基本　C. 双重

74. 不接地系统中，如发生单相接地故障时，其他相线对地电压会（　　）。

A. 升高　B. 降低　C. 不变

75. 测量电压时，电压表应与被测电路（　　）。

A. 并联　B. 串联　C. 正接

76. 穿管导线内最多允许（　　）个导线接头。

A. 2　　B. 1　　C. 0

77. 单极型半导体器件是（　　）。

A. 二极管　　B. 双极性二极管

C. 场效应管

78. 当空气开关动作后，用手触摸其外壳，发现开关外壳较热，则动作的可能是（　　）。

A. 短路　B. 过载　C. 欠电压

79. 导线的中间接头采用铰接时，先在中间互绞（　　）圈。

A. 1　　B. 2　　C. 3

80. 低压电器可分为低压配电电器和（　　）电器。

A. 低压控制　　B. 电压控制

C. 低压电动

81. 电动机定子三相绕组与交流电源的连接叫接法，其中Y为（　　）。

A. 星形联结　　B. 三角形联结

C. 延边三角形联结

82. 电动势的方向是（　　）。

A. 从正极指向负极　　B. 从负极指向正极

C. 与电压方向相同

83. 电动机在正常运行时的声音是平稳、轻快、（　　）和有节奏的。

A. 尖叫　　B. 均匀　　C. 摩擦

84. 电流从左手到双脚引起心室颤动效应，一般认为通电时间与电流的乘积大于（　　）mA·s 时就有生命危险。

A. 30　　B. 16　　C. 50

85. 电容器可用万用表（　　）挡进行检查。

A. 电压　　B. 电流　　C. 电阻

86. 对电动机内部的脏物及灰尘清理，应用（　　）。

A. 布上沾汽油、煤油等抹擦

B. 湿布抹擦

C. 压缩空气吹或用干布抹擦

87. 非自动切换电器是依靠（　　）直接操作来进行工作的。

A. 电动　　B. 外力（如手控）　　C. 感应

88. 感应电流的方向总是使感应电流的磁场阻碍引起感应电流的磁通的变化，这一定律称为（　　）。

A. 特斯拉定律　　B. 法拉第定律

C. 楞次定律

89. 高压验电器的发光电压不应高于额定电压的（　　）%。

A. 50　　B. 25　　C. 75

90. 根据线路电压等级和用户对象，电力线路可分为配电线路和（　　）线路。

A. 动力　　B. 照明　　C. 送电

91. 更换和检修用电设备时，最好的安全措施是（　　）。

A. 切断电源　　B. 站在凳子上操作

C. 戴橡皮手套操作

92. 继电器是一种根据（　　）来控制电路"接通"或"断开"的一种自动电器。

A. 电信号　　B. 外界输入信号（电信号或非电信号）

C. 非电信号

93. 交流接触器的额定工作电压，是指在规定条件下，能保证电器正常工作的（　　）电压。

A. 最高　　B. 最低　　C. 平均

94. 静电现象是十分普遍的电现象，（　　）是它的最大危害。

A. 高电压击穿绝缘

B. 对人体放电,直接置人于死地

C. 易引发火灾

95. 有关资料表明，心跳呼吸停止，在（　　）min 内进行抢救，约 80%可以救活。

A. 1　　B. 2　　C. 3

96. 笼型异步电动机采用电阻降压启动时，启动次数（　　）。

A. 不允许超过 3 次/小时　　B. 不宜太少

C. 不宜过于频繁

97. 钳形电流表测量电流时，可以在（　　）电路的情况下进行。

A. 短接　　B. 断开　　C. 不断开

98. 墙边开关安装时距离地面的高度为（　　）m。

A. 1.3　　B. 1.5　　C. 2

99. 人体体内电阻约为（　　）Ω。

A. 300　　B. 200　　C. 500

100. 三个阻值相等的电阻串联时的总电阻是并联时总电阻的（　　）倍。

A. 6　　B. 9　　C. 3

参考答案（模拟试题二）

1	错	2	错	3	错	4	错	5	对
6	对	7	对	8	对	9	对	10	对
11	对	12	错	13	错	14	错	15	错
16	错	17	错	18	错	19	错	20	对
21	对	22	对	23	对	24	对	25	对

26	对	27	对	28	对	29	对	30	对
31	错	32	对	33	对	34	错	35	错
36	错	37	错	38	错	39	错	40	错
41	错	42	错	43	错	44	错	45	错
46	错	47	错	48	对	49	对	50	对
51	对	52	对	53	对	54	对	55	对
56	对	57	对	58	对	59	对	60	错
61	对	62	对	63	对	64	对	65	对
66	对	67	对	68	对	69	对	70	对
71	C	72	A	73	C	74	A	75	A
76	C	77	C	78	B	79	C	80	A
81	A	82	B	83	B	84	C	85	C
86	C	87	B	88	C	89	B	90	C
91	A	92	B	93	A	94	C	95	A
96	C	97	C	98	A	99	C	100	B

模拟试题三（80 分为及格分）

一、判断题（每题 1 分，共 70 分）

（　　）1. 电工作业分为高压电工和低压电工。

（　　）2. 企业、事业单位的职工无特种作业操作证从事特种作业，属违章作业。

（　　）3. 有美尼尔氏症的人不得从事电工作业。

（　　）4. PN 结正向导通时，其内外电场方向一致。

（　　）5. 二极管只要工作在反向击穿区，一定会被击穿。

（　　）6. 改革开放前我国强调以铝代铜作导线，以减轻导线的重量。

（　　）7. 欧姆定律指出：在一个闭合电路中，当导体温度不变时，通过导体的电流与加在导体两端的电压成反比，与其电阻成正比。

（ ）8. 正弦交流电的周期与角频率的关系互为倒数的。

（ ）9. 并联电路中各支路上的电流不一定相等。

（ ）10. 低压绝缘材料的耐压等级一般为500V。

（ ）11. 电子镇流器的功率因数高于电感式镇流器。

（ ）12. 额定电压为380V的熔断器可用在220V的线路中。

（ ）13. 过载是指线路中的电流大于线路的计算电流或允许载流量。

（ ）14. 基尔霍夫第一定律是节点电流定律，是用来证明电路上各电流之间关系的定律。

（ ）15. 在串联电路中，电路总电压等于各电阻的分电压之和。

（ ）16. 电流的大小用电流表来测量，测量时将其并联在电路中。

（ ）17. 电压的大小用电压表来测量，测量时将其串联在电路中。

（ ）18. 交流钳形电流表可测量交直流电流。

（ ）19. 使用万用表电阻挡能够测量变压器的线圈电阻。

（ ）20. 吸收比是用兆欧表测定。

（ ）21. 摇测大容量设备吸收比是测量（60s）时的绝缘电阻与（15s）时的绝缘电阻之比。

（ ）22. 用万用表 $R\times1\text{k}\Omega$ 欧姆挡测量二极管时，红表笔接一只脚，黑表笔接另一只脚，测得的电阻值为几百欧姆，反向测量时电阻值很大，则该二极管是好的。

（ ）23. 吊灯安装在桌子上方时，与桌子的垂直距离不少于1.5m。

（ ）24. 工频电流比高频电流更容易引起皮肤灼伤。

（ ）25. 一般情况下，接地电网的单相触电比不接地电网的危险性小。

（ ）26. 在设备运行中，发生起火的原因：电流热量是间接原因，而火花或电弧则是直接原因。

（　　）27. 除独立避雷针之外，在接地电阻满足要求的前提下，防雷接地装置可以和其他接地装置共用。

（　　）28. 触电分为电击和电伤。

（　　）29. 触电事故是由电能以电流形式作用人体造成的事故。

（　　）30. 防雷装置应沿建筑物的外墙敷设，并经最短途径接地，如有特殊要求可以暗设。

（　　）31. 临时接地线是为了在已停电的设备和线路上意外地出现电压时保证工作人员的重要工具。按规定：接地线必须是截面积 25mm^2 以上裸铜软线制成。

（　　）32. 幼儿园及小学等儿童活动场所插座安装高度不宜小于 1.8m。

（　　）33. 在有爆炸和火灾危险的场所，应尽量少用或不用携带式、移动式的电气设备。

（　　）34. 使用竹梯作业时，梯子放置与地面以 50°左右为宜。

（　　）35. 同一电器元件的各部件分散地画在原理图中，必须按顺序标注文字符号。

（　　）36. 电工应严格按照操作规程进行作业。

（　　）37. 多用螺钉旋具的规格是以它的全长(手柄加旋杆)表示。

（　　）38. 在安全色标中用绿色表示安全、通过、允许、工作。

（　　）39. 遮栏是为防止工作人员无意碰到带电设备部分而装设的屏护，分临时遮栏和常设遮栏两种。

（　　）40. 导线接头位置应尽量在绝缘子固定处，以方便统一扎线。

（　　）41. 根据用电性质，电力线路可分为动力线路和配电线路。

（　　）42. 为了安全，高压线路通常采用绝缘导线。

（　　）43. 截面积较小的单股导线平接时可采用绞接法。

（　　）44. 在选择导线时必须考虑线路投资，但导线截面积不能太小。

（　　）45. RCD 后的中性线可以接地。

（　　）46. RCD 的额定动作电流是指能使 RCD 动作的最大电流。

（　　）47. RCD 的选择，必须考虑用电设备和电路正常泄漏电流的影响。

（　　）48. SELV 只作为接地系统的电击保护。

（　　）49. 从过载角度出发，规定了熔断器的额定电压。

（　　）50. 刀开关在作隔离开关选用时，要求刀开关的额定电流要大于或等于线路实际的故障电流。

（　　）51. 电动机运行时发出沉闷声是电动机在正常运行的声音。

（　　）52. 对于异步电动机，国家标准规定 3kW 以下的电动机均采用三角形联结。

（　　）53. 高压水银灯的电压比较高，所以称为高压水银灯。

（　　）54. 隔离开关是指承担接通和断开电流任务，将电路与电源隔开。

（　　）55. 目前，我国生产的接触器额定电流一般大于或等于 630A。

（　　）56. 三相电动机的转子和定子要同时通电才能工作。

（　　）57. 剩余动作电流小于或等于 0.3A 的 RCD 属于高灵敏度 RCD。

（　　）58. 试验对地电压为 50V 以上的带电设备时，氖泡式低压验电器就应显示有电。

（　　）59. 手持电动工具有两种分类方式，即按工作电压分类和按防潮程度分类。

（　　）60. 中间继电器的动作值与释放值可调节。

（　　）61. Ⅲ类电动工具的工作电压不超过 50V。

（　　）62. 电容器室内应有良好的通风。

（　　）63. 断路器可分为框架式和塑料外壳式。

（　　）64. 对于转子有绕组的电动机，将外电阻串入转子电路中启动，并随电机转速升高而逐渐地将电阻值减小并最终切除，叫转子串电阻启动。

（　　）65. 验电器在使用前必须确认验电器良好。

（　　）66. 移动电气设备可以参考手持电动工具的有关要求进行使用。

（　　）67. 异步电动机的转差率是旋转磁场的转速与电动机转速之差与旋转磁场的转速之比。

（　　）68. 在电压低于额定值的一定比例后能自动断电的称为欠电压保护。

（　　）69. 组合开关可直接启动 5kW 以下的电动机。

（　　）70. 特种作业人员必须年满 20 周岁，且不超过国家法定退休年龄。

二、选择题（每题 1 分，共 30 分）

71. 三相异步电动机按其（　　）的不同可分为开启式、防护式、封闭式三大类。

A. 外壳保护方式　　B. 供电电源的方式

C. 结构型式

72. 三相异步电动机虽然种类繁多，但基本结构均由（　　）和转子两大部分组成。

A. 定子　B. 外壳　C. 罩壳及机座

73. 碳在自然界中有金刚石和石墨两种存在形式，其中石墨是（　　）。

A. 绝缘体　B. 导体　C. 半导体

74. 特别潮湿的场所应采用（　　）V 的安全特低电压。

A. 24　B. 42　C. 12

75. 特种作业操作证每（　　）年复审 1 次。

A. 4　　B. 5　　C. 3

76. 特种作业操作证有效期为（　　）年。

A. 8　　B. 12　　C. 6

77. 装设接地线，当检验明确无电压后，应立即将检修设备接地并（　　）短路。

A. 两相　　B. 单相　　C. 三相

78. 万用表实质是一个带有整流器的（　　）仪表。

A. 电磁式　　B. 磁电式　　C. 电动式

79. 锡焊晶体管等弱电元件应用（　　）W 的电烙铁为宜。

A. 75　　B. 25　　C. 100

80. 下列（　　）是保证电气作业安全的组织措施。

A. 停电　　B. 工作许可制度

C. 悬挂接地线

81. 线路或设备的绝缘电阻的测量是用（　　）测量。

A. 万用表的电阻档　　B. 兆欧表

C. 接地摇表

82. 相线应接在螺口灯头的（　　）。

A. 螺纹端子　　B. 中心端子

C. 外壳

83. 旋转磁场的旋转方向决定于通入定子绕组中的三相交流电源的相序，只要任意调换电动机（　　）所接交流电源的相序，旋转磁场即反转。

A. 两相绕组　　B. 一相绕组

C. 三相绕组

84. 一般线路中的熔断器有（　　）保护。

A. 过载　　B. 短路　　C. 过载或短路

85. 一般照明场所的线路允许电压损失为额定电压的（　　）。

A. ±5%　　B. ±10%　　C. ±15%

86. 一般照明的电源优先选用（　　）V。

A. 220　　B. 380　　C. 36

87. 运输液化气、石油等的槽车在行驶时，在槽车底部应采用金属链条或导电橡胶使之与大地接触，其目的是（ ）。

A. 泄漏槽车行驶中产生的静电荷

B. 中和槽车行驶中产生的静电荷

C. 使槽车与大地等电位

88. 在半导体电路中，主要选用快速熔断器做（ ）保护。

A. 短路　B. 过电压　C. 过热

89. 组合开关用于电动机可逆控制时，（ ）允许反向接通。

A. 可在电动机停后就

B. 不必在电动机完全停转后就

C. 必须在电动机完全停转后才

90. 在电路中，开关应控制（ ）。

A. 相线　B. 零线　C. 地线

91. 在对 380V 电机各绕组的绝缘检查中，发现绝缘电阻（ ），则可初步判定为电动机受潮所致，应对电机进行烘干处理。

A. 大于 0.5MΩ　B. 小于 10MΩ

C. 小于 0.5MΩ

92. 在铝绞线中加入钢芯的作用是（ ）。

A. 提高导电能力　B. 增大导线面积

C. 提高机械强度

93. 在民用建筑物的配电系统中，一般采用（ ）断路器。

A. 框架式　B. 电动式　C. 漏电保护

94. 在三相对称交流电源星形连接中，线电压超前于所对应的相电压（ ）°。

A. 120　B. 30　C. 60

95. 在狭窄场所如锅炉、金属容器、管道内作业时应使用（ ）工具。

A. Ⅱ类　B. Ⅰ类　C. Ⅲ类

96. 在选择漏电保护装置的灵敏度时，要避免由于正常（ ）

引起的不必要的动作而影响正常供电。

A. 泄漏电压　　　　B. 泄漏电流

C. 泄漏功率

97. 在易燃、易爆危险场所，供电线路应采用（　　）方式供电。

A. 单相三线制，三相四线制

B. 单相三线制，三相五线制

C. 单相两线制，三相五线制

98. 在易燃易爆场所使用的照明灯具应采用（　　）灯具。

A. 防爆型　B. 防潮型　　C. 普通型

99. 照明系统中的每一单相回路上，灯具与插座的数量不宜超过（　　）个。

A. 20　　B. 25　　C. 30

100. 照明线路熔断器的熔体的额定电流取线路计算电流的（　　）倍。

A. 0.9　　B. 1.1　　C. 1.5

参考答案（模拟试题二）

1	错	2	对	3	对	4	错	5	错
6	错	7	错	8	错	9	对	10	对
11	对	12	对	13	对	14	对	15	对
16	错	17	错	18	错	19	错	20	对
21	对	22	对	23	错	24	错	25	错
26	错	27	对	28	对	29	对	30	对
31	对	32	对	33	对	34	错	35	错
36	对	37	对	38	对	39	对	40	错
41	错	42	错	43	对	44	对	45	错
46	错	47	对	48	错	49	错	50	错
51	错	52	错	53	错	54	错	55	错
56	错	57	错	58	错	59	错	60	错

61	对	62	对	63	对	64	对	65	对
66	对	67	对	68	对	69	对	70	错
71	A	72	A	73	B	74	C	75	C
76	C	77	C	78	B	79	B	80	B
81	B	82	B	83	A	84	C	85	A
86	A	87	A	88	A	89	C	90	A
91	C	92	C	93	C	94	B	95	C
96	B	97	B	98	A	99	B	100	B

第十章

实际操作考试

第一节　低压电工作业人员安全技术实际操作考试标准

1. 制定依据

国家安监总局《低压电工作业人员安全技术培训大纲和考核标准》

2. 考试方式

实际操作、仿真模拟操作、口述方式

3. 考试要求

3.1　实操科目及内容

3.1.1　科目1：安全用具使用（简称K1）

3.1.1.1　电工仪表安全使用（简称K11）

3.1.1.2　电工安全用具使用（简称K12）

3.1.1.3　电工安全标示的辨识（简称K13）

3.1.2　科目2：安全操作技术（简称K2）

3.1.2.1　电动机单向连续运转接线（带点动控制）（简称K21）

3.1.2.2　三相异步电动机正反运行的接线及安全操作（简称K22）

3.1.2.3　单相电能表带照明灯的安装及接线（简称K23）

3.1.2.4　带熔断器（断路器）、仪表、互感器的电动机运行控制电路接线（简称K24）

3.1.2.5　导线的连接（简称K25）

3.1.3　科目 3：作业现场安全隐患排除（简称 K3）

3.1.3.1　判断作业现场存在的安全风险、职业危害（简称 K31）

3.1.3.2　结合实际工作任务，排除作业现场存在的安全风险、职业危害（简称 K32）

3.1.4　科目 4：作业现场应急处理（简称 K4）

3.1.4.1　触电事故现场的应急处理（简称 K41）

3.1.4.2　单人徒手心肺复苏操作（简称 K42）

3.1.4.3　灭火器的选择和使用（简称 K43）

3.2　组卷方式

实操试卷从上述四类考题中，各抽取一道实操题组成。具体题目由考试系统或考生抽取产生。

3.3　考试成绩

实操考试成绩总分值为 100 分，80 分（含）以上为考试合格；若考题中设置有否决项，否决项未通过，则实操考试不合格。科目 1、科目 2、科目 3、科目 4 的分值权重分别为 20%、40%、20%、20%。

3.4　考试时间

60 分钟

4. 考试考评表

特种作业安全技术实际操作考试考评表

（低压电工作业）

考试名称：__________准考证号：________考生姓名：________

考试时间：________年______月______日，考试地点：__________

考试成绩：______________考评组长（签字）：____________

K1 安全用具使用（100 分×20%）得分：　　　　分，考评员：		
K11 电工仪表安全使用（100 分）得分：	否定项	通过口不通过口
K12 电工安全用具使用（100 分）得分：	否定项	通过口不通过口
K13 电工安全标示的辨识（100 分）得分：	否定项	通过口不通过口

K2 安全操作技术（100 分×40%）得分： 分，考评员：		
K21 电动机单向连续运转接线（带点动控制）（100 分）得分：	否定项	通过口不通过口
K22 三相异步电动机正反运行的接线及安全操作（100 分）得分：	否定项	通过口不通过口
K23 单相电能表带照明灯的安装及接线（100 分）得分：	否定项	通过口不通过口
K24 带熔断器（断路器）、仪表、互感器的电动机运行控制电路接线（100 分）得分：	否定项	通过口不通过口
K25 导线的连接（100 分）得分：	否定项	通过口不通过口
K3 作业现场安全隐患排除（100 分×20%）得分： 分，考评员：		
K31 判断作业现场存在的安全风险、职业危害（100 分）得分：	否定项	通过口不通过口
K32 结合实际工作任务，排除作业现场存在的安全风险、职业危害（100 分）得分：	否定项	通过口不通过口
K4 作业现场应急处理（100 分×20%）得分： 分，考评员：		
K41 触电事故现场的应急处理（100 分）得分：	否定项	通过口不通过口
K42 单人徒手心肺复苏操作（100 分）得分：	否定项	通过口不通过口
K43 灭火器的选择和使用（100 分）得分：	否定项	通过口不通过口

注 实操考试成绩总分值为 100 分，80 分（含）以上为考试合格；若考题中设置有否决项，否决项未通过，则实操考试不合格。

第二节 实际操作考试试题

一、科目 1：安全用具使用（K1）

1. 电工仪表安全使用（K11）

（1）考试方式：实际操作、口述。

（2）考试时间：10 分钟。

（3）安全操作步骤：

1）按给定的测量任务，选择合适的电工仪表；

2）进行仪表检查；

3）正确使用仪表；

4）正确读数，并对测量结果进行判断。

（4）评分标准：

K11 电工仪表安全使用 考试时间：10 分钟

序号	考试项目	考试内容	配分	评分标准
1	电工仪表安全使用	选用合适的电工仪表	20	口述各种电工仪表的作用，不正确扣3～10分。针对考评员布置的测量任务，正确选择合适的电工仪表（万用表、钳形电流表、兆欧表、接地电阻测试仪），仪表选择不正确扣10分
		进行仪表检查	20	正确检查仪表的外观，未检查外观扣5分；未检查合格证，扣5分；未检查完好性，扣10分
		正确使用仪表	50	遵循安全操作规程，按照操作步骤正确使用仪表，操作步骤违反安全规程得零分，操作步骤不完整视情况扣5～50分
		对测量结果进行判断	10	未能对测量的结果进行分析判断，扣10分
2	否定项	否定项说明	扣除该题分数	对给定的测量任务，无法正确选择合适的仪表，违反安全操作规范导致自身或仪表处于不安全状态等，考生该题得分零分，终止该项目考试
3	合计		100	

2. 电工安全用具使用（K12）

（1）考试方式：实际操作、口述。

（2）考试时间：10 分钟。

（3）安全操作步骤：

1）熟知各种低压电工个人防护用品的用途及结构；

2）能对各种低压电工个人防护用品进行检查；

3）正确使用各种低压电工个人防护用品；

4）熟悉各种低压电工个人防护用品保养要求。

（4）评分标准：

K12 电工安全用具使用 考试时间：10分钟

序号	考试项目	考试内容	配分	评分标准
1	低压电工个人防护用品使用	个人防护用品的用途及结构	30	口述低压电工个人防护用品（低压验电器、绝缘手套、绝缘鞋（靴）、安全帽、防护眼镜、绝缘夹钳、绝缘垫、携带型接地线、脚扣、安全带、登高板等用品中抽考三种）的作用及使用场合，叙述有误扣3～5分。口述各种低压电工个人防护用品的结构组成，叙述有误扣3～15分
		个人防护用品检查	15	正确检查外观，未检查外观扣5分；未检查合格证及有效期，扣5分；未检查可使用性，扣5分
		正确使用个人防护用品	40	遵循安全操作规程，按照操作步骤正确使用个人防护用品，操作步骤违反安全规程得零分，操作步骤不完整视情况扣5～40分
		个人防护用品保养	15	未能正确口述所选个人防护用品的保养要点，扣3～15分
2	合计		100	

3. 电工安全标示的辨识（K13）

（1）考试方式：口述。

（2）考试时间：10分钟。

（3）安全操作步骤：

1）熟悉低压电工作业常用的安全标示；

2）能对指定的安全标示进行解释；

3）能对指定的作业场景合理布置相关的安全标示。

（4）评分标准。

K13 电工安全标示辨识 考试时间：10 分钟

序号	考试项目	考试内容	配分	评分标准
1	常用的安全标示的辨识	熟悉常用的安全标示	20	指认考评员提供的安全标示图片 5 个，全对得 20 分，错一个扣 4 分
		常用安全标示用途解释	20	能对指定的安全标示（5 个）用途进行解释，错一个扣 4 分
		正确布置安全标示	60	按照指定的作业场景，正确布置相关的安全标示（2 个），选错一个扣 20 分，摆放位置错误，每个扣 10 分
2	合计		100	

二、科目 2：安全操作技术（K2）

1. 电动机单向连续运转控制电路接线（带点动控制）（K21）

（1）考试方式：实际操作、仿真模拟操作、口述。

（2）考试时间：30 分钟。

（3）安全操作步骤：

1）按给定的电气原理图，选择合适的电气元件及绝缘导线；

2）按要求进行电动机单向连续运转（带点动控制）控制电路的接线；

3）通电前使用仪表检查电路，确保不存在安全隐患后再通电；

4）所接线路能实现电动机点动、连续运行、停止等功能。

（4）考场提供的电气原理图（供参考）（见图 10-1～图 10-3）。

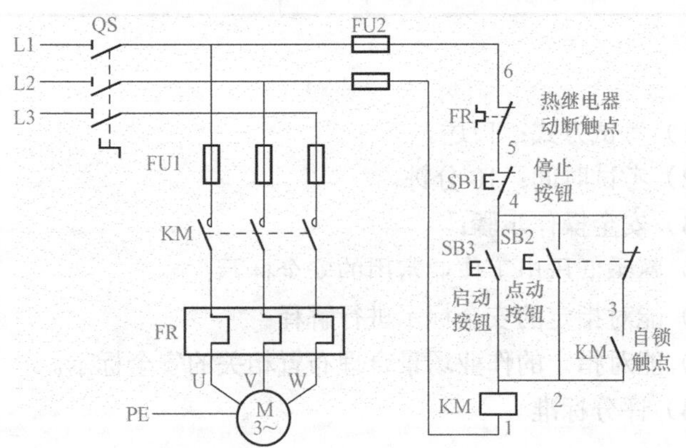

图 10-1 电动机单向连续运转（带点动控制）控制电路（一）

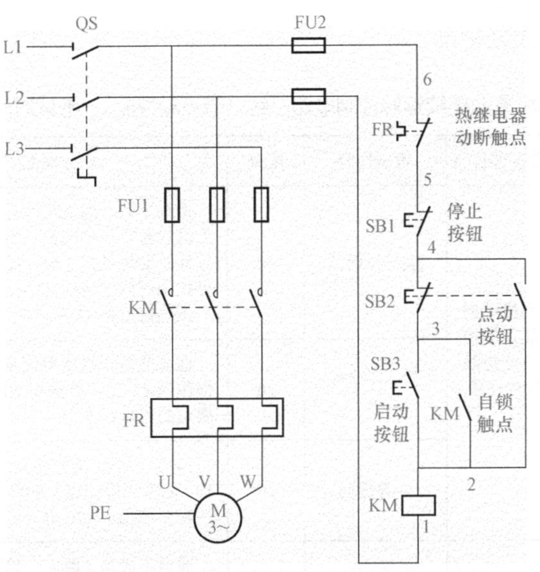

图 10-2　电动机单向连续运转（带点动控制）控制电路（二）

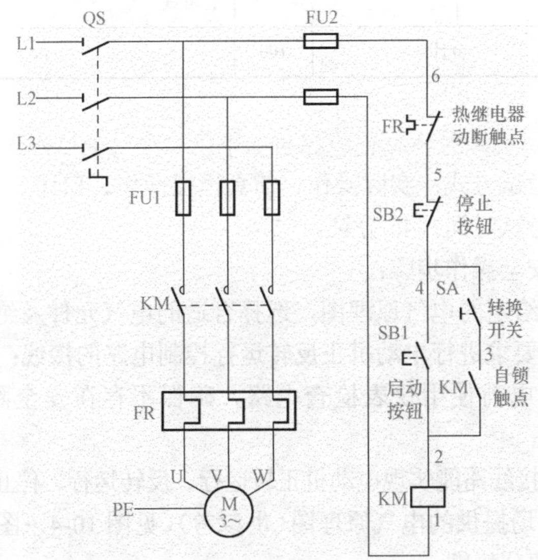

图 10-3　电动机单向连续运转（带点动控制）控制电路（三）

（5）评分标准：

K21　电动机单向连续运转控制电路接线（带点动控制）　考试时间：30 分钟

序号	考试项目	考试内容	配分	评分标准
1	电动机单向连续运转控制电路接线（带点动控制）	接线与调试	60	接线正确，通电后运行正常。接线处露铜超出标准规定，每处扣 3 分；接线松动每处扣 3 分；接地线少接一处扣 10 分；导线（颜色、截面）选择不正确每处扣 10 分
		安全作业环境	20	通电前能正确使用仪表检查线路，操作规范，工位整洁得 20 分；达不到要求的每项扣 5 分
		回答提问	20	口述：短路保护与过载保护的区别。回答问题完整、正确得 20 分，未达到要求扣 5～20 分
2	否定项	否定项说明	扣除该题分数	通电不成功、跳闸、熔断器烧毁、损坏设备、违反安全操作规范等，考生该题记为零分，并终止整个实操项目考试
3	合计		100	

2. 电动机正反转运行的控制电路接线及安全操作（K22）

（1）考试方式：实际操作、仿真模拟操作、口述。

（2）考试时间：45 分钟。

（3）安全操作步骤：

1）按给定的电气原理图，选择合适的电气元件及绝缘导线；

2）按要求进行电动机正反转运行控制电路的接线；

3）通电前使用仪表检查电路，确保不存在安全隐患后再通电；

4）所接线路能实现电动机正转运行、反转运行、停止等功能。

（4）考场提供的电气原理图（供参考）（见图 10-4～图 10-6）。

（5）评分标准：

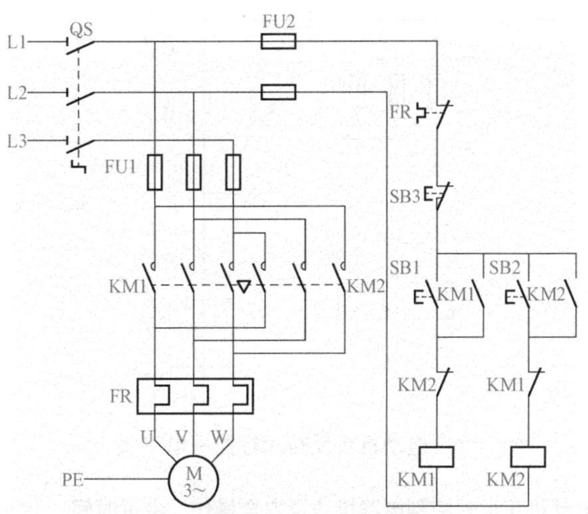

图 10-4 电动机正反转运行控制电路（一）

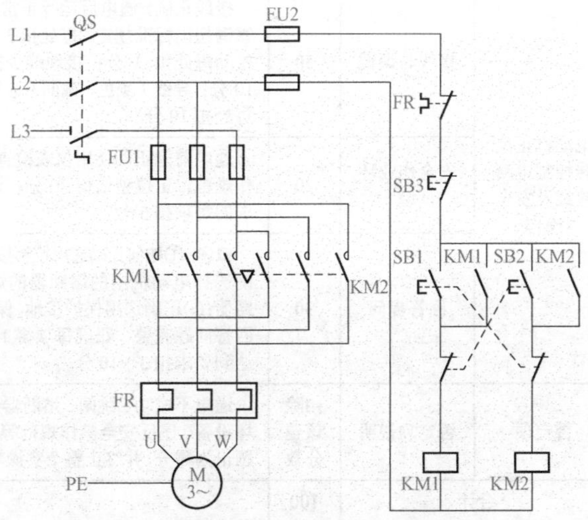

图 10-5 电动机正反转运行控制电路（二）

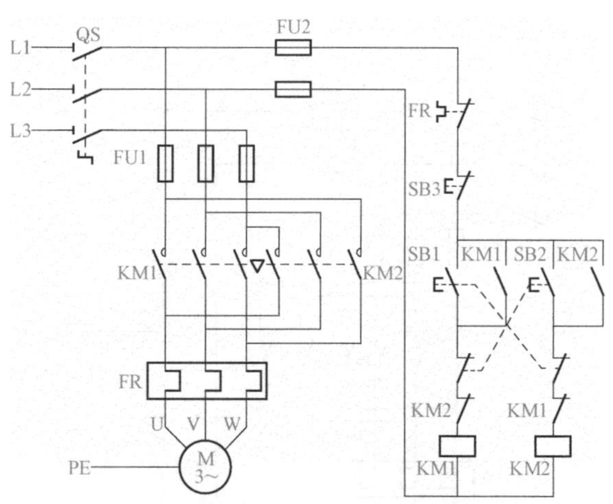

图 10-6 电动机正反转运行控制电路（三）

K22 电动机正反转控制电路接线及安全操作 考试时间：45 分钟

序号	考试项目	考试内容	配分	评分标准
1	电动机正反转控制电路接线及安全操作	接线与调试	50	接线正确，通电后运行正常。接线处露铜超出标准规定，每处扣 3 分；接线松动每处扣 3 分；接地线少接一处扣 10 分；导线（颜色、截面）选择不正确每处扣 10 分
		安全作业环境	20	通电前能正确使用仪表检查线路，操作规范，工位整洁得 20 分；达不到要求的每项扣 5 分
		回答提问	30	口述：①如何正确选用控制按钮；②正确选择电动机用的熔断器的熔体或断路器；③正确选用保护接地、保护接零。回答问题完整、正确每项得 10 分，未达到要求扣 3～10 分
2	否定项	否定项说明	扣除该题分数	通电不成功、跳闸、熔断器烧毁、损坏设备、违反安全操作规范等，考生该题记为零分，并终止整个实操项目考试
3	合计		100	

3. 单相电能表带照明灯电路的安装及接线（K23）

（1）考试方式：实际操作、仿真模拟操作、口述。

（2）考试时间：30 分钟。

（3）安全操作步骤：

1）按给定的电气原理图，选择合适的电气元件及绝缘导线；

2）按要求进行单相电能表带照明灯电路的安装及接线；

3）通电前使用仪表检查电路，确保不存在安全隐患后再通电；

4）所接线路能实现照明灯点亮、电能表运行等功能。

（4）考场提供的电气原理图（供参考）（见图 10-7～图 10-9）。

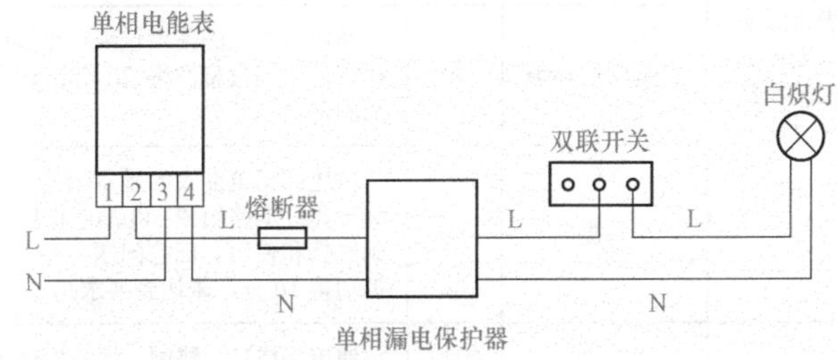

图 10-7　单相电能表带照明灯电路（一）

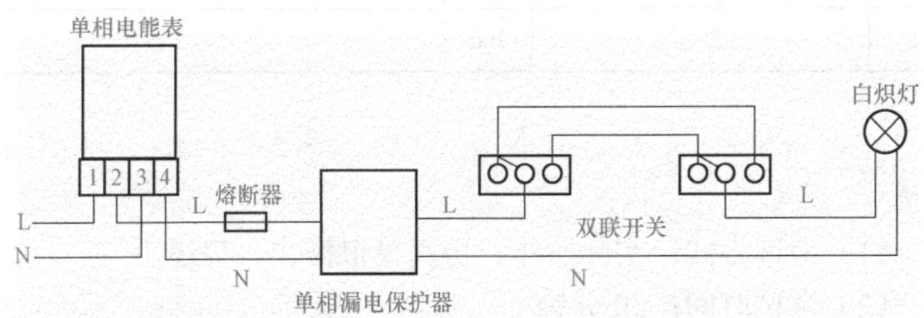

图 10-8　单相电能表带照明灯电路（二）

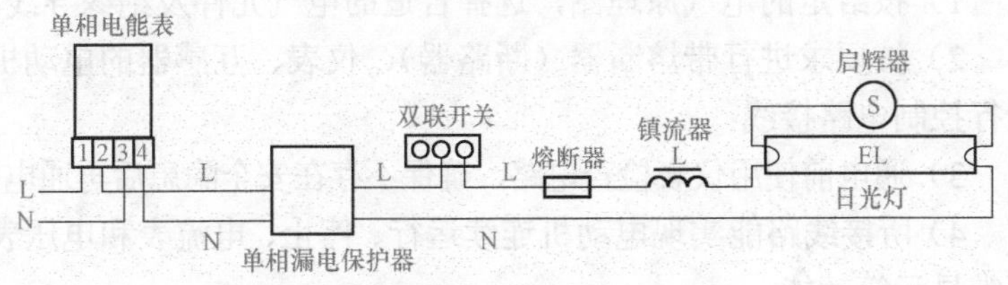

图 10-9　单相电能表带照明灯电路（三）

（5）评分标准：

K23　单相电能表带照明灯电路的安装及接线　考试时间：30 分钟

序号	考试项目	考试内容	配分	评分标准
1	单相电能表带照明灯电路的安装及接线	接线与调试	50	接线正确，通电后运行正常。接线处露铜超出标准规定，每处扣 3 分；接线松动每处扣 3 分；接地线少接一处扣 10 分；导线（颜色、截面）选择不正确每处扣 10 分
		安全作业环境	20	通电前能正确使用仪表检查线路，操作规范，工位整洁得 20 分；达不到要求的每项扣 5 分
		回答提问	30	口述：①电能表的基本结构与原理；②日光灯电路组成；③漏电保护器的正确选择和使用。回答问题完整、正确，每项得 10 分，未达到要求扣 3～10 分
2	否定项	否定项说明	扣除该题分数	通电不成功、跳闸、熔断器烧毁、损坏设备、违反安全操作规范等，考生该题记为零分，并终止整个实操项目考试
3	合计		100	

4. 带熔断器（断路器）、仪表、互感器的电动机运行控制电路接线（K24）

（1）考试方式：实际操作、仿真模拟操作、口述。

（2）考试时间：30 分钟。

（3）安全操作步骤：

1）按给定的电气原理图，选择合适的电气元件及绝缘导线；

2）按要求进行带熔断器（断路器）、仪表、互感器的电动机运行控制电路接线；

3）通电前使用仪表检查电路，确保不存在安全隐患后再通电；

4）所接线路能实现电动机连续运行、停止、电流表和电压表正常显示等功能。

（4）考场提供的电气原理图（供参考）（见图 10-10～图 10-12）。

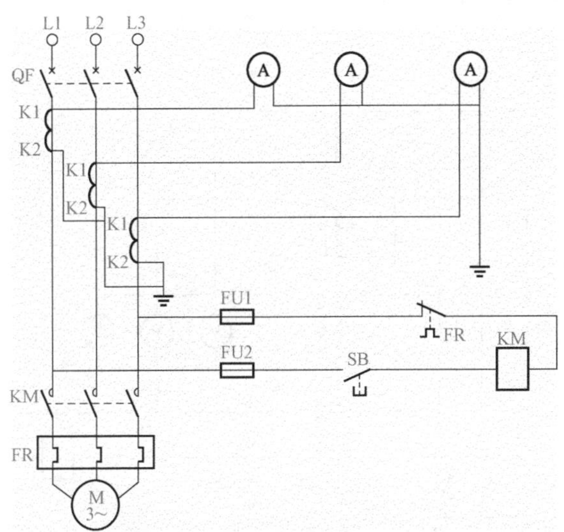

图 10-10　带熔断器（断路器）、仪表、互感器的电动机运行控制电路（一）

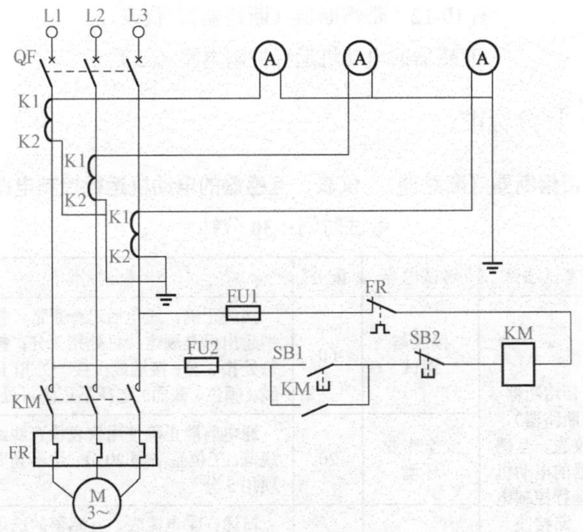

图 10-11　带熔断器（断路器）、仪表、互感器的电动机运行控制电路（二）

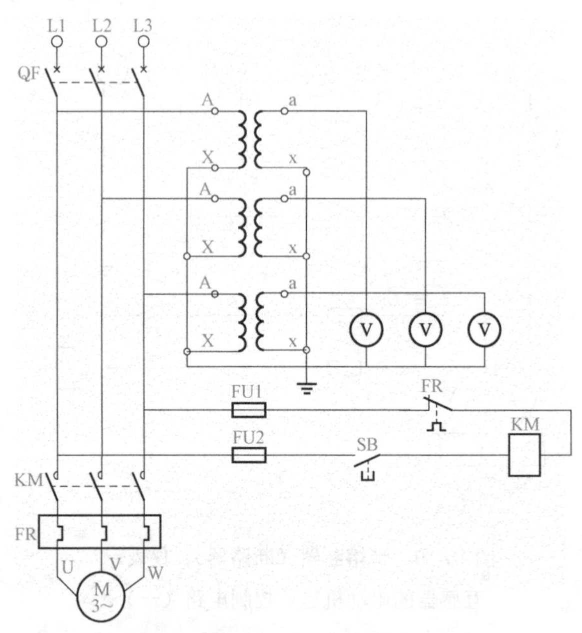

图 10-12　带熔断器（断路器）、仪表、互感器的电动机运行控制电路（三）

（5）评分标准：

K24　带熔断器（断路器）、仪表、互感器的电动机运行控制电路接线

考试时间：30 分钟

序号	考试项目	考试内容	配分	评分标准
1	带熔断器（断路器）、仪表、互感器的电动机运行控制电路接线	接线与调试	60	接线正确，通电后运行正常。接线处露铜超出标准规定，每处扣 3 分；接线松动每处扣 3 分；接地线少接一处扣 10 分；导线（颜色、截面）选择不正确每处扣 10 分
		安全作业环境	20	通电前能正确使用仪表检查线路，操作规范，工位整洁得 20 分；达不到要求的每项扣 5 分
		回答提问	20	口述：①电流表、互感器的选用；②已知线路电流为 80A，试为其选择电流表、电流互感器。回答问题完整、正确，每项得 10 分，未达到要求扣 3～10 分

续表

序号	考试项目	考试内容	配分	评分标准
2	否定项	否定项说明	扣除该题分数	通电不成功、跳闸、熔断器烧毁、损坏设备、违反安全操作规范等，考生该题记为零分，并终止整个实操项目考试
3	合计		100	

5. 导线的连接（K25）

（1）考试方式：实际操作、仿真模拟操作、口述。

（2）考试时间：30 分钟。

（3）安全操作步骤：

1）单股导线的连接、多股导线的连接；

2）导线的直接、分接、压接；

3）绝缘胶带的正确使用。

（4）评分标准：

K25　导线的连接　考试时间：30 分钟

序号	考试项目	考试内容	配分	评分标准
1	导线的连接	导线连接	60	接线规范、可靠、紧密、合理得满分 60 分。接线露铜处尺寸不均匀每端扣 10 分；露铜处尺寸超标每端扣 10 分；绝缘包扎不规范每端扣 10 分
		安全作业环境	20	合理使用电工工具、不损坏工具、工位整洁得 20 分。不足的每项扣 5 分
		回答提问	20	口述：①导线的连接方法有哪些；②根据给定的功率（或负载电流），估算选择导线截面。回答问题完整、正确，每项得 10 分，未达到要求扣 3～10 分
2	否定项	否定项说明	扣除该题分数	接头连接不紧密、松动，考生该题记为零分，并终止整个实操项目考试
3	合计		100	

三、科目 3：作业现场安全隐患排除（K3）

1. 判断作业现场存在的安全风险、职业危害（K31）

（1）考试方式：口述。

（2）考试时间：10 分钟。

（3）安全操作步骤：

1）认真阅读考评员提供的作业现场、图片或视频。

2）指出其中存在的安全风险和职业危害，具体可能涉及如下内容：①现场作业时个人防护措施没有做好；②作业现场乱拉电线或用电方法不安全；③现场作业时未放置相应的安全标示，如设备检修时，开关操作把手未挂“有人工作，禁止合闸”标示牌；④带电设备未规划安全区域，未悬挂“止步，高压危险！”标示牌；⑤倒闸操作时存在操作错误项；⑥应急处理方法不当；⑦作业现场工具乱摆放。

（4）评分标准：

K31　判断作业现场存在的安全风险、职业危害　考试时间：10 分钟

序号	考试项目	考试内容	配分	评分标准
1	判断作业现场存在的安全风险、职业危害	观察作业现场、图片或视频，明确作业任务或用电环境	25	通过观察作业现场、图片或视频，口述其中的作业任务或用电环境，正确得 25 分，不正确扣 5～25 分
		安全风险和职业危害判断	75	口述其中存在的安全风险及职业危害，指出一个得 15 分
2	合计		100	

2. 结合实际工作任务，排除作业现场存在的安全风险、职业危害（K32）

（1）考试方式：实际操作、仿真模拟操作、口述。

（2）考试时间：10 分钟。

（3）安全操作步骤：

1）明确作业任务，做好个人防护；

2）观察作业现场环境；

3）排除作业现场存在的安全风险；

4）进行安全操作。

（4）评分标准：

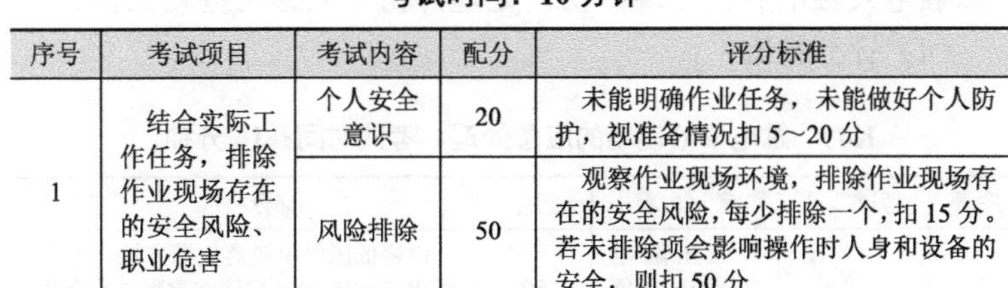

K32 结合实际工作任务，排除作业现场存在的安全风险、职业危害

考试时间：10 分钟

序号	考试项目	考试内容	配分	评分标准
1	结合实际工作任务，排除作业现场存在的安全风险、职业危害	个人安全意识	20	未能明确作业任务，未能做好个人防护，视准备情况扣 5～20 分
		风险排除	50	观察作业现场环境，排除作业现场存在的安全风险，每少排除一个，扣 15 分。若未排除项会影响操作时人身和设备的安全，则扣 50 分
2	安全操作	安全操作	30	口述该项操作的安全规程，每少说一条扣 5 分
3	合计		100	

四、科目 4：作业现场应急处理（K4）

1. 触电事故现场的应急处理（K41）

（1）考试方式：口述。

（2）考试时间：10 分钟。

（3）安全操作步骤：

1）低压触电时脱离电源方法及注意事项：①发现有人低压触电，立即寻找最近的电源开关，进行紧急断电，无法拉断开关或电源插座的情况下，则采用绝缘的方法切断电源；②在触电人脱离电源的同时，救护人应防止自身触电，还应防止触电人脱离电源后发生二次伤害；③让触电者在通风暖和的处所静卧休息，根据触电者的身体特征，做好急救前的准备工作；④如触电者触电后已出现外伤，处理外伤不应影响抢救工作；⑤夜间有人触电，急救时应解决临时照明问题。

2）高压触电时脱离电源的方法及注意事项：①发现有人高压触电，应立即通知上级有关供电部门，进行紧急断电，不能断电的情况下则采用绝缘的方法挑开电线，设法使其尽快脱离电源；②在触电者脱离电源的同时，救护人员应防止自身触电，还应防止触电者脱离电源后发生二次伤害；③根据触电者的身体特征，派人严密观察，确定是否请医生前来或送往医院诊察；④让触电者在通风暖和的处所静卧休息，根据触电者的身体特征，做好急救前的准备工作；夜间有人触电，急救时应解决临时照明问题；⑤如触电人触电后已出现外伤，处理外伤不应影响抢救工作。

（4）评分标准：

K41 触电事故现场的应急处理 考试时间：10分钟

序号	考试项目	考试内容	配分	评分标准
1	触电事故现场的应急处理	低压触电的断电应急程序	50	口述低压触电脱离电源方法，不完整扣5～25分，口述注意事项不合适或者不完整扣5～25分
		高压触电的断电应急程序	50	口述高压触电脱离电源方法，不完整扣5～25分，口述注意事项不合适或者不完整扣5～25分
2	否定项	否定项说明	扣除该项分数	口述高低压触电脱离电源的方法不正确，考生该题记为零分，并终止整个实操项目考试
3	合计		100	

2. 单人徒手心肺复苏操作（K42）

（1）考试方式：实际操作。

（2）考试时间：3分钟。

（3）安全操作步骤：

1）判断意识：拍患者肩部，大声呼叫患者。

2）呼救：环顾四周，请人协助救助，解衣扣、松腰带，摆体位。

3）判断颈动脉搏动：手法正确（单侧触摸，时间不少于5s）。

4）判断呼吸：耳朵贴近患者口鼻、用眼睛看患者胸部起伏、用面部或手测试患者的呼吸。

5）定位：胸骨中下1/3处，一手掌根部放于按压部位，另一手平行重叠于该手手背上，手指并拢，以掌根部接触按压部位，双臂位于患者胸骨的正上方，双肘关节伸直，利用上身的重量垂直下压。

6）胸外按压：按压速率每分钟至少 100 次，按压幅度至少5cm（每个循环按压30次，时间15～18s）。

7）畅通气道：摘掉假牙，清理口腔。

8）打开气道：常用仰头抬颏法、托颌法，标准为下颌角与耳垂的连线与地面垂直。

9）吹气：吹气时看到胸廓起伏，吹气毕，立即离开口部，松开鼻腔，视患者胸廓下降后，再吹气（每个循环吹气 2 次）。

10）判断：完成 5 次循环后判断有无自主呼吸、心跳、观察双侧瞳孔。

11）整体质量判定：有效吹气 10 次，有效按压 150 次，并判定效果（从判断颈动脉搏动开始到最后一次吹气，总时间不超过 130s）。

12）安置患者，整理服装，摆好体位，整理用物。

（4）评分标准：

K42 单人徒手心肺复苏操作 考试时间：3 分钟

序号	考试项目	考试内容	配分	评分标准
1	判断意识	拍患者肩部，大声呼叫患者	4	一项做不到扣 2 分
2	呼救	环顾四周，请人协助救助，解衣扣、松腰带，摆体位	4	不呼救扣 1 分；未解衣扣、腰带各扣 1 分；未述摆体位或体位不正确扣 1 分
3	判断颈动脉搏动	手法正确（单侧触摸，时间不少于 5s）	6	不找甲状软骨扣 2 分；位置不对扣 2 分；触摸时不停留扣 2 分；同时触摸两侧颈动脉扣 2 分；大于 10s 扣 2 分；小于 5s 扣 2 分（最多扣 6 分）
4	判断呼吸	耳朵贴近患者口鼻、用眼睛看患者胸部起伏、用面部或手测试患者的呼吸	6	耳朵未贴近患者口鼻扣 2 分；未用眼睛看患者胸部起伏扣 2 分；未用面部或手测试患者的呼吸扣 2 分
5	定位	胸骨中下 1/3 处，一手掌根部放于按压部位，另一手平行重叠于该手手背上，手指并拢，以掌根部接触按压部位，双臂位于患者胸骨的正上方，双肘关节伸直，利用上身的重量垂直下压	6	位置靠左、右、上、下均扣 1 分；一次不定位扣 1 分；定位方法不正确扣 1 分

续表

序号	考试项目	考试内容	配分	评分标准
6	胸外按压	按压速率每分钟至少100次，按压幅度至少5cm（每个循环按压30次，时间15～18s）	26	节律不均匀扣5分；一次小于15s或大于18s扣5分；1次按压幅度小于5cm扣2分；1次胸壁不回弹扣2分
7	畅通气道	摘掉假牙，清理口腔	4	不清理口腔扣1分；未述摘掉假牙扣1分；头偏向一侧扣2分
8	打开气道	常用仰头抬颏法、托颌法，标准为下颌角与耳垂的连线与地面垂直	6	未打开气道不得分；过度后仰或程度不够均扣4分
9	吹气	吹气时看到胸廓起伏，吹气毕，立即离开口部，松开鼻腔，视患者胸廓下降后，再吹气（每个循环吹气2次）	20	失败一次扣2分；一次未捏鼻孔扣1分；两次吹气间不松鼻孔扣1分；不看胸廓起伏扣1分（共10次20分）
10	判断	完成5次循环后判断有无自主呼吸、心跳、观察双侧瞳孔	4	一项不判断扣1分；少观察一侧瞳孔扣0.5分；触摸颈动脉扣分同上
11	整体质量判定有效指征	有效吹气10次，有效按压150次，并判定效果（从判断颈动脉搏动开始到最后一次吹气，总时间不超过130s）	10	掌跟不重叠扣1分；手指不离开胸壁扣1分；每次按压手掌离开胸壁扣1分；按压时间过长扣1分；按压时上身不垂直扣1分；少按、多按压1次各扣1分；少吹、多吹气1次各扣1分；总时长每超过5s扣1分
12	整理	安置患者，整理服装，摆好体位，整理用物	4	一项不符合要求扣1分
13	合计		100	

3. 灭火器的选择和使用（K43）

（1）考试方式：实际操作、仿真模拟操作。

（2）考试时间：5分钟。

（3）安全操作步骤：

1）准备工作：检查灭火器压力、铅封、出厂合格证、有效期、瓶体、喷管。

2）火情判断：根据火情，选择合适灭火器迅速赶赴火场，正确判断风向。

3）灭火操作：站在火源上风口，离火源 3～5m 距离迅速拉下安全环，手握喷嘴对准着火点，压下手柄，侧身对准火源根部由近及远扫射灭火，在干粉将喷完前（3s）迅速撤离火场，火未熄灭应更换后继续操作。

4）检查确认：检查灭火效果，确认火源熄灭，将使用过的灭火器放到指定位置，注明已使用，报告灭火情况。

5）清点收拾工具，清理现场。

（4）评分标准：

K43　灭火器的选择和使用　考试时间：5 分钟

序号	考试项目	考试内容	配分	评分标准
1	准备工作	检查灭火器压力、铅封、出厂合格证、有效期、瓶体、喷管	10	未检查灭火器扣 10 分；压力、铅封、出厂合格证、有效期、瓶体、喷管漏检查一项扣 2 分
2	火情判断	根据火情，选择合适灭火器迅速赶赴火场，正确判断风向	15	灭火器选择错误扣 15 分；风向判断错误扣 15 分；赶赴火场动作迟缓扣 5 分
3	灭火操作	站在火源上风口，离火源 3～5m 距离迅速拉下安全环	20	未站火源上风口扣 20 分；灭火距离不对扣 10 分；未迅速拉下安全环扣 5 分
		手握喷嘴对准着火点，压下手柄，侧身对准火源根部由近及远扫射灭火，在干粉将喷完前（3s）迅速撤离火场，火未熄灭应更换后继续操作	25	未侧身对准火源根部扫射扣 10 分；未由近及远灭火扣 10 分；干粉喷完前未迅速撤离扣 10 分；火未熄灭就停止操作扣 10 分
4	检查确认	检查灭火效果，确认火源熄灭	10	未检查灭火效果扣 10 分；未确认火源熄灭扣 10 分
		将使用过的灭火器放到指定位置，注明已使用	10	未放到指定位置扣 5 分；未注明已使用扣 10 分
		报告灭火情况	5	未报告灭火情况扣 5 分
5	现场清理	清理	5	未清理工具、现场扣 5 分
6	合计		100	

第三节 低压电工作业人员安全技术实际操作考试点设备配备标准

一、总则

低压电工作业人员安全技术实际操作考试分为安全用具使用、安全操作技术、作业现场安全隐患排除、作业现场应急处置等 4 个项目。每个项目设置若干考题。考位按照每道考题要求，确定相应的作业面积，并配置相应的考试设备及防护设施。

二、设备配备要求

1. 安全用具使用

（1）电工仪表安全使用。

序号	设备/设施/器材	参考型号/规格	数量
1	万用表（数字式、指针式）	符合低压电器相关标准	若干
2	钳形电流表（数字式、指针式）	符合低压电器相关标准	若干
3	500V、1000V、2500V 兆欧表（数字式、指针式）	符合低压电器相关标准	若干
4	接地电阻测试仪表（数字式、指针式）	符合低压电器相关标准	若干
5	9V 电池、1.5V 电池	符合低压电器相关标准	若干
6	被测电流回路（日光灯或白炽灯照明电路，用硬导线连接）	符合低压电器相关标准	若干
7	电动机、电阻箱、测量导线	符合低压电器相关标准	若干
8	其他设备、设施、器材		若干

（2）电工安全用具使用。

序号	设备/设施/器材	参考型号/规格	数量
1	低压验电笔	符合低压电器相关标准	若干
2	绝缘手套、绝缘鞋（靴）	符合低压电器相关标准	若干
3	防护眼镜、安全帽	符合低压电器相关标准	若干
4	安全带、登高板、脚扣	符合低压电器相关标准	若干
5	绝缘夹钳、绝缘垫	符合低压电器相关标准	若干
6	其他设备、设施、器材		若干

（3）电工安全标示辨识。

序号	设备/设施/器材	参考型号/规格	数量
1	各种电工安全标示牌（一批）	符合低压电器相关标准	若干
2	各种电工安全标示挂画（一批）	符合低压电器相关标准	若干
3	其他设备、设施、器材		若干

2. 安全操作技术

（1）电动机单向连续运转接线（带点动控制）。

序号	设备/设施/器材	参考型号/规格	数量
1	三相异步电动机及点动、连续运转和停止控制装置	符合低压电器相关标准	若干
2	三相电源开关、交流接触器、热继电器、熔断器（断路器）、组合按钮及电机接线盒	符合低压电器相关标准	若干
3	开关柜/塑胶板/金属网孔板	符合低压电器相关标准	若干
4	连接导线	符合低压电器相关标准	若干
5	其他设备、设施、器材		若干

（2）电动机正反转运行的接线及安全操作。

序号	设备/设施/器材	参考型号/规格	数量
1	三相异步电动机及双重联锁正转、反转和停止控制装置	符合低压电器相关标准	若干
2	三相电源开关、交流接触器、热继电器、熔断器（断路器）、组合按钮及电机接线盒	符合低压电器相关标准	若干
3	开关柜/塑胶板/金属网孔板	符合低压电器相关标准	若干
4	连接导线	符合低压电器相关标准	若干
5	其他设备、设施、器材		若干

（3）单相电能表带照明灯的安装及接线。

序号	设备/设施/器材	参考型号/规格	数量
1	单相电能表及照明灯安装配线装置	符合低压电器相关标准	若干
2	单相电源开关、单相电能表、照明灯、熔断器（断路器）、漏电保护器、组合开关	符合低压电器相关标准	若干
3	塑胶板/金属网孔板	符合低压电器相关标准	若干
4	连接导线	符合低压电器相关标准	若干
5	其他设备、设施、器材		若干

（4）带熔断器（断路器）、仪表、互感器的电动机运行控制电路接线。

序号	设备/设施/器材	参考型号/规格	数量
1	三相异步电动机及连续运转和停止控制装置	符合低压电器相关标准	若干
2	三相电源开关、交流接触器、热继电器、熔断器（断路器）、电压表、电流表、电流互感器、电压互感器、组合按钮及电机接线盒	符合低压电器相关标准	若干
3	开关柜/塑胶板/金属网孔板	符合低压电器相关标准	若干
4	连接导线	符合低压电器相关标准	若干
5	其他设备、设施、器材		若干

（5）导线的连接。

序号	设备/设施/器材	参考型号/规格	数量
1	绝缘单芯铜导线	符合低压电器相关标准	若干
2	绝缘多芯铜导线	符合低压电器相关标准	若干
3	电工组合工具（含钢丝钳、尖嘴钳、剥线钳、一字螺丝刀、十字螺丝刀、电工刀）	符合低压电器相关标准	若干
4	连接导线	符合低压电器相关标准	若干
5	其他设备、设施、器材		若干

3. 作业现场安全隐患排除

（1）判断作业现场存在的安全风险、职业危害。

序号	设备/设施/器材	参考型号/规格	数量
1	作业现场图片		若干
2	低压电工现场违章作业视频		若干
3	计算机		一台
4	多媒体播放器		一台
5	投影幕		一张
6	投影机		一台
7	多媒体教室		一间
8	其他设备、设施、器材		若干

（2）结合实际工作任务，排除作业现场存在的安全风险、职业危害。

序号	设备/设施/器材	参考型号/规格	数量
1	低压电工安全用具		一套
2	电工操作现场工作场景（由考评员临时指定）		若干
3	其他设备、设施、器材		若干

4. 作业现场应急处置

（1）触电事故现场的应急处理。

（此题为口述题，需具备满足口述考试需要的设备设施。）

（2）单人徒手心肺复苏操作。

序号	设备/设施/器材	参考型号/规格	数量
1	实训教室	面积大于 50 平方	1 间
2	心肺复苏训练用模拟人	符合相关标准	2 套
3	急救箱	符合相关标准	2 个
4	一次性纱布	符合相关标准	若干
5	酒精	符合相关标准	若干
6	棉签	符合相关标准	若干

（3）灭火器的选择和使用。

序号	设备/设施/器材	参考型号/规格	数量
1	手提式灭火器	面积大于 50 平方	若干
2	火盆	符合相关标准	1 个
3	急救箱	符合相关标准	2 个
4	棉纱	符合相关标准	若干
5	柴油	符合相关标准	若干
6	安全帽、工作服、保护手套	符合相关标准	若干

附录

特种作业人员安全技术培训考核管理规定

特种作业人员安全技术培训考核管理规定

【发文字号】：国家安全监管总局令第 80 号
【执行时间】：20150529
【信息来源】：国家安全监管总局
【修正历程】：
2010 年国家安全监管总局令第 30 号公布
2013 年国家安全监管总局令第 63 号修正
2015 年国家安全监管总局令第 80 号修正

第一章 总 则

第一条 为了规范特种作业人员的安全技术培训考核工作，提高特种作业人员的安全技术水平，防止和减少伤亡事故，根据《安全生产法》《行政许可法》等有关法律、行政法规，制定本规定。

第二条 生产经营单位特种作业人员的安全技术培训、考核、发证、复审及其监督管理工作，适用本规定。

有关法律、行政法规和国务院对有关特种作业人员管理另有规定的，从其规定。

第三条 本规定所称特种作业，是指容易发生事故，对操作者本人、他人的安全健康及设备、设施的安全可能造成重大危害的作业。特种作业的范围由特种作业目录规定。

本规定所称特种作业人员，是指直接从事特种作业的从业人员。

第四条 特种作业人员应当符合下列条件：

（一）年满 18 周岁，且不超过国家法定退休年龄；

（二）经社区或者县级以上医疗机构体检健康合格，并无妨碍从事相应特种作业的器质性心脏病、癫痫病、美尼尔氏症、眩晕症、癔病、震颤麻痹症、精神病、痴呆症以及其他疾病和生理缺陷；

（三）具有初中及以上文化程度；

（四）具备必要的安全技术知识与技能；

（五）相应特种作业规定的其他条件。

危险化学品特种作业人员除符合前款第（一）项、第（二）项、第（四）项和第（五）项规定的条件外，应当具备高中或者相当于高中及以上文化程度。

第五条 特种作业人员必须经专门的安全技术培训并考核合格，取得《中华人民共和国特种作业操作证》（以下简称特种作业操作证）后，方可上岗作业。

第六条 特种作业人员的安全技术培训、考核、发证、复审工作实行统一监管、分级实施、教考分离的原则。

第七条 国家安全生产监督管理总局（以下简称安全监管总局）指导、监督全国特种作业人员的安全技术培训、考核、发证、复审工作；省、自治区、直辖市人民政府安全生产监督管理部门指导、监督本行政区域特种作业人员的安全技术培训工作，负责本行政区域特种作业人员的考核、发证、复审工作；县级以上地方人民政府安全生产监督管理部门负责监督检查本行政区域特种作业人员的安全技术培训和持证上岗工作。

国家煤矿安全监察局（以下简称煤矿安监局）指导、监督全国煤矿特种作业人员（含煤矿矿井使用的特种设备作业人员）的安全技术培训、考核、发证、复审工作；省、自治区、直辖市人民政府负责煤矿特种作业人员考核发证工作的部门或者指定的机构指导、监督本行政区域煤矿特种作业人员的安全技术培训工作，负责本行政区域煤矿特种作业人员的考核、发证、复审工作。

省、自治区、直辖市人民政府安全生产监督管理部门和负责煤矿特种作业人员考核发证工作的部门或者指定的机构（以下统称考核发证机关）可以委托设区的市人民政府安全生产监督管理部门和负责煤矿特种作业人员考核发证工作的部门或者指定的机构实施特种作业人员的考核、发证、复审工作。

第八条 对特种作业人员安全技术培训、考核、发证、复审工作中的违法行为，任何单位和个人均有权向安全监管总局、煤矿安监局和省、自治区、直辖市及设区的市人民政府安全生产监督管理部门、负责煤矿特种作业人员考核发证工作的部门或者指定的机构举报。

第二章 培 训

第九条 特种作业人员应当接受与其所从事的特种作业相应的安全技术理论培训和实际操作培训。

已经取得职业高中、技工学校及中专以上学历的毕业生从事与其所学专业相应的特种作业，持学历证明经考核发证机关同意，可以免予相关专业的培训。

跨省、自治区、直辖市从业的特种作业人员，可以在户籍所在地或者从业所在地参加培训。

第十条 对特种作业人员的安全技术培训，具备安全培训条件的生产经营单位应当以自主培训为主，也可以委托具备安全培训条件的机构进行培训。

不具备安全培训条件的生产经营单位，应当委托具备安全培训条件的机构进行培训。

生产经营单位委托其他机构进行特种作业人员安全技术培训的，保证安全技术培训的责任仍由本单位负责。

第十一条 从事特种作业人员安全技术培训的机构（以下统称培训机构），应当制定相应的培训计划、教学安排，并按照安全监管总局、煤矿安监局制定的特种作业人员培训大纲和煤矿特种作业人员培训大纲进行特种作业人员的安全技术培训。

第三章 考 核 发 证

第十二条 特种作业人员的考核包括考试和审核两部分。考试由考核发证机关或其委托的单位负责；审核由考核发证机关负责。

安全监管总局、煤矿安监局分别制定特种作业人员、煤矿特种作业人员的考核标准，并建立相应的考试题库。

考核发证机关或其委托的单位应当按照安全监管总局、煤矿安监局统一制定的考核标准进行考核。

第十三条 参加特种作业操作资格考试的人员，应当填写考试申请表，由申请人或者申请人的用人单位持学历证明或者培训机构出具的培训证明向申请人户籍所在地或者从业所在地的考核发证机关或其委托的单位提出申请。

考核发证机关或其委托的单位收到申请后，应当在60日内组织考试。

特种作业操作资格考试包括安全技术理论考试和实际操作考试两部分。考试不及格的，允许补考1次。经补考仍不及格的，重新参加相应的安全技术培训。

第十四条 考核发证机关委托承担特种作业操作资格考试的单位应当具备相应的场所、设施、设备等条件，建立相应的管理制度，并公布收费标准等信息。

第十五条 考核发证机关或其委托承担特种作业操作资格考

试的单位，应当在考试结束后 10 个工作日内公布考试成绩。

第十六条 符合本规定第四条规定并经考试合格的特种作业人员，应当向其户籍所在地或者从业所在地的考核发证机关申请办理特种作业操作证，并提交身份证复印件、学历证书复印件、体检证明、考试合格证明等材料。

第十七条 收到申请的考核发证机关应当在 5 个工作日内完成对特种作业人员所提交申请材料的审查，作出受理或者不予受理的决定。能够当场作出受理决定的，应当当场作出受理决定；申请材料不齐全或者不符合要求的，应当当场或者在 5 个工作日内一次告知申请人需要补正的全部内容，逾期不告知的，视为自收到申请材料之日起即已被受理。

第十八条 对已经受理的申请，考核发证机关应当在 20 个工作日内完成审核工作。符合条件的，颁发特种作业操作证；不符合条件的，应当说明理由。

第十九条 特种作业操作证有效期为 6 年，在全国范围内有效。

特种作业操作证由安全监管总局统一式样、标准及编号。

第二十条 特种作业操作证遗失的，应当向原考核发证机关提出书面申请，经原考核发证机关审查同意后，予以补发。

特种作业操作证所记载的信息发生变化或者损毁的，应当向原考核发证机关提出书面申请，经原考核发证机关审查确认后，予以更换或者更新。

第四章 复　　审

第二十一条 特种作业操作证每 3 年复审 1 次。

特种作业人员在特种作业操作证有效期内，连续从事本工种 10 年以上，严格遵守有关安全生产法律法规的，经原考核发证机关或者从业所在地考核发证机关同意，特种作业操作证的复审时间可以延长至每 6 年 1 次。

第二十二条 特种作业操作证需要复审的，应当在期满前60日内，由申请人或者申请人的用人单位向原考核发证机关或者从业所在地考核发证机关提出申请，并提交下列材料：

（一）社区或者县级以上医疗机构出具的健康证明；

（二）从事特种作业的情况；

（三）安全培训考试合格记录。

特种作业操作证有效期届满需要延期换证的，应当按照前款的规定申请延期复审。

第二十三条 特种作业操作证申请复审或者延期复审前，特种作业人员应当参加必要的安全培训并考试合格。

安全培训时间不少于8个学时，主要培训法律、法规、标准、事故案例和有关新工艺、新技术、新装备等知识。

第二十四条 申请复审的，考核发证机关应当在收到申请之日起20个工作日内完成复审工作。复审合格的，由考核发证机关签章、登记，予以确认；不合格的，说明理由。

申请延期复审的，经复审合格后，由考核发证机关重新颁发特种作业操作证。

第二十五条 特种作业人员有下列情形之一的，复审或者延期复审不予通过：

（一）健康体检不合格的；

（二）违章操作造成严重后果或者有2次以上违章行为，并经查证确实的；

（三）有安全生产违法行为，并给予行政处罚的；

（四）拒绝、阻碍安全生产监管监察部门监督检查的；

（五）未按规定参加安全培训，或者考试不合格的；

（六）具有本规定第三十条、第三十一条规定情形的。

第二十六条 特种作业操作证复审或者延期复审符合本规定第二十五条第（二）项、第（三）项、第（四）项、第（五）项情形的，按照本规定经重新安全培训考试合格后，再办理复审或者延期复审手续。

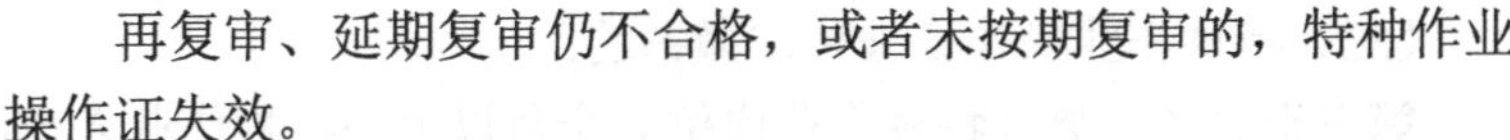

再复审、延期复审仍不合格，或者未按期复审的，特种作业操作证失效。

第二十七条 申请人对复审或者延期复审有异议的，可以依法申请行政复议或者提起行政诉讼。

第五章 监 督 管 理

第二十八条 考核发证机关或其委托的单位及其工作人员应当忠于职守、坚持原则、廉洁自律，按照法律、法规、规章的规定进行特种作业人员的考核、发证、复审工作，接受社会的监督。

第二十九条 考核发证机关应当加强对特种作业人员的监督检查，发现其具有本规定第三十条规定情形的，及时撤销特种作业操作证；对依法应当给予行政处罚的安全生产违法行为，按照有关规定依法对生产经营单位及其特种作业人员实施行政处罚。

考核发证机关应当建立特种作业人员管理信息系统，方便用人单位和社会公众查询；对于注销特种作业操作证的特种作业人员，应当及时向社会公告。

第三十条 有下列情形之一的，考核发证机关应当撤销特种作业操作证：

（一）超过特种作业操作证有效期未延期复审的；

（二）特种作业人员的身体条件已不适合继续从事特种作业的；

（三）对发生生产安全事故负有责任的；

（四）特种作业操作证记载虚假信息的；

（五）以欺骗、贿赂等不正当手段取得特种作业操作证的。

特种作业人员违反前款第（四）项、第（五）项规定的，3年内不得再次申请特种作业操作证。

第三十一条 有下列情形之一的，考核发证机关应当注销特种作业操作证：

（一）特种作业人员死亡的；

（二）特种作业人员提出注销申请的；

（三）特种作业操作证被依法撤销的。

第三十二条 离开特种作业岗位6个月以上的特种作业人员，应当重新进行实际操作考试，经确认合格后方可上岗作业。

第三十三条 省、自治区、直辖市人民政府安全生产监督管理部门和负责煤矿特种作业人员考核发证工作的部门或者指定的机构应当每年分别向安全监管总局、煤矿安监局报告特种作业人员的考核发证情况。

第三十四条 生产经营单位应当加强对本单位特种作业人员的管理，建立健全特种作业人员培训、复审档案，做好申报、培训、考核、复审的组织工作和日常的检查工作。

第三十五条 特种作业人员在劳动合同期满后变动工作单位的，原工作单位不得以任何理由扣押其特种作业操作证。

跨省、自治区、直辖市从业的特种作业人员应当接受从业所在地考核发证机关的监督管理。

第三十六条 生产经营单位不得印制、伪造、倒卖特种作业操作证，或者使用非法印制、伪造、倒卖的特种作业操作证。

特种作业人员不得伪造、涂改、转借、转让、冒用特种作业操作证或者使用伪造的特种作业操作证。

第六章 罚 则

第三十七条 考核发证机关或其委托的单位及其工作人员在特种作业人员考核、发证和复审工作中滥用职权、玩忽职守、徇私舞弊的，依法给予行政处分；构成犯罪的，依法追究刑事责任。

第三十八条 生产经营单位未建立健全特种作业人员档案的，给予警告，并处1万元以下的罚款。

第三十九条 生产经营单位使用未取得特种作业操作证的特种作业人员上岗作业的，责令限期改正，可以处5万元以下的罚款；逾期未改正的，责令停产停业整顿，并处5万元以上10万元以下的罚款，对直接负责的主管人员和其他直接责任人员处1万元以

上 2 万元以下的罚款。

煤矿企业使用未取得特种作业操作证的特种作业人员上岗作业的，依照《国务院关于预防煤矿生产安全事故的特别规定》的规定处罚。

第四十条 生产经营单位非法印制、伪造、倒卖特种作业操作证，或者使用非法印制、伪造、倒卖的特种作业操作证的，给予警告，并处 1 万元以上 3 万元以下的罚款；构成犯罪的，依法追究刑事责任。

第四十一条 特种作业人员伪造、涂改特种作业操作证或者使用伪造的特种作业操作证的，给予警告，并处 1000 元以上 5000 元以下的罚款。

特种作业人员转借、转让、冒用特种作业操作证的，给予警告，并处 2000 元以上 1 万元以下的罚款。

第七章 附　　则

第四十二条 特种作业人员培训、考试的收费标准，由省、自治区、直辖市人民政府安全生产监督管理部门会同负责煤矿特种作业人员考核发证工作的部门或者指定的机构统一制定，报同级人民政府物价、财政部门批准后执行，证书工本费由考核发证机关列入同级财政预算。

第四十三条 省、自治区、直辖市人民政府安全生产监督管理部门和负责煤矿特种作业人员考核发证工作的部门或者指定的机构可以结合本地区实际，制定实施细则，报安全监管总局、煤矿安监局备案。

第四十四条 本规定自 20100701 起施行。1999 年 7 月 12 日原国家经贸委发布的《特种作业人员安全技术培训考核管理办法》（原国家经贸委令第 13 号）同时废止。

参 考 文 献

［1］ 国家安全生产监督管理总局培训中心. 电工作业操作资格培训考核教材［M］. 2 版. 北京：中国三峡出版社，2013.

［2］ 周云水. 电工技能快速入门易读通［M］. 北京：中国电力出版社，2008.

［3］ 浙江省安全生产教育培训教材编写组.电工作业［M］. 北京：中国工人出版社，2002.

［4］ 门宏. 图解电工技术快速入门. 2 版. 北京：人民邮电出版社，2010.

［5］ 金国砥. 电工仪表使用与维护［M］. 杭州：浙江科学技术出版社，2005.